普通高等教育公共基础课精品系列教材

计算方法

主　编　陈丽娟
副主编　张　蕾　王丽莎　李明珠

北京理工大学出版社
BEIJING INSTITUTE OF TECHNOLOGY PRESS

内 容 简 介

计算机的高速发展为用数值计算方法解决科学技术中的各种数学问题提供了简便而有力的条件。数值计算方法已成为当代大学生必须掌握的基础知识。本书讲述数值计算的理论与基本方法，内容包括：误差概念及数值计算中的若干问题、插值法、函数逼近与曲线拟合、方程的近似解法、线性方程组的直接解法、线性方程组的迭代解法、数值积分与数值微分、常微分方程的数值解法、矩阵特征值和特征向量的计算。本书注重理论联系实际，各章节都配备了丰富的数值计算例题与适量的数值实验题，部分章节配备了教学视频。本书可作为大学本科和研究生教材，亦可供相关人员参考。

图书在版编目（CIP）数据

计算方法 / 陈丽娟主编. —北京：北京理工大学出版社，2020.3（2022.8 重印）

ISBN 978-7-5682-8171-3

Ⅰ. ①计… Ⅱ. ①陈… Ⅲ. ①计算方法-高等学校-教材 Ⅳ. ①O24

中国版本图书馆 CIP 数据核字（2020）第 030411 号

出版发行 / 北京理工大学出版社有限责任公司
社　　址 / 北京市海淀区中关村南大街 5 号
邮　　编 / 100081
电　　话 / (010) 68914775（总编室）
　　　　　(010) 82562903（教材售后服务热线）
　　　　　(010) 68944723（其他图书服务热线）
网　　址 / http://www.bitpress.com.cn
经　　销 / 全国各地新华书店
印　　刷 / 涿州市新华印刷有限公司
开　　本 / 787 毫米×1092 毫米 1/16
印　　张 / 13.75
字　　数 / 282 千字
版　　次 / 2020 年 3 月第 1 版 2022 年 8 月第 2 次印刷
定　　价 / 42.00 元

责任编辑 / 江 立
文案编辑 / 赵 轩
责任校对 / 刘亚男
责任印制 / 李志强

前言

随着科学技术的飞速发展和计算机的广泛应用，科学计算已成为继理论方法、试验方法后的第三种基本手段。掌握数值计算方法的基本知识，已成为当代大学生必备的技能。本书是根据编者多年教授计算方法课程的实际感受，在不断充实与更新教学内容的基础上编写的。

本书讲述数值计算的理论与基本方法，内容分为9章。第1章介绍了误差概念以及数值计算中的若干问题；第2章介绍了拉格朗日插值法、牛顿插值法、埃尔米特插值法等；第3章介绍了建立数学模型的曲线拟合与逼近理论；第4章介绍了各种消元法、矩阵分解法以及迭代法；第5章介绍了二分法、迭代法、牛顿法等；第6章介绍了雅可比迭代法、高斯-赛德尔迭代法等；第7章介绍了龙贝格算法、高斯公式等；第8章介绍了欧拉法、龙格-库塔法等；第9章介绍了幂法和反幂法、雅可比方法等。每一章还有部分例题适合在MATLAB中进行实际操作。

本书第1、4、5、6章由陈丽娟编写，第2、3、7章由张蕾编写，第8、9章由王丽莎编写，书中MATLAB程序由陈丽娟和李明珠编写。视频由青岛理工大学陈丽娟、张蕾、王丽莎、张立杰，以及哈尔滨工业大学马强共同录制。全书由陈丽娟负责统稿。

本书注重理论联系实际，各章节都配备了丰富的数值计算例题。在实践环节，各章都给出了适当的数值实验题，以作为算法描述和方法应用的补充，便于读者更好地理解和应用本课程所学内容，提高其数学素质以及运用计算机解决实际问题、进行科学计算的能力。此外，本书部分章节还配备了教学视频。本书可作为本科生和研究生计算方法课程的教材或者教学参考书。

青岛理工大学对本教材的编写给予了大力支持和鼓励，在此表示感谢。同时也感谢北京理工大学出版社的同志对出版本书所做的大量工作和帮助。

本书在选材和内容叙述方面可能存在不当或者错误之处，在此恳请广大读者和各位同行们给予批评和指正。

编　者

2019.08

目 录

第1章

绪　论

本章主要介绍计算方法的研究对象与特点，介绍误差的基本概念，并且提出在数值计算中应当普遍遵循的若干原则。

1.1　计算方法的研究对象与特点

计算方法又称数值分析，属于计算数学的范畴，是研究各种数学问题的数值方法设计、分析以及有关的数学理论和具体实现的一门学科。由于近几十年来计算机的迅速发展，数值计算方法的应用已经普遍深入到各个科学领域，很多复杂的和大规模的计算问题都可以在计算机上进行计算，新的、有效的数值计算方法不断出现。现在，数值计算已经成为各门自然科学和工程技术科学的一种重要手段，与实验和理论并列的一个不可缺少的环节。所以，计算方法既是一个基础性的，同时也是一个应用性的数学学科，与其他学科的联系十分紧密。

视频01：计算方法的任务与特点

由于大量的问题要在计算机上求解，所以本书要对各种数值计算方法进行分析，内容包括：误差、稳定性、收敛性、计算工作量、存储量和自适应性、准确性、效率和使用的方便性，以及这些基本的概念用于刻画数值方法的适用范围、可靠性等。此外，本书还涉及科学和工程计算中常见的数学问题，如函数的插值、离散数据的拟合、微分与积分、线性和非线性方程、矩阵特征值问题、微分方程等。

要用数值计算方法求解数学问题，就必须把所求解的数学问题转化为按照一定规则进行的一系列四则运算。计算机只能机械地执行人们所给定的指令，交给计算机的每一步解题方法，都必须加以准确地规定。同一个问题可能有多种数值计算方法，但不一定都有效。用计算机求数学问题不是简单的构造算法，它涉及多方面的理论问题，例如算法的收敛性和稳定性等。除理论外，还需要数值实验来检验。计算方法是一门与计算机使用密切结合的、实用性很强的数学课程，它既有纯数学的高度抽象性与严密科学性的特点，又有应用广泛性与实际实验的高度技术性的特点。

计算方法所处理的问题都是科学与工程计算中最基本的内容，首先学习时要注意掌握方法的原理和思想；其次，要上机练习，学习使用各种数值计算方法解决实际问题，熟悉方法的计算过程。

1.2 误差

1.2.1 误差的来源与种类

在工程和科学计算中需要建立数学模型、测量数据，以便用计算机来解决问题。根据误差的来源，误差可分为以下 4 种。

1. 模型误差

应用数学工具解决实际问题，首先要对被描述的实际问题进行抽象、简化，以得到实际问题的数学模型。实际问题的解与数学模型的解之间的误差称为模型误差。

2. 观测误差

在数学模型中，通常要包含一些观测数据而确定的参数。对数学模型中的一些参数的观测数据只能是近似的，测量值与真值之间的误差称为观测误差。

3. 截断误差

在解决实际问题时，人们可能用容易计算的问题代替不易计算的问题，也可能用有限过程逼近无限过程，这个过程所产生的误差称为截断误差。例如，有

$$\cos x = 1 - \frac{x^2}{2!} + \frac{x^4}{4!} - \frac{x^6}{6!} + \cdots + (-1)^n \frac{x^{2n}}{(2n)!} + \cdots$$

当 $|x|$ 较小时，若用 $2n$ 次多项式作为 $\cos x$ 的近似值，则截断误差的绝对值不超过 $\frac{x^{2n+2}}{(2n+2)!}$。这个误差就是截断误差。

4. 舍入误差

有了求解数学问题的计算公式以后，用计算机作数值计算时，一般也不能获得数值计算公式的准确解，而需要对原始数据、中间结果和最终结果取有限位数字，即要进行舍入。这种由舍入产生的误差称为舍入误差。

例如，$\pi=3.141\,592\,6\cdots$，如果用 3.141 6 代替 π，则产生的舍入误差为 $\pi-3.141\,6=-0.000\,007\,3\cdots$，这就是舍入误差。

显然，上述 4 类误差都会影响计算结果的准确性，但模型误差和观测误差往往是计算工

作者不能独立解决的，它们是需要与各有关学科的科学工作者共同研究的问题。因此，在计算方法课程中，主要研究截断误差和舍入误差对计算结果的影响。

1.2.2 误差与有效数字

定义 1.1 设数 x 的近似值为 x^*，记 $e(x^*)=x^*-x$ 为近似值 x^* 的绝对误差，简称误差。

视频02：误差与有效数字

准确值 x 是未知的，因而 $e(x^*)$ 也是未知的，但往往可以估计出绝对误差的一个上界，即 $|e(x^*)|=|x^*-x|\leqslant\varepsilon$，称 ε 为 x^* 的绝对误差限，即 $x^*-\varepsilon\leqslant x\leqslant x^*+\varepsilon$，常记为 $x=x^*\pm\varepsilon$。

绝对误差还不足以刻画近似数的精确程序，例如 $x=1.234\pm0.001$，$y=0.002\pm0.001$，虽然两个近似数绝对误差限都是 0.001，但 x 的近似效果比 y 要好。所以，除考虑误差的大小外，还应考虑准确值本身的大小。

定义 1.2 $e_r(x^*)=\dfrac{e(x^*)}{x}=\dfrac{x^*-x}{x}$ 称为近似值 x^* 的相对误差。

在实际中，由于真值 x 总是未知的，常取 $e_r(x^*)=\dfrac{e(x^*)}{x^*}=\dfrac{x^*-x}{x^*}$。它的绝对值的上界 $|e_r(x^*)|=\left|\dfrac{e(x^*)}{x^*}\right|=\left|\dfrac{x^*-x}{x^*}\right|\leqslant\varepsilon_r$，称 ε_r 为该近似值的相对误差限。

如已知 $\pi=3.141\,592\,6\cdots$，若近似值 $\pi^*=3.14$，则 $e(\pi^*)=\pi^*-\pi=-0.001\,592\,6\cdots$。$|e(\pi^*)|=|\pi^*-\pi|\leqslant0.002$，即绝对误差界为 0.002。$|e_r(\pi^*)|=\left|\dfrac{e(\pi^*)}{\pi^*}\right|=\left|\dfrac{\pi^*-\pi}{\pi^*}\right|\leqslant0.000\,6$，即相对误差限为 0.000 6。

定义 1.3 设数 x 的近似值为 x^*，则

$$x^*=\pm10^m\times0.a_1a_2\cdots a_i\cdots \tag{1.2.1}$$

其中，a_1 是 1 ~ 9 中的一个数字，$a_i(i\geqslant2)$ 是 0 ~ 9 中的一个数，m 为整数。若 $|x-x^*|\leqslant\dfrac{1}{2}\times10^{m-n}$，则称 x^* 有 n 位有效数字。

例如，$x=\pi=3.141\,592\,653\,5\cdots$，按四舍五入的原则得到数 $x_1^*=3.14$，$x_2^*=3.141\,6$，$|\pi-x_1^*|\approx0.002<0.005=\dfrac{1}{2}\times10^{(1-3)}$，$|\pi-x_2^*|\approx0.000\,008<0.000\,05=\dfrac{1}{2}*10^{(1-5)}$。则 x_1^* 具有 3 位有效数字，x_2^* 具有 5 位有效数字。

因此，近似数的有效数字不但给出了近似值的大小，而且还指出了它的绝对误差限。显然，近似值的有效数字位数越多，相对误差就越小，反之也对。下面，我们给出相对误差限与有效数字的关系。

定理 1.1 设 x 的近似值 x^* 有式（1.2.1）的表达式，则：

（1）若 x^* 有 n 位有效数字，则其相对误差限为 $\varepsilon_r(x^*)\leqslant\dfrac{1}{2a_1}\times10^{1-n}$；

（2）若 x^* 的相对误差限为 $\varepsilon_r(x^*) \leqslant \dfrac{1}{2(a_1+1)} \times 10^{1-n}$，则 x^* 至少有 n 位有效数字。

证明 （1）由式（1.2.1）可得 $a_1 \times 10^{m-1} \leqslant |x^*| \leqslant (a_1+1) \times 10^{m-1}$，所以，得

$$\varepsilon_r(x^*) = \frac{|x-x^*|}{|x^*|} \leqslant \frac{\frac{1}{2} \times 10^{m-n}}{a_1 \times 10^{m-1}} = \frac{1}{2a_1} \times 10^{1-n}。$$

（2）由 $|x-x^*| \leqslant |x^*||\varepsilon_r| \leqslant (a_1+1) \times 10^{m-1} \times \dfrac{1}{2(a_1+1)} \times 10^{1-n} = \dfrac{1}{2} \times 10^{m-n}$。可知 x^* 有 n 位有效数字。

例 1.1：要使 $\sqrt{20}$ 的近似值的相对误差限小于 0.1%，要取几位有效数字？

解 由于 $4 < \sqrt{20} < 5$，所以 $a_1 = 4$，由定理

$$\frac{1}{2a_1} \times 10^{1-n} \leqslant 0.1\%$$

可知 $n = 4$，即只要对 $\sqrt{20}$ 的近似值取 4 位有效数字，其相对误差就小于 0.1%，此时 $\sqrt{20} \approx 4.472$。

1.2.3 数值运算的误差估计

两个近似数 x_1^*，x_2^*，其误差限分别为 $\varepsilon(x_1^*)$，$\varepsilon(x_2^*)$，它们进行加、减、乘、除运算得到的误差限分别为

$$\varepsilon(x_1^* \pm x_2^*) = \varepsilon(x_1^*) + \varepsilon(x_2^*)$$

$$\varepsilon(x_1^* x_2^*) \approx |x_1^*|\varepsilon(x_2^*) + |x_2^*|\varepsilon(x_1^*)$$

$$\varepsilon\left(\frac{x_1^*}{x_2^*}\right) \approx \frac{|x_1^*|\varepsilon(x_2^*) + |x_2^*|\varepsilon(x_1^*)}{|x_2^*|^2} (x_2^* \neq 0)$$

下面，我们讨论计算 $y = f(x_1, x_2, \cdots, x_n)$ 时的误差问题。设 x_1^*，x_2^*，…，x_n^* 依次是 x_1，x_2，…，x_n 的近似值，则 y 的近似值 $y^* = f(x_1^*, x_2^*, \cdots, x_n^*)$。函数值 y^* 的绝对误差可利用泰勒展开式来得到，即

$$\begin{aligned} ef(x_1^*, \cdots, x_n^*) &= f(x_1^*, x_2^*, \cdots, x_n^*) - f(x_1, x_2, \cdots, x_n) \\ &\approx \sum_{i=1}^{n} \frac{\partial f(x_1^*, \cdots, x_n^*)}{\partial x_i}(x_i^* - x_i) \\ &= \sum_{i=1}^{n} \frac{\partial f(x_1^*, \cdots, x_n^*)}{\partial x_i} e(x_i^*) \end{aligned}$$

于是绝对误差限为

$$\varepsilon(y^*) \approx \sum_{i=1}^{n} \left| \frac{\partial f(x_1^*, \cdots, x_n^*)}{\partial x_i} \right| \varepsilon(x_i^*) \tag{1.2.2}$$

及相对误差限为

$$\varepsilon_r(y^*) \approx \sum_{i=1}^{n} \left| \frac{\partial f(x_1^*, \cdots, x_n^*)}{\partial x_i} \right| \frac{\varepsilon(x_i)}{|f(x_1^*, \cdots, x_n^*)|} \tag{1.2.3}$$

例 1.2：已测得某场地长 l 的值为 $l^* = 110$ m，宽 d 的值为 $d^* = 80$ m，已知 $|l - l^*| \leqslant 0.2$ m，$|d - d^*| \leqslant 0.1$ m，试求面积 $S = ld$ 的绝对误差限与相对误差限。

解 因 $S = ld$，$\dfrac{\partial S}{\partial l} = d$，$\dfrac{\partial S}{\partial d} = l$，由式（1.2.2）知

$$\varepsilon(S^*) \approx \left| \left(\frac{\partial S}{\partial l}\right)^* \right| \varepsilon(l^*) + \left| \left(\frac{\partial S}{\partial d}\right)^* \right| \varepsilon(d^*)$$

其中 $\left(\dfrac{\partial S}{\partial l}\right)^* = d^* = 80$ m，$\left(\dfrac{\partial S}{\partial d}\right)^* = l^* = 110$ m，$\varepsilon(l^*) = 0.2$ m，$\varepsilon(d^*) = 0.1$ m，

于是绝对误差限为

$$\varepsilon(S^*) = 80 \times 0.2 + 110 \times 0.1 = 27 \text{ m}^2$$

相对误差限为

$$\varepsilon_r(S^*) = \frac{\varepsilon(S^*)}{|S^*|} = \frac{27}{80 \times 110} = 0.31\%$$

1.2.4 数值计算中应该注意的一些原则

由上述讨论可知，误差分析在数值计算中是一个很重要又很复杂的问题。因为在数值计算中每一步运算都可能产生误差，而一个科学计算问题的解决，往往要经过成千上万次运算，如果每一步运算都分析误差，显然是不可能的，其实也是不必要的。人们经常通过对误差的某传播规律的分析，指出在数值计算中应该注意的一些原则，有助于鉴别计算结果的可靠性并防止误差危害现象的产生，下面介绍在数值计算中应该注意的一些原则。

视频03：计算方法中应遵循的原则

1. 避免两个相近数相减

在数值计算中，两个相近的数作减法时有效数字会损失。例如，求 $y = \sqrt{x+1} - \sqrt{x}$ 之值。当 $x = 1\ 000$ 时，y 的准确值为 0.015 80；若两者直接相减，即 $y = \sqrt{1\ 001} - \sqrt{1\ 000} = 31.64 - 31.62 = 0.02$。这个结果只有 1 位有效数字，损失了 3 位有效数字，从而绝对误差和相对误差都变得很大，严重影响计算结果的精度。若处理成 $y = \sqrt{x+1} - \sqrt{x} = \dfrac{1}{\sqrt{x+1} + \sqrt{x}}$，按此公式可求得 $y = 0.015\ 81$，则 y 有 4 位有效数字，可见改变计算公式，可以避免两相近数相减引起有效数字损失，而得到较精确的结果。

类似地，有 $1 - \cos x = 2\sin^2 \dfrac{x}{2}$；当 x_1 和 x_2 比较相近时，有 $\ln x_1 - \ln x_2 = \ln \dfrac{x_1}{x_2}$。

2. 避免绝对值太小的数作除数

在机器上若用绝对值很小的数作除数，则会溢出，而且当很小的数稍有一点误差时，对

计算结果影响很大。

例如，有

$$\frac{2.718\ 2}{0.001}=2\ 718.2$$

如分母变为 0.001 1，也即分母只有 0.000 1 的变化时，则

$$\frac{2.718\ 2}{0.001\ 1}=2\ 471.1$$

此时，在分母变化很小的情况下，商却发生很大变化。因此，在计算过程中既要避免两个相近数相减，更要避免再用这个差作除数。

3. 避免大数吃小数

如 $a=10^9$，$b=9$，设想在 8 位浮点数系中相加，即

$$\begin{aligned}a+b&=0.100\ 000\ 00\times10^{10}+0.900\ 000\ 00\times10^{1}\\&=0.100\ 000\ 00\times10^{10}+0.000\ 000\ 000\ 9\times10^{10}\\&=0.100\ 000\ 00\times10^{10}\end{aligned}$$

由于只保留 8 位有效数字，09 被舍去。

例 1.3：计算 0.499 4+100 0+0.000 600 0+0.409 0，并保留 4 位有效数字。

解 0.499 4+1 000≈1 000，1 000+0.000 600 0≈1 000，1 000+0.409 0≈1 000；改变顺序后，有 0.499 4+0.000 600 0≈0.500 0，0.500 0+0.409 0≈0.909 0，100 0+0.909 0≈1 001。即正确的计算结果应为 1 001。

4. 数值算法要稳定

所谓算法，就是给定一些数据，按着某种规定的次序进行计算的一个运算序列。算法是一个近似的计算过程，选择一个算法，主要要求它的计算结果能达到给定的精度。一般而言，在计算过程中初始数据的误差和计算中产生的舍入误差总是存在的，而数值解是逐步求出的，前一步数值解的误差必然要影响到后一步数值解的精度。人们把运算过程中舍入误差增长可以控制的计算公式称为稳定的数值算法，否则是不稳定的数值算法。只有稳定的数值算法才可能给出可靠的计算结果，不稳定的数值算法毫无实用价值。下面用一个例子来简单介绍一下稳定性的概念。

例 1.4：求 $I_n=\int_0^1\frac{x^n}{x+5}dx$ 的值，其中 $n=0,1,2,\cdots,8$。

解 由于

$$I_n+5I_{n-1}=\int_0^1\frac{x^n+5x^{n-1}}{x+5}dx=\int_0^1x^{n-1}dx=\frac{1}{n}$$

初值 I_0 为

$$I_0=\int_0^1\frac{1}{x+5}dx=\ln 6-\ln 5=\ln(1.2)$$

于是可建立递推公式，即

$$\begin{cases} I_0 = \ln(1.2) \\ I_n = \dfrac{1}{n} - 5I_{n-1} \qquad (n = 1,\ 2,\ \cdots,\ 8) \end{cases} \tag{1.2.4}$$

若取 $I_0 = \ln(1.2) \approx 0.182$，则按式（1.2.4）就可以逐步算得

$$I_1 = 1 - 5I_0 \approx 0.09$$

$$I_2 = \frac{1}{2} - 5I_1 \approx 0.05$$

$$I_3 = \frac{1}{3} - 5I_2 \approx 0.083$$

$$I_4 = \frac{1}{4} - 5I_3 \approx -0.165$$

因为在［0，1］上被积函数 $\dfrac{x^n}{x+5} \geqslant 0$(仅当 $x = 0$ 时，等号成立)，且当 $m > n$ 时，$\dfrac{x^n}{x+5} \geqslant \dfrac{x^m}{x+5}$(仅当 $x = 0$ 时，等号成立)，所以 $I_n(n = 0,\ 1,\ 2,\ \cdots,\ 8)$ 是恒正的，并有 $I_0 > I_1 > I_2 > \cdots > I_8 > 0$。

在上述计算结果中，I_4 的近似值是负的，这个结果显然是错的。为什么会这样呢？这就是误差传播所引起的危害。由式(1.2.4)可看出，I_{n-1} 的误差扩大到5倍后传给 I_n，因而初值 I_0 的误差对以后各步计算结果的影响随着 n 的增大愈来愈严重，这就造成 I_4 的计算结果严重失真。

如果改变计算公式，先取一个 I_n 的近似值，用下面的公式倒过来计算 I_{n-1}，I_{n-2}，$\cdots$，I_0，即

$$I_{k-1} = \frac{1}{5k} - \frac{1}{5}I_k \qquad (k = n,\ n-1,\ \cdots,\ 1) \tag{1.2.5}$$

这时，可发现 I_k 的误差减小到 $\dfrac{1}{5}$ 后传给 I_{k-1}，因而初值的误差对以后各步的计算结果的影响是随着 n 的增大而愈来愈小。

由于误差是逐步衰减的，初值 I_n 可以这样确定，不妨设 $I_9 \approx I_{10}$，于是由 $I_9 = \dfrac{1}{50} - \dfrac{1}{5}I_{10}$ 可求得 $I_9 \approx 0.017$，按式（1.2.5）可逐次求得

$$I_8 \approx 0.019 \qquad I_7 \approx 0.021$$

$$I_6 \approx 0.024 \qquad I_5 \approx 0.028$$

$$I_4 \approx 0.034 \qquad I_3 \approx 0.043$$

$$I_2 \approx 0.058 \qquad I_1 \approx 0.088$$

$$I_0 \approx 0.182$$

显然，这样算出的 I_0 与 $\ln(1.2)$ 的值比较符合。虽然初值 I_9 很粗糙，但因为用

式（1.2.5）计算时，误差是逐步衰减的，所以计算结果相当可靠。

比较以上两个计算方案，显然，前者是一个不稳定的数值算法，后者是一个稳定的数值算法。对于一个稳定的计算过程，由于舍入误差不增大，因而不具体估计舍入误差也是可用的；而对于一个不稳定的计算过程，如果计算步骤太多，就可能出现错误结果。因此，在实际应用中应选用稳定的数值算法，尽量避免使用不稳定的数值算法。

5. 先化简再计算，减少步骤，避免误差积累

对于给定的 x，求下列 n 次多项式的值。多项式为

$$P(x)=a_0+a_1x+a_2x^2+\cdots+a_nx^n \tag{1.2.6}$$

上式用一般算法求值，即直接求和法求值，可知乘法的次数为：$1+2+3+\cdots+n=\frac{n(n+1)}{2}$；加法次数为：$n$。

若用秦九韶算法求值，则首先将多项式改写为

$$\begin{aligned}P(x)&=a_nx^n+a_{n-1}x^{n-1}+\cdots+a_1x+a_0\\&=(a_nx^{n-1}+a_{n-1}x^{n-2}+\cdots+a_1)x+a_0\\&=[(a_nx^{n-2}+a_{n-1}x^{n-3}+\cdots+a_2)x+a_1]x+a_0\\&=\cdots\\&=\{[(a_nx+a_{n-1})x+a_{n-2}]x+\cdots+a_1\}x+a_0\end{aligned}$$

令 $v_k=\{[(a_nx+a_{n-1})x+\cdots+a_{n-(k-2)}]x+a_{n-(k-1)}\}x+a_{n-k}$，则递推公式为

$$\begin{cases}v_k=v_{k-1}x+a_{n-k} & k=1,\ 2,\ \cdots,\ n\\ v_0=a_n\end{cases} \tag{1.2.7}$$

秦九韶算法是多项式求值中常用的方法，其计算量为：乘法 n 次，加法 n 次。同一般算法相比，秦九韶算法的计算量小，且逻辑结构简单。

1.3 MATLAB 主要程序

程序一　两个相近的数相减

验证两个相近的数相减会损失有效数字的位数。

例 1.5：求数 $x=8^{20}\times(\sqrt{1+9^{-20}}-1)$ 的近似值。

解　（1）MATLAB 命令为

```
x=(8^20)*(sqrt(1+9^(-20))-1)
```

输出结果为

```
x=0
```

(2) 如果化为 $x = 8^{20} \times (\sqrt{1+9^{-20}} - 1) = \dfrac{8^{20} \times 9^{-20}}{\sqrt{1+9^{-20}} + 1}$，则 MATLAB 命令为

```
x= (8^20) * (9^(-20))/(sqrt (1+9^(-20)) +1)
```

输出结果为

```
x=0.047 4
```

程序二 秦九韶算法

验证秦九韶算法可节省运行时间。

```
clc;                              % 清屏
clear all;                        % 释放所有内存变量
format long;                      % 按双精度显示浮点数
A= [7, 2, -2, -6, 6, 5, -4, 2, 1, 3, 2, -1, 4, 3, 50, -2, 4, 3, 10,
5, 6, 7, -60, 12, 35, 7, -6, 40, 3, 6, 43, 84, 75, 78, 60, 30, 55, -80,
60];
A (10001) =0;                     % 扩展到 10001 项，后面的都是分量 0
                                  % A 为多项式系数，从高次项到低次项
x=1.00037;
n=9000;                           % n 为多项式次数
begintime=clock;                  % 开始执行的时间
p=0;
for i=n: -1: 0
  t=1;
  for k=1: i
     t=t*x;                       % 求 x 的 i 次幂
   end
   p=p+A (n-i+1) *t;              % 累加多项式的 i 次项
end
endtime=clock;                              % 结束执行的时间
time1=etime (endtime, begintime);           % 运行时间
disp ('直接计算');
disp ( ['p (', num2str (x),') =', num2str (p) ] );
disp ( ['运行时间: ', num2str (time1),'秒'] );
% 秦九韶算法计算
begintime=clock;                            % 开始执行的时间
```

```
p=0;
for i=0:n
  p=x*p+A(i+1);
end                                          % 累加秦九韶算法中的一项
endtime=clock;                               % 结束执行的时间
time2=etime(endtime,begintime);              % 运行时间
disp('');
disp('秦九韶算法计算');
disp(['p(',num2str(x),')=',num2str(p)]);
disp(['运行时间:',num2str(time2),'秒']);
```

MATLAB 运行结果为

```
直接计算
p(1.0004)=15109.6966
    运行时间:17.359 秒

秦九韶算法计算
p(1.0004)=15109.6966
    运行时间:0.015 秒
```

习题 1

1. 取 3.14，3.15，$\frac{22}{7}$，$\frac{355}{113}$作为 π 的近似值，求各自的绝对误差、相对误差和有效数字的位数。

2. 下列各数都是对准确数进行四舍五入后得到的近似数，试分别指出它们的绝对误差限、相对误差限和有效数字的位数。

$$x_1 = 0.031\ 5 \qquad x_2 = 0.301\ 5 \qquad x_3 = 31.50 \qquad x_4 = 5\ 000$$

3. 设 $f(x, y) = \frac{\cos y}{x}$，$x = 1.30 \pm 0.005$，$y = 0.871 \pm 0.000\ 5$。如果用 $\tilde{u} = f(1.30, 0.871)$ 作为 $f(x, y)$ 的近似值，则 $\tilde{u}$ 能有几位有效数字？

4. 计算 $f = (\sqrt{2} - 1)^6$，取 $\sqrt{2} \approx 1.4$，利用下列等式计算，哪一个得到的结果最好？

$$\frac{1}{(\sqrt{2}+1)^6} \qquad (3-2\sqrt{2})^3 \qquad \frac{1}{(3+2\sqrt{2})^3} \qquad 99-70\sqrt{2}$$

5. 利用 $\sqrt{783} \approx 27.982$ 求方程 $x^2 - 56x + 1 = 0$ 的两个根，使它们至少具有 4 位有效数字。

6. 试给出一种计算积分 $I_n = e^{-1}\int_0^1 x^n e^x dx$ 近似值的稳定算法，其中 $n=0$，1，2，3，…。

7. 序列 $\{y_n\}$ 满足递推关系 $y_n = 10y_{n-1} - 1$，其中 $n = 1$，2，…；若 $y_0 = \sqrt{2} \approx 1.41$（3 位有效数字），则计算到 y_{10} 时误差有多大？这个计算过程稳定吗？

8. 设存在函数 $f(x) = \ln\left(x - \sqrt{x^2 - 1}\right)$，求 $f(30)$ 的值。若改用另一等价公式，即

$$\ln\left(x - \sqrt{x^2 - 1}\right) = -\ln\left(x + \sqrt{x^2 - 1}\right)$$

则用上式计算时，求对数时误差有多大？

9. 程序设计：求数 $y = \ln(30 - \sqrt{30^2 - 1})$ 的近似值，分别用直接计算法和倒数变换法来计算。

第2章

插值法

2.1 引言

在许多工程以及科学研究的实际问题中，都需要用函数来表示某种内在联系或规律。而很多工程实际问题中用来描述客观现象的函数 $f(x)$ 往往是很复杂的，不少函数关系都只能通过实验和观测来了解。如通过实验得到一系列离散点 x_i 及其相应的函数值 $y_i(i=1,2,\cdots,n)$，但是 x_i 和 y_i 之间有时很难表达成一个适宜的数学关系式。在这种情况下，一般用表格来反映 x_i 和 y_i 之间的关系，但表格法一般不便用于分析问题的性质和变化规律，不能连续地表达自变量和函数变量之间的关系，特别是不能直接得到表中数据点之间的数据；而实际应用中常常需要知道任意给定点处的函数值，或者利用已知的测试值来推算非测试点上的函数值，这就需要通过函数插值法（简称插值法）来解决。

视频04：插值的定义

插值法的基本思想为：构造一个简单函数 $y=P(x)$ 作为 $f(x)$ 的近似表达式，以 $P(x)$ 的值作为函数 $f(x)$ 的近似值，而且要求 $P(x)$ 在给定节点 x_i 处与 $f(x)$ 取值相同，即 $P(x_i)=f(x_i)$，其中 $i=1,2,\cdots,n$，通常称 $P(x)$ 为 $f(x)$ 的插值函数，x_i 为插值节点。

定义2.1 设 $y=f(x)$ 是区间 $[a,b]$ 上的函数，若存在一简单函数 $P(x)$，使得在点 $a\leqslant x_0<x_1<\cdots<x_n=b$ 上的函数值等于简单函数 $f(x)$ 在各节点的值，即

$$P(x_i)=y_i \qquad (i=0,1,\cdots,n) \tag{2.1.1}$$

这时，称 $P(x)$ 为 $f(x)$ 的插值函数，点 $x_0,x_1,\cdots,x_n$ 为插值节点，区间 $[a,b]$ 称为插值区间，求插值函数 $P(x)$ 的方法叫作插值法。

若 $P(x)$ 是次数不超过 n 的代数多项式，则有

$$P(x)=a_0+a_1x+\cdots+a_nx^n \tag{2.1.2}$$

其中，a_i 为实数。这时称 $P(x)$ 为插值多项式，相对应的插值法称为多项式插值法。若

$P(x)$ 为分段多项式，就称之为分段插值法；若 $P(x)$ 为三角多项式，就称之为三角插值法。本章只讨论多项式插值法和分段插值法。

2.2　拉格朗日插值公式

2.2.1　一次和二次拉格朗日插值

拉格朗日（Lagrange）插值法是一种多项式插值方法，是以 18 世纪法国数学家约瑟夫·路易斯·拉格朗日命名的插值方法。

视频 05：拉格朗日插值

对于给定的插值节点求得形如式（2.1.2）的插值多项式有很多种不同的方法。下面先讨论最简单的两点情形（一次拉格朗日插值），也就是 $n=1$ 的两点情况，如图 2.2.1 所示。在给定区间 $[x_i, x_{i+1}]$ 上，满足端点函数值 $y_i=f(x_i)$，$y_{i+1}=f(x_{i+1})$，要求找到线性插值多项式 $L_1(x)$，使得 $L_1(x)$ 满足下列插值条件，即

$$L_1(x_i)=y_i,\ L_1(x_{i+1})=y_{i+1} \tag{2.2.1}$$

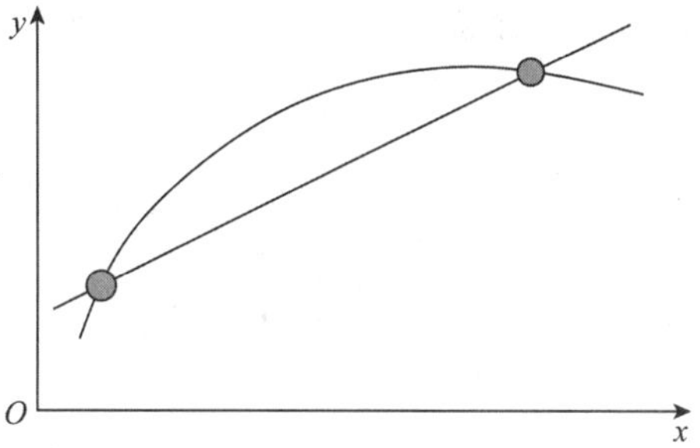

图 2.2.1　最简单的两点情形

插值函数 $L_1(x)$ 是通过 (x_i, y_i) 与 (x_{i+1}, y_{i+1}) 两点的一条直线，用这条直线来近似地表示函数 $f(x)$，此直线的方程为

$$L_1(x)=y_i+\frac{y_{i+1}-y_i}{x_{i+1}-x_i}(x-x_i) \tag{2.2.2}$$

还可以将上述点斜式方程改写成两点式方程，即

$$L_1(x)=\frac{x-x_{i+1}}{x_i-x_{i+1}}y_i+\frac{x-x_i}{x_{i+1}-x_i}y_{i+1} \tag{2.2.3}$$

由式（2.2.3）可以看出，$L_1(x)$ 是由两个线性函数的线性组合得到的，即

$$l_i(x)=\frac{x-x_{i+1}}{x_i-x_{i+1}},\quad l_{i+1}(x)=\frac{x-x_i}{x_{i+1}-x_i} \tag{2.2.4}$$

系数分别为 y_i 和 y_{i+1}，则 $L_1(x)$ 也可以写成

$$L_1(x)=l_i(x)y_i+l_{i+1}(x)y_{i+1} \tag{2.2.5}$$

显然 $l_i(x_i)=1$，$l_i(x_{i+1})=0$；$l_{i+1}(x_i)=0$，$l_{i+1}(x_{i+1})=1$，称 $l_i(x)$ 及 $l_{i+1}(x)$ 为线性插值

基函数。由 $l_i(x)(i=0, 1)$ 在对应的插值点 x_i 处的取值为1，在其他点处取值为0。不难验证，以对应点处的函数值为系数对它们作线性组合所得的函数不仅仍是线性的，并且还会满足插值条件。根据这个思路，当节点增多到 $(n+1)$ 个时，可以先构造 n 次多项式 $l_i(x)(i=0, 1, \cdots, n)$，它们满足

$$l_i(x_j)=\begin{cases}0, & j\neq i\\1, & j=i\end{cases} \tag{2.2.6}$$

然后，用对应点处的函数值为系数来作一个线性组合，此时所得的多项式函数即为所要求的插值多项式。

下面讨论 $n=2$ 的情形。假定插值节点为 x_{i-1}、x_i、x_{i+1}，目标是求一个二次插值多项式 $L_2(x)$，满足 $L_2(x_j)=y_j\ (j=i-1, i, i+1)$。

从几何图形上看，$y=L_2(x)$ 是通过点 (x_{i-1}, y_{i-1})、(x_i, y_i)、(x_{i+1}, y_{i+1}) 的抛物线。为了求出 $L_2(x)$ 的表达式，要找一组插值基函数 $l_{i-1}(x)$、$l_i(x)$ 及 $l_{i+1}(x)$，这3个函数是二次函数，且在节点处满足插值条件，即

$$\left.\begin{aligned}l_{i-1}(x_{i-1})=1, \ l_{i-1}(x_i)=0, \ l_{i-1}(x_{i+1})=0\\ l_i(x_{i-1})=0, \ l_i(x_i)=1, \ l_i(x_{i+1})=0\\ l_{i+1}(x_{i-1})=0, \ l_{i+1}(x_i)=0, \ l_{i+1}(x_{i+1})=1\end{aligned}\right\} \tag{2.2.7}$$

满足插值条件的插值基函数是很容易求出的，以 $l_{i-1}(x)$ 为例，$l_{i-1}(x)$ 有 x_i、x_{i+1} 两个根，可以设 $l_{i-1}(x)=A(x-x_i)(x-x_{i+1})$，其中 A 为待定系数，又因为还需要满足 $l_{i-1}(x_{i-1})=1$，可得

$$A=\frac{1}{(x_{i-1}-x_i)(x_{i-1}-x_{i+1})}$$

因此，有

$$l_{i-1}(x)=\frac{(x-x_i)(x-x_{i+1})}{(x_{i-1}-x_i)(x_{i-1}-x_{i+1})}$$

同理可得

$$l_i(x)=\frac{(x-x_{i-1})(x-x_{i+1})}{(x_i-x_{i-1})(x_i-x_{i+1})}$$

$$l_{i+1}(x)=\frac{(x-x_i)(x-x_{i-1})}{(x_{i+1}-x_i)(x_{i+1}-x_{i-1})}$$

于是有

$$L_2(x)=y_{i-1}l_{i-1}+y_il_i+y_{i+1}l_{i+1} \tag{2.2.8}$$

式（2.2.8）称为抛物插值（二次拉格朗日插值）。

2.2.2 拉格朗日插值多项式

从上文可以看到，由式（2.2.6）可知考虑的插值基函数 $l_i(x)$ 有 n 个根 $x_j(j=0, 1, \cdots, n, j\neq i)$，且 $l_i(x_i)=1$，必定是以下形式，即

$$l_i(x)=\frac{(x-x_0)\cdots(x-x_{i-1})(x-x_{i+1})\cdots(x-x_n)}{(x_i-x_0)\cdots(x_i-x_{i-1})(x_i-x_{i+1})\cdots(x_i-x_n)}$$

$$= \prod_{\substack{j=0 \\ j \neq i}}^{n} \frac{x - x_j}{x_i - x_j} \quad (i = 0, 1, \cdots, n) \tag{2.2.9}$$

这些函数称为拉格朗日插值基函数，利用它们可立即得出插值问题的解，即

$$L_n(x) = \sum_{i=0}^{n} y_i l_i(x) = \sum_{i=0}^{n} y_i \left(\prod_{\substack{j=0 \\ j \neq i}}^{n} \frac{x - x_j}{x_i - x_j} \right) \tag{2.2.10}$$

事实上，由于所得到的每个插值基函数 $l_i(x)(i=0, 1, \cdots, n)$ 都是 n 次多项式，故 $L_n(x)$ 至多是 n 次多项式。由式（2.2.10）又得

$$L_n(x_k) = \sum_{i=0}^{n} y_i l_i(x_k) = y_k \quad (k = 0, 1, \cdots, n) \tag{2.2.11}$$

此时 $L_n(x)$ 满足插值条件，即式(2.1.1)。那么，式(2.2.10) 称为 n 次拉格朗日插值多项式，即 $L_n(x) = \sum_{i=0}^{n} y_i l_i(x)$ 。式(2.2.5) 和式(2.2.8) 为 $n=1$ 和 $n=2$ 时的特殊情形。

记 $\omega_{n+1}(x) = (x - x_0)(x - x_1)\cdots(x - x_n)$，则 $\omega'_{n+1}(x_k) = (x_k - x_0)\cdots(x_k - x_{k-1})(x_k - x_{k+1})\cdots(x_k - x_n)$ 。那么 $l_i(x) = \dfrac{\omega(x)}{(x - x_i)\omega'(x_i)}$，于是式（2.2.11）可以改写为

$$L_n(x) = \sum_{i=0}^{n} y_i \frac{\omega(x)}{(x - x_i)\omega'(x_i)} \tag{2.2.12}$$

定理 2.1　（唯一性定理）在次数不超过 n 的几何多项式 H_n 中，满足插值条件式（2.1.1）的插值多项式 $L_n(x) \in H_n$ 是存在的，并且是唯一的。

证明过程如下：

式（2.2.12）所表示的 $L_n(x)$ 已经证明了插值多项式的存在性，接下来用反证法证明唯一性。假定还有 $P(x) \in H_n$ 使得 $P(x_i)=f(x_i)$（其中 $i=0, 1, \cdots, n$ ）成立，它表明多项式对所有的 $L_n(x_i) - P(x_i) = 0(i=0, 1, \cdots, n)$ 成立，即多项式 $L_n(x_i) - P(x_i) \in H_n$，且有 $(n+1)$ 个零点 $x_0, x_1, \cdots, x_n$。这与 n 次多项式只有 n 个零点的代数基本定理矛盾，故只能有 $L_n(x) = P(x)$ 。证毕！

例 2.1：已知 $f(-1)=2$，$f(1)=1$，$f(2)=1$，求 $f(x)$ 的拉格朗日插值多项式。

解　3 个插值节点分别为：$x_0=-1$，$x_1=1$，$x_2=2$。根据公式，有

$$l_0(x) = \frac{(x - x_1)(x - x_2)}{(x_0 - x_1)(x_0 - x_2)} = \frac{1}{6}(x^2 - 3x + 2)$$

$$l_1(x) = \frac{(x - x_0)(x - x_2)}{(x_1 - x_0)(x_1 - x_2)} = -\frac{1}{2}(x^2 - x - 2)$$

$$l_2(x) = \frac{(x - x_0)(x - x_1)}{(x_2 - x_0)(x_2 - x_1)} = \frac{1}{3}(x^2 - 1)$$

因此，$L_2(x) = 2l_0(x) + l_1(x) + l_2(x) = \dfrac{1}{6}(x^2 - 3x + 8)$。

下面讨论拉格朗日插值余项。若在 $[a, b]$ 上用插值多项式 $L_n(x)$ 近似代替 $f(x)$，则

截断误差可以表示为 $R_n(x)=f(x)-L_n(x)$，同时，$R_n(x)$ 也称为插值多项式的余项。

定理 2.2 设 $f^{(n)}(x)\in C[a,\ b]$，$f\ (x)$ 在 $(a,\ b)$ 内存在 $(n+1)$ 阶导数，在区间内划分插值节点 $a\leqslant x_0<x_1<\cdots<x_n\leqslant b$，若 $L_n(x)$ 是满足插值条件的插值多项式，则对 $\forall x\in[a,\ b]$，存在插值多项式余项为

$$R_n(x)=\frac{f^{(n+1)}(\xi)}{(n+1)!}\omega_{n+1}(x) \tag{2.2.13}$$

视频 06：拉格朗日插值余项

这里 $\xi\in(a,\ b)$ 且依赖于 x。

证明过程如下：

由插值条件可知，$R_n(x)=f(x)-L_n(x)$ 在插值节点 $x_i(i=0,\ 1,\ \cdots,\ n)$ 上为0，也就是 $R_n(x_i)=f(x_i)-L_n(x_i)=0$，$(i=0,\ 1,\ \cdots,\ n)$。考虑到 $R_n(x)$ 有 $(n+1)$ 个零点，可以设

$$R_n(x)=K(x)(x-x_0)(x-x_1)\cdots(x-x_n)=K(x)\omega_{n+1}(x) \tag{2.2.14}$$

其中，$K(x)$ 是待定函数。为了寻找 $K(x)$，现在把 x 看作 $[a,\ b]$ 上固定的点，作函数 $\varphi(t)=f(t)-L_n(t)-K(x)(t-x_0)(t-x_1)\cdots(t-x_n)$，根据插值条件，可知各插值节点也是 $\varphi(t)$ 的零点，即 $\varphi(x_i)=0$（$i=0,\ 1,\ \cdots,\ n$），并且 $\varphi(t)$ 在 x 处也为0。那么 $\varphi(t)$ 在 $[a,\ b]$ 上至少有 $(n+2)$ 个零点，由罗尔定理（Rolle 定理），可知 $\varphi'(t)$ 在 $[a,\ b]$ 上至少有 $(n+1)$ 个零点。对 $\varphi'(t)$ 再次应用罗尔定理，可得 $\varphi''(t)$ 在 $[a,\ b]$ 上至少有 n 个零点。依此类推，可以知道，$\varphi^{(n+1)}(t)$ 在 $[a,\ b]$ 上至少有一个零点，记为 $\xi\in[a,\ b]$，使得

$$\varphi^{(n+1)}(\xi)=f^{(n+1)}(\xi)-(n+1)!\ K(x)=0$$

因此

$$K(x)=\frac{f^{(n+1)}(\xi)}{(n+1)!}$$

从证明中可知，$\xi\in[a,\ b]$ 且依赖于 x。将 $K(x)$ 代入式（2.2.14），就得到了插值余项公式（2.2.13）。证毕！

当 $n=1$ 时，一次插值余项可以表示为

$$R_1(x)=\frac{1}{2}f''(\xi)\omega_2(x)=\frac{1}{2}f''(\xi)(x-x_0)(x-x_1) \qquad \xi\in[x_0,\ x_1]$$

当 $n=2$ 时，二次插值余项可以表示为

$$R_3(x)=\frac{1}{6}f'''(\xi)\omega_3(x)=\frac{1}{6}f'''(\xi)(x-x_0)(x-x_1)(x-x_2) \qquad \xi\in[x_0,\ x_2]$$

2.3 差商与牛顿插值

2.3.1 差商

拉格朗日插值法的公式结构整齐，用于理论分析很方便，但是在计算过程中，当插值点增加或减少一个时，插值基函数就需要全部改变，也就是所对应的插值多项式需要全部重新

计算。这就造成改变一个节点，之前的计算结果却全部都不可用。这时可以用牛顿（Newton）插值法来代替解决这一问题。

拉格朗日插值公式在 $n=1$ 时，可以看作两点式直线方程。众所周知，直线方程还可以改写成点斜式直线方程，即

$$P_1(x)=f_0+\frac{f_1-f_0}{x_1-x_0}(x-x_0)$$

由此出发，$(n+1)$ 个插值节点 $(x_0,\ x_1,\ \cdots,\ x_n)$ 上的 n 次拉格朗日插值多项式也可以写成下列形式，即

$$P_n(x)=a_0+a_1(x-x_0)+\cdots+a_n(x-x_0)(x-x_1)\cdots(x-x_{n-1}) \tag{2.3.1}$$

接下来，主要的问题是怎样确定上式中的 $a_0,\ a_1,\ \cdots,\ a_n$。考虑插值条件 $P_n(x_j)=f_j(j=0,\ 1,\ \cdots,\ n)$，当 $x=x_0$ 时，$P_n(x_0)=f_0=a_0$；当 $x=x_1$ 时，$P_n(x_1)=f_1=a_0+a_1(x_1-x_0)$，可以推出 $a_1=\dfrac{f_1-f_0}{x_1-x_0}$；当 $x=x_2$ 时，$P_n(x_2)=f_2=a_0+a_1(x_2-x_0)+a_2(x_2-x_0)(x_2-x_1)$，推出

$$a_2=\frac{\dfrac{f_2-f_0}{x_2-x_0}-\dfrac{f_1-f_0}{x_1-x_0}}{x_2-x_1}$$

按此方法依次递推，使用插值条件可以得到 $a_0,\ a_1,\ \cdots,\ a_n$。为了写出 a_i 的一般表达式，需先引进差商的定义，其定义如下。

视频 07：差商

定义 2.2　函数 $f(x)$ 关于点 $x_0,\ x_k$ 的一阶差商 $f[x_0,\ x_k]=\dfrac{f(x_k)-f(x_0)}{x_k-x_0}$；$f(x)$ 关于点 $x_0,\ x_1,\ x_k$ 的二阶差商 $f[x_0,\ x_1,\ x_k]=\dfrac{f[x_0,\ x_k]-f[x_0,\ x_1]}{x_k-x_1}$；依此类推，则有

$$f[x_0,\ x_1,\ \cdots,\ x_k]=\frac{f[x_0,\ x_1,\ \cdots,\ x_{k-2},\ x_k]-f[x_0,\ x_1,\ \cdots,\ x_{k-1}]}{x_k-x_{k-1}} \tag{2.3.2}$$

式（2.3.2）一般称为 $f(x)$ 的 k 阶差商。

差商是牛顿插值法的基础，有如下基本性质。

（1）k 阶差商可以表示成函数值 $f(x_0)$，$f(x_1)$，$\cdots$，$f(x_k)$ 的线性组合，即

$$f[x_0,\ x_1,\ \cdots,\ x_k]=\sum_{i=0}^{k}\frac{f(x_i)}{(x_i-x_0)\cdots(x_i-x_{i-1})(x_i-x_{i+1})\cdots(x_i-x_k)} \tag{2.3.3}$$

这个性质还可以表明差商与节点的排列次序无关，即

$$f[x_0,\ x_1,\ x_2,\ \cdots,\ x_k]=f[x_0,\ x_2,\ x_1,\ \cdots,\ x_k]=\cdots=f[x_k,\ x_2,\ x_1,\ \cdots,\ x_0]$$

所以这个性质又被称为差商的对称性。

（2）由基本性质（1）和差商的定义，可得

$$f[x_0,\ x_1,\ \cdots,\ x_k]=\frac{f[x_1,\ x_2,\ \cdots,\ x_k]-f[x_0,\ x_1,\ \cdots,\ x_{k-1}]}{x_k-x_0} \tag{2.3.4}$$

(3) 若 $f(x)$ 在所考虑区间 $[a, b]$ 上存在 n 阶导数，则 n 阶差商与导数的关系为

$$f[x_0, x_1, \cdots, x_k] = \frac{f^{(n)}(\xi)}{n!} \qquad \xi \in [a, b] \tag{2.3.5}$$

(4) 若 $F(x) = cf(x)$，则 $F[x_0, x_1, \cdots, x_k] = cf[x_0, x_1, \cdots, x_k]$。

(5) 若 $F(x) = f(x) + g(x)$，则 $F[x_0, x_1, \cdots, x_k] = f[x_0, x_1, \cdots, x_k] + g[x_0, x_1, \cdots, x_k]$。

计算差商可以列差商表，如表 2.3.1 所示。

表 2.3.1　差商表

x_k	$f(x_k)$	一阶差商	二阶差商	三阶差商	四阶差商
x_0	$\underline{f(x_0)}$				
x_1	$f(x_1)$	$\underline{f[x_0, x_1]}$			
x_2	$f(x_2)$	$f[x_1, x_2]$	$\underline{f[x_0, x_1, x_2]}$		
x_3	$f(x_3)$	$f[x_2, x_3]$	$f[x_1, x_2, x_3]$	$\underline{f[x_0, x_1, x_2, x_3]}$	
x_4	$f(x_4)$	$f[x_3, x_4]$	$f[x_2, x_3, x_4]$	$f[x_1, x_2, x_3, x_4]$	$\underline{f[x_0, x_1, x_2, x_3, x_4]}$
⋮	⋮	⋮	⋮	⋮	⋮

2.3.2 牛顿插值

下面根据差商的定义及本节开篇的讨论，把 x 看成 $[a, b]$ 上一点，可以得到

$$\begin{aligned} f(x) &= f(x_0) + f[x_0, x_1](x - x_0) + f[x_0, x_1, x_2](x - x_0)(x - x_1) \\ &\quad + \cdots + f[x_0, x_1, \cdots, x_n](x - x_0)\cdots(x - x_{n-1}) + f[x, x_1, \cdots, x_n]\omega_{n+1}(x) \\ &= N_n(x) + R_n(x) \end{aligned}$$

其中，有

$$\begin{aligned} N_n(x) = f(x_0) + f[x_0, x_1](x - x_0) + f[x_0, x_1, x_2](x - x_0)(x - x_1) + \\ \cdots + f[x_0, x_1, \cdots, x_n](x - x_0)\cdots(x - x_{n-1}) \end{aligned} \tag{2.3.5}$$

$$R_n(x) = f(x) - N_n(x) = f[x, x_1, \cdots, x_n]\omega_{n+1}(x) \tag{2.3.6}$$

$$\omega_{n+1}(x) = (x - x_0)(x - x_1)\cdots(x - x_n)$$

可以很容易地验证，式 (2.3.5) 所确定的多项式 $N_n(x)$ 显然满足插值条件式 (2.1.1)，并且其次数不会超过 n，这样的多项式就是我们要找的插值多项式，其系数 $a_k = f[x_0, x_1, \cdots, x_k](k = 0, 1, \cdots, n)$。多项式 $N_n(x)$ 又被称为牛顿插值多项式，其系数 a_k 就是表 2.3.1 中加横线的各阶差商值。与拉格朗日插值法相比较，牛顿插值法计算量更少，而且便于程序设计。式 (2.3.6) 为牛顿差值余项，由插值多项式的唯一性定理可知，与式 (2.2.13) 是等价的。

视频 08：牛顿插值公式

例 2.2：已知函数 $y = \sqrt{x}$ 在 $x = 4$，$x = 6.25$，$x = 9$ 处的函数值，试通过一个二次插值函

数求 $\sqrt{7}$ 的近似值，并估计其误差。

解　由 $y=\sqrt{x}$ 可以求出 $x_0=4$，$x_1=6.25$，$x_2=9$；$y_0=2$，$y_1=2.5$，$y_2=3$。

(1) 采用拉格朗日插值多项式 $y=\sqrt{x}\approx L_2(x)=\sum_{j=0}^{2} l_j(x)y_j$，则有

$$\begin{aligned}
y&=(\sqrt{x}\approx L_2(x))\big|_{x=7}\\
&=\frac{(x-x_1)(x-x_2)}{(x_0-x_1)(x_0-x_2)}y_0+\frac{(x-x_0)(x-x_2)}{(x_1-x_0)(x_1-x_2)}y_1+\frac{(x-x_0)(x-x_1)}{(x_2-x_0)(x_2-x_1)}y_2\\
&=\frac{(7-6.25)\times(7-9)}{(4-6.25)\times(4-9)}\times 2+\frac{(7-4)\times(7-9)}{(6.25-4)\times(6.25-9)}\times 2.5+\frac{(7-4)\times(7-6.25)}{(9-4)\times(9-6.25)}\times 3\\
&=2.648\,484\,8
\end{aligned}$$

误差为

$$R_2(7)=\frac{f^{(3)}(\xi)}{3!}(7-4)\times(7-6.25)\times(7-9)$$

又 $f^{(3)}(x)=\frac{3}{8}x^{-\frac{5}{2}}$，则

$$\max_{[4,\,9]}|f^{(3)}(x)|=\frac{3}{8}\times 4^{-\frac{5}{2}}<0.011\,72$$

所以

$$|R_2(7)|<\frac{1}{6}\times(4.5)\times(0.011\,72)=0.008\,79$$

(2) 采用牛顿插值多项式 $y=\sqrt{x}\approx N_2(x)$，根据题意作差商表，如下表所示。

i	x_i	$f(x_i)$	一阶差商	二阶差商
0	4	2		
1	6.25	2.5	$\frac{2}{9}$	
2	9	3	$\frac{2}{11}$	$-\frac{4}{495}$

由上表可得

$$N_2(7)=2+\frac{2}{9}\times(7-4)+\left(-\frac{4}{495}\right)\times(7-4)\times(7-6.25)\approx 2.648\,484\,8$$

例 2.3：依据下列函数表分别建立次数不超过 3 的拉格朗日插值多项式和牛顿插值多项式，并验证插值多项式的唯一性。

x	0	1	2	4
$f(x)$	1	9	23	3

解　计算过程如下。

(1) 求拉格朗日插值多项式。由题意可知

$$L_3(x)=\sum_{j=0}^{3} l_j(x)y_j,\quad l_j(x)=\prod_{i=0,\ i\neq j}^{3}\frac{x-x_i}{x_j-x_i}$$

则有

$$l_0(x)=\frac{x-x_1}{x_0-x_1}\cdot\frac{x-x_2}{x_0-x_2}\cdot\frac{x-x_3}{x_0-x_3}=\frac{x-1}{0-1}\cdot\frac{x-2}{0-2}\cdot\frac{x-4}{0-4}=-\frac{x^3-7x^2+14x-8}{8}$$

$$l_1(x)=\frac{x-x_0}{x_1-x_0}\cdot\frac{x-x_2}{x_1-x_2}\cdot\frac{x-x_3}{x_1-x_3}=\frac{x-0}{1-0}\cdot\frac{x-2}{1-2}\cdot\frac{x-4}{1-4}=\frac{x^3-6x^2+8x}{3}$$

$$l_2(x)=\frac{x-x_0}{x_2-x_0}\cdot\frac{x-x_1}{x_2-x_1}\cdot\frac{x-x_3}{x_2-x_3}=\frac{x-0}{2-0}\cdot\frac{x-1}{2-1}\cdot\frac{x-4}{2-4}=-\frac{x^3-5x^2+4x}{4}$$

$$l_3(x)=\frac{x-x_0}{x_3-x_0}\cdot\frac{x-x_1}{x_3-x_1}\cdot\frac{x-x_2}{x_3-x_2}=\frac{x-0}{4-0}\cdot\frac{x-1}{4-1}\cdot\frac{x-2}{4-2}=\frac{x^3-3x^2+2x}{24}$$

根据以上各式可求得拉格朗日插值多项式为

$$L_3(x)=-\frac{1}{8}(x^2-3x+2)(x-4)+3x(x^2-6x+8)-\frac{23}{4}x(x^2-5x+4)+\frac{1}{8}x(x^2-3x+2)$$

$$=-\frac{11}{4}x^3+\frac{45}{4}x^2-\frac{1}{2}x+1$$

（2）求牛顿插值多项式。根据题意作差商表如下表所示。

k	x_k	$f(x_k)$	一阶差商	二阶差商	三阶差商
0	0	1			
1	1	9	8		
2	2	23	14	3	
3	4	3	−10	−8	$-\frac{11}{4}$

由上表可得

$$\begin{aligned}N_3(x)&=f(x_0)+f[x_0,x_1](x-x_0)+f[x_0,x_1,x_2](x-x_0)(x-x_1)\\&\quad+f[x_0,x_1,x_2,x_3](x-x_0)(x-x_1)(x-x_2)\\&=1+8(x-0)+3(x-0)(x-1)-\frac{11}{4}(x-0)(x-1)(x-2)\\&=-\frac{11}{4}x^3+\frac{45}{4}x^2-\frac{1}{2}x+1\end{aligned}$$

由以上结果可知：$L_3(x)=N_3(x)$，由此说明插值多项式存在且唯一。

2.4 差分

设函数 $y=f(x)$，$x_k=x_0+kh(k=0,1,\cdots,n)$，在节点处的函数值记为 $f_k=f(x_k)$，$f_{k+\frac{1}{2}}=f(x_k+h/2)$，$f_{k-\frac{1}{2}}=f(x_k-h/2)$，$h$ 为步长。

定义 2.3 记

$$\Delta f_k = f_{k+1} - f_k, \tag{2.4.1}$$

$$\nabla f_k = f_k - f_{k-1}, \tag{2.4.2}$$

$$\delta f_k = f_{k+\frac{1}{2}} - f_{k-\frac{1}{2}}, \tag{2.4.3}$$

以上 3 个公式分别称为$f(x)$ 在 x_k 处的一阶向前差分、向后差分和中心差分，Δ、∇、δ 分别叫作向前差分算子、向后差分算子和中心差分算子。

$$\Delta^2 f_k = \Delta f_{k+1} - \Delta f_k = f_{k+2} - 2f_{k+1} + f_k \tag{2.4.4}$$

式（2.4.4）称为二阶差分。类似地，可以定义 m 阶差分为

$$\Delta^m f_k = \Delta^{m-1} f_{k+1} - \Delta^{m-1} f_k,\ \nabla^m f_k = \nabla^{m-1} f_k - \nabla^{m-1} f_{k-1} \tag{2.4.5}$$

还定义

$$If_k = f_k,\ Ef_k = f_{k+1} \tag{2.4.6}$$

式（2.4.6）为不变算子 I 及移位算子 E 的定义。

应用上面的定义，可以很容易得到 $\Delta f_k = f_{k+1} - f_k = Ef_k - If_k = (E - I) f_k$， 即

$$\Delta = E - I \tag{2.4.7}$$

同理可得

$$\nabla = I - E^{-1},\ \delta = E^{\frac{1}{2}} - E^{-\frac{1}{2}} \tag{2.4.8}$$

根据上面各算子的定义，还可以得到

$$\Delta^m f_k = (E - I)^m f_k = \sum_{j=0}^{m} (-1)^j \binom{m}{j} E^{m-j} f_k = \sum_{j=0}^{m} (-1)^j \binom{m}{j} f_{m+k-j} \tag{2.4.9}$$

$$\nabla^m f_k = (I - E^{-1})^m f_k = \sum_{j=0}^{m} (-1)^{m-j} \binom{m}{j} E^{j-m} f_k = \sum_{j=0}^{m} (-1)^{m-j} \binom{m}{j} f_{k+j-m} \tag{2.4.10}$$

其中，$\binom{m}{j} = \dfrac{m(m-1)\cdots(m-j+1)}{j!}$ 为二项展开式系数。

反过来讲，还可以用差分来表示函数值，例如：

$$f_{m+k} = E^m f_k = (I + \Delta)^m f_k = \sum_{j=0}^{m} \binom{m}{j} \Delta^j f_k \tag{2.4.11}$$

根据 2.3 节中差商的定义，还可以得到差商和差分的关系，如一阶差分可表示为

$$f[x_k,\ x_{k+1}] = \frac{f_{k+1} - f_k}{x_{k+1} - x_k} = \frac{\Delta f_k}{h} \tag{2.4.12}$$

二阶差分可表示为

$$f[x_k,\ x_{k+1},\ x_{k+2}] = \frac{f[x_{k+1},\ x_{k+2}] - f[x_k,\ x_{k+1}]}{x_{k+2} - x_k} = \frac{1}{2!\ h^2} \Delta^2 f_k \tag{2.4.13}$$

依此类推，可得

$$f[x_k,\ x_{k+1},\ \cdots,\ x_{k+m}] = \frac{1}{m!} \frac{1}{h^m} \Delta^m f_k \qquad (m = 1,\ 2,\ \cdots,\ n) \tag{2.4.14}$$

同理，可以得到差商和向后差分之间的关系为

$$f[x_k,\ x_{k-1},\ \cdots,\ x_{k-m}] = \frac{1}{m!}\frac{1}{h^m}\nabla^m f_k \tag{2.4.15}$$

表 2.3.2 为向前差分表，利用差分表可以很方便地计算各阶差分。

表 2.3.2　向前差分表

x_k	Δ	Δ^2	Δ^3	Δ^4
f_0	Δf_0	$\Delta^2 f_0$	$\Delta^3 f_0$	$\Delta^4 f_0$
f_1	Δf_1	$\Delta^2 f_1$	$\Delta^3 f_1$	⋮
f_2	Δf_2	$\Delta^2 f_2$	⋮	
f_3	Δf_3	⋮		
f_4	⋮			
⋮				

2.5　埃尔米特插值

有的时候在工程应用中利用简单函数逼近一个函数 $f(x)$，不仅要求在节点上等于函数值，而且还要求它与函数在节点处有相同的一阶、二阶甚至更高阶的导数值，这类插值问题就是埃尔米特（Hermite）插值问题。从几何方面来思考这个问题：利用插值方法求出插值多项式，不但要过已知的函数点，而且在这些点处的切线与原曲线也“相切”。

下面讨论节点处函数 $f(x)$ 函数值与导数值都相等的情况。找到一个插值多项式 $H(x)$，在节点 $a \leqslant x_0 < x_1 < \cdots < x_n \leqslant b$ 上，满足条件

$$H(x_i) = f(x_i) = y_i,\ H'(x_i) = f'(x_i) = y'_i \qquad (i = 0,\ 1,\ \cdots,\ n) \tag{2.5.1}$$

可以看到，这里有 $(2n+2)$ 个条件，这些条件可以唯一确定出一个次数不超过 $(2n+1)$ 的多项式 $H_{2n+1}(x)$，假设多项式的形式为

$$H_{2n+1}(x) = a_0 + a_1 x + \cdots + a_{2n+1}x^{2n+1}$$

代入条件式（2.5.1）中，利用这 $(2n+2)$ 个条件来确定 $(2n+2)$ 个系数，是一个非常大的方程组，计算复杂。为了避免计算上的麻烦，仍采用前面章节中构造插值基函数的方法来求埃尔米特插值多项式。设有两组函数 $h_i(x)$、$H_i(x)\ (i = 0,\ 1,\ \cdots,\ n)$，它们满足：

(1) $h_i(x)$、$H_i(x)\ (i = 0,\ 1,\ \cdots,\ n)$ 都是至多 $(2n+1)$ 次多项式；

(2) 以下方程成立条件，即

$$\begin{aligned} &h_i(x_j) = \begin{cases} 0,\ j \neq i \\ 1,\ j = i \end{cases},\ h'_i(x_j) = 0 \qquad (j = 0,\ 1,\ \cdots,\ n) \\ &H_i(x_j) = 0,\ H'_i(x_j) = \begin{cases} 0,\ j \neq i \\ 1,\ j = i \end{cases} \qquad (j = 0,\ 1,\ \cdots,\ n) \end{aligned} \tag{2.5.2}$$

则多项式函数

$$H_{2n+1}(x)=\sum_{i=0}^{n}[y_ih_i(x)+y'_iH_i(x)] \tag{2.5.3}$$

必然满足式（2.5.1），且次数不超过 $(2n+1)$。下面的任务就是寻找满足式（2.5.2）的基函数 $h_i(x)$ 及 $H_i(x)$。为此，可利用拉格朗日插值基函数 $l_i(x)$，$h_i(x)$ 在 $x_j(j\neq i)$ 处函数值与导数值均为 0，故它们应含因子 $(x-x_j)^2(j\neq i)$，可以令 $h_i(x)=[a+b(x-x_i)]l_i^2(x)$，其中 $l_i(x)$ 为拉格朗日插值基函数。由式（2.5.2），有

$$h_i(x_i)=al_i^2(x_i)=a=1$$

$$h'_i(x_i)=bl_i^2(x_i)+2[a+b(x_i-x_i)]l_i(x_i)l'_i(x_i)=b+2al'_i(x_i)=0$$

由上式，可以得到 $b=-2al'_i(x_i)$。因此

$$h_i(x)=[1-2(x-x_i)l'_i(x_i)]l^2_i(x)\qquad(i=0,1,\cdots,n) \tag{2.5.4}$$

同理，由式（2.5.2）可知 $H_i(x)$ 在 $x_j(j\neq i)$ 处的函数值与导数值也都为 0，而且 $H_i(x_i)=0$，根据上面的方法，可设

$$H_i(x)=c(x-x_i)l^2_i(x)$$

又由式（2.5.2）可得

$$H'_i(x_i)=cl_i^2(x_i)=1$$

从而推出 $c=1$，那么

$$H_i(x)=(x-x_i)l_i^2(x)\qquad(i=0,1,\cdots,n) \tag{2.5.5}$$

根据式（2.5.3），则埃尔米特插值多项式为

$$\begin{aligned}H(x)&=\sum_{i=0}^{n}[y_ih_i(x)+y'_iH_i(x)]\\&=\sum_{i=0}^{n}\{[1-2(x-x_i)l'_i(x_i)]l_i^2(x)y_i+(x-x_i)l_i^2(x)y'_i\}\end{aligned} \tag{2.5.6}$$

特别地，当 $n=1$ 时，可以得到

$$h_0(x)=\left(1+2\frac{x-x_0}{x_1-x_0}\right)\left(\frac{x-x_1}{x_0-x_1}\right)^2$$

$$h_1(x)=\left(1+2\frac{x-x_1}{x_0-x_1}\right)\left(\frac{x-x_0}{x_1-x_0}\right)^2$$

$$H_0(x)=(x-x_0)\left(\frac{x-x_1}{x_0-x_1}\right)^2$$

$$H_1(x)=(x-x_1)\left(\frac{x-x_0}{x_1-x_0}\right)^2$$

视频 09：
埃尔米特插值

最后，得到两节点的三次埃尔米特插值多项式为

$$\begin{aligned}H(x)=&\left(1+2\frac{x-x_0}{x_1-x_0}\right)\left(\frac{x-x_1}{x_0-x_1}\right)^2y_0+\left(1+2\frac{x-x_1}{x_0-x_1}\right)\left(\frac{x-x_0}{x_1-x_0}\right)^2y_1+\\&(x-x_0)\left(\frac{x-x_1}{x_0-x_1}\right)^2y'_0+(x-x_1)\left(\frac{x-x_0}{x_1-x_0}\right)^2y'_1\end{aligned} \tag{2.5.7}$$

2.6 分段低次插值

视频 10：分段低次插值

一般来说，高次插值多项式是不妥当的，从数值计算上来讲高次插值多项式的计算会带来舍入误差的增大，从而引起计算失真。因此，实践中作插值时一般只用一次、二次插值多项式，最多用三次插值多项式。为了再次提高插值精度，往往会采用分段插值。

2.6.1 分段线性插值

分段线性插值就是用通过插值点的折线段来逼近 $f(x)$ 。设各个节点 $a = x_0 < x_1 < \cdots < x_n = b$ 上的函数值为 y_0，y_1，…，y_n，且 $h_k = x_{k+1} - x_k$，记 $h = \max\limits_k h_k$，要求折线函数 $I_h(x)$ 满足：

(1) $I_h(x)$ 是 $[a, b]$ 上的连续函数；

(2) 在节点处 $I_h(x_k) = y_k (k = 0, 1, \cdots, n)$；

(3) $I_h(x)$ 在每个小区间上 $[x_k, x_{k+1}]$ 为线性函数。

人们称满足上述条件的 $I_h(x)$ 为分段线性插值函数。

根据定义，$I_h(x)$ 在每个区间 $[x_k, x_{k+1}]$ 上可表示为下列线性函数，即

$$I_h(x) = \frac{x - x_{k+1}}{x_k - x_{k+1}} f_k + \frac{x - x_k}{x_{k+1} - x_k} f_{k+1} \quad (x_k \leqslant x \leqslant x_{k+1}, k = 0, 1, \cdots, n-1) \tag{2.6.1}$$

按照前面几节的方法采用插值基函数，则 $I_h(x)$ 在区间 $[a, b]$ 上可表示为

$$I_h(x) = \sum_{j=0}^{n} y_j l_j(x) \tag{2.6.2}$$

分段线性插值基函数 $l_i(x)$ 满足条件 $l_i(x_k) = \delta_{ik}(i, k = 0, 1, \cdots, n)$，具体形式为

$$l_i(x) \begin{cases} \dfrac{x - x_{i-1}}{x_i - x_{i-1}} & x_{i-1} \leqslant x \leqslant i (i = 0 \text{ 舍去}) \\ \dfrac{x_i - x_{i+1}}{x - x_{i+1}} & x_i \leqslant x \leqslant x_{i+1} (i = n \text{ 舍去}) \\ 0 & x \in [a, b] \text{ 且 } x \notin [x_{i-1}, x_{i+1}] \end{cases} \tag{2.6.3}$$

分段线性插值基函数 $l_i(x)$ 在 x_i 处及其附近不为 0，在区间其余点处均为 0，这个性质称为局部非零性质。

2.6.2 分段埃尔米特插值

分段线性插值函数 $I_h(x)$ 在端点处不平滑，光滑性较差。若还要考虑节点处导数和插值函数的导数也相等，就可以构造出一个光滑的分段插值函数 $I_h(x)$，该函数满足以下条件：

(1) $I_h(x)$ 为区间 $[a, b]$ 上一阶导数连续的函数；

(2) 在各节点处 $I_h(x_k)=y_k$，$I'_h(x_k)=y'_k(k=0, 1, \cdots, n)$；

(3) $I_h(x)$ 在每个区间 $[x_k, x_{k+1}]$ 上为三次多项式。

视频11：分段埃尔米特插值

根据式（2.5.7）可知，$I_h(x)$ 在区间 $[x_k, x_{k+1}]$ 上的表达式为

$$I_h(x)=\left(\frac{x-x_{k+1}}{x_k-x_{k+1}}\right)^2\left(1+2\frac{x-x_k}{x_{k+1}-x_k}\right)f_k+\left(\frac{x-x_k}{x_{k+1}-x_k}\right)^2\left(1+2\frac{x-x_{k+1}}{x_k-x_{k+1}}\right)f_{k+1}+$$

$$\left(\frac{x-x_{k+1}}{x_k-x_{k+1}}\right)^2(x-x_k)f'_k+\left(\frac{x-x_k}{x_{k+1}-x_k}\right)^2(x-x_{k+1})f'_{k+1}$$

若整个区间 $[a, b]$ 上定义一组分段三次插值基函数 $h_i(x)$ 及 $H_i(x)$ $(i=0, 1, \cdots, n)$，则 $I_h(x)$ 可表示为

$$I_h(x)=\sum_{j=0}^{n}[y_jh_j(x)+y'_jH_j(x)] \tag{2.6.4}$$

其中 $h_i(x)$、$H_i(x)$ 根据式（2.5.4）、式（2.5.5）分别表示为

$$h_i(x)=\begin{cases}\left(\dfrac{x-x_{i-1}}{x_i-x_{i-1}}\right)^2\left(1+2\dfrac{x-x_i}{x_{i-1}-x_i}\right) & x_{i-1}\leqslant x\leqslant x_i(i=0\text{ 舍去})\\ \left(\dfrac{x-x_{i+1}}{x_i-x_{i+1}}\right)^2\left(1+2\dfrac{x-x_i}{x_{i+1}-x_i}\right) & x_i\leqslant x\leqslant x_{i+1}(i=n\text{ 舍去})\\ 0 & \text{其他}\end{cases} \tag{2.6.5}$$

$$H_i(x)=\begin{cases}\left(\dfrac{x-x_{i-1}}{x_i-x_{i-1}}\right)^2(x-x_i) & x_{i-1}\leqslant x\leqslant x_i(i=0\text{ 舍去})\\ \left(\dfrac{x-x_{i+1}}{x_i-x_{i+1}}\right)^2(x-x_i) & x_i\leqslant x\leqslant x_{i+1}(i=n\text{ 舍去})\\ 0 & \text{其他}\end{cases} \tag{2.6.6}$$

根据 $h_i(x)$、$H_i(x)$ 的局部非零性质，当 $x\in[x_k, x_{k+1}]$ 时，只有 $h_k(x)$、$h_{k+1}(x)$ 和 $H_k(x)$、$H_{k+1}(x)$ 不为0，于是式（2.6.4）的 $I_h(x)$ 可表示为

$$I_h(x)=y_kh_k(x)+y_{k+1}h_{k+1}(x)+y'_kH_k(x)+y'_{k+1}H_{k+1}(x)\qquad(x_k\leqslant x\leqslant x_{k+1}) \tag{2.6.7}$$

2.7 三次样条插值

分段低次插值函数的特点是具有很好的收敛性、稳定性，算法简单，易于在计算机上实现；但是其光滑性较差，高速飞机的机翼线形等往往要求具有二阶光滑度，即函数曲线要求有二阶连续导数。早期工程师在制图时，把富有弹性的细长木条（即样条）用压铁固定在样点上，其余地方让它自由弯曲，然后沿木条画下曲线，得到的曲线称为样条曲线。此处所指的样条曲线由分段三次曲线拼接而成，在连接点（样点）上要求二阶导数连续，在数学

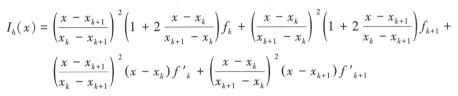

上称为数学样条。下面讨论最常用的三次样条函数。

2.7.1 三次样条函数

定义2.4 在区间 $[a,\ b]$ 上选取 $(n+1)$ 个节点 $a=x_0<x_1<x_2\cdots<x_n=b$，并且函数 $y=f(x)$ 在各个节点处的函数值表示为 $y_i=f(x_i)(i=0,\ 1,\ \cdots,\ n)$，作函数 $S(x)$，若 $S(x)$ 满足以下条件：

(1) 在各节点处 $S(x_i)=y_i$，$i=0,\ 1,\ \cdots,\ n$；

(2) 在区间 $[a,\ b]$ 上，函数 $S(x)$ 具有连续的二阶导数；

(3) 在区间 $[x_i,\ x_{i+1}](i=0,\ 1,\ \cdots,\ n-1)$ 上，$S(x)$ 是 x 三次的多项式。

则称函数 $S(x)$ 是 $y=f(x)$ 在区间 $[a,\ b]$ 上的三次样条插值函数。

视频12：三次样条插值

由定义可以看到，每个子区间上的多项式可以各不相同，只要在相邻子区间的连接处是光滑的就行。因此，三次样条插值也称为分段光滑插值。从定义可以看出，要找到函数 $S(x)$，则需要在每个区间 $[x_i,\ x_{i+1}](i=0,\ 1,\ \cdots,\ n-1)$ 上确定4个待定系数，小区间共有 n 个，所以应确定 $4n$ 个参数。

根据函数 $S(x)$ 在区间 $[a,\ b]$ 上二阶导数连续，则在节点 x_i $(i=1,\ 2,\ \cdots,\ n-1)$ 处应满足

$$S(x_i-0)=S(x_i+0)$$
$$S'(x_i-0)=S'(x_i+0)$$
$$S''(x_i-0)=S''(x_i+0)$$

上述共有 $(3n-3)$ 个条件，再加上函数 $S(x)$ 满足插值条件 $S(x_i)=y_i(i=0,\ 1,\ \cdots,\ n)$，则一共有 $(4n-2)$ 个条件，因此还需要找到两个条件才能确定 $S(x)$ 所有的系数。

一般情况下，可以在区间端点上各加一个边界条件。边界条件可根据实际问题的要求给出，一般情况下，可以分为以下3种情况。

(1) 已知端点处的一阶导数值，即

$$S'(x_0)=f'_0,\ S'(x_n)=f'_n \tag{2.7.1}$$

(2) 已知两端点的二阶导数值，即

$$S''(x_0)=f''_0,\ S''(x_n)=f''_n \tag{2.7.2}$$

其中，有特殊情况 $S''(x_0)=S''(x_n)=0$，这类边值条件称为自然边界条件。

(3) 当函数 $f(x)$ 是以 (x_n-x_0) 为周期的函数时，也要求 $S(x)$ 是周期函数。这种情况下边界条件应满足

$$\begin{aligned} S(x_n-0)&=S(x_0+0)\\ S'(x_n-0)&=S'(x_0+0)\\ S''(x_n-0)&=S''(x_0+0) \end{aligned} \tag{2.7.3}$$

此外，$y_0=y_n$。这种方式确定的样条函数 $S(x)$，也叫作周期样条函数。

2.7.2　三弯矩方程

视频13：三弯矩

三次样条插值函数 $S(x)$ 可以有多种求解方法，有时用二阶导数值 $S''(x_j)=M_j$（$j=0,1,\cdots,n$）来表示，这样使用起来更方便。M_i 在力学上可以解释为细梁在 x_i 截面处的弯矩，并且在 x_i 处得到的弯矩与相邻的另外两个弯矩有关，故称之为三弯矩方程。

因为在子区间 $[x_i, x_{i+1}]$ 上 $S(x)=S_i(x)$ 是不高于三次的多项式，其二阶导数 $S''(x)$ 必是线性函数，可表示为

$$S''(x)=M_i\frac{x_{i+1}-x}{h_i}+M_{i+1}\frac{x-x_i}{h_i} \tag{2.7.4}$$

对 $S''(x)$ 积分两次并利用 $S(x_i)=y_i$ 及 $S(x_{i+1})=y_{i+1}$，可定义出积分常数，于是有

$$S(x)=M_i\frac{(x_{i+1}-x)^3}{6h_i}+M_{i+1}\frac{(x-x_i)^3}{6h_i}+\left(y_i-\frac{M_ih_i^2}{6}\right)\frac{x_{i+1}-x}{h_i}+\left(y_{i+1}-\frac{M_{i+1}h_i^2}{6}\right)\frac{x-x_i}{h_i}\quad(i=0,1,\cdots,n-1) \tag{2.7.5}$$

对 $S(x)$ 求导，得

$$S'(x)=-M_i\frac{(x_{i+1}-x)^2}{2h_i}+M_{i+1}\frac{(x-x_i)^2}{2h_i}+\frac{y_{i+1}-y_i}{h_i}-\frac{M_{i+1}-M_i}{6}h_i \tag{2.7.6}$$

由式（2.7.6）可求得

$$S'(x_i+0)=-\frac{h_i}{3}M_i-\frac{h_i}{6}M_{i+1}+\frac{y_{i+1}-y_i}{h_i}$$

类似地，还可求出 $S(x)$ 在区间 $[x_{i-1}, x_i]$ 上的表达式，从而得到

$$S'(x_i-0)=\frac{h_{i-1}}{6}M_{i-1}+\frac{h_{i-1}}{3}M_i+\frac{y_i-y_{i-1}}{h_{i-1}}$$

利用 $S'(x_i+0)=S'(x_i-0)$ 可得

$$-\frac{h_i}{3}M_i-\frac{h_i}{6}M_{i+1}+\frac{y_{i+1}-y_i}{h_i}=\frac{h_{i-1}}{6}M_{i-1}+\frac{h_{i-1}}{3}M_i+\frac{y_i-y_{i-1}}{h_{i-1}}$$

化简得方程组，即

$$\mu_iM_{i-1}+2M_i+\lambda_iM_{i+1}=d_i\quad(i=1,2,\cdots,n-1) \tag{2.7.7}$$

其中，有

$$\mu_i=\frac{h_i}{h_{i-1}+h_i},\quad \lambda_i=\frac{h_{i-1}}{h_{i-1}+h_i}$$

$$d_i=6\frac{f[x_i,x_{i+1}]-f[x_{i-1},x_i]}{h_{i-1}+h_i}=6f[x_{i-1},x_i,x_{i+1}]$$

这里，$i=1,2,\cdots,n-1$。

只要在式（2.7.7）中加上式（2.7.1）、式（2.7.2）和式（2.7.3）中的任一类边界

条件就可得到三弯矩的方程组，求出 M_i。

在式（2.7.1）边界条件下，即 $S'(x_0)=f'_0$，$S'(x_n)=f'_n$， 则 $S(x)$ 在区间 $[x_0, x_1]$ 上的导数为

$$S'(x)=-M_0\frac{(x_1-x)^2}{2h_1}+M_1\frac{(x-x_0)^2}{2h_1}+\frac{y_1-y_0}{h_1}-\frac{h_1}{6}(M_1-M_0)$$

由 $S'(x_0)=f'_0$ 得

$$2M_0+M_1=\frac{6}{h_1}\left(\frac{y_1-y_0}{h_1}-f'_0\right) \tag{2.7.8}$$

同理，由 $S'(x_n)=f'_n$ 得

$$2M_{n-1}+M_n=\frac{6}{h_1}\left(-\frac{y_n-y_{n-1}}{h_n}+f'_n\right) \tag{2.7.9}$$

将式（2.7.7）、式（2.7.8）和式（2.7.9）合在一起，可以得到下列的关于 M_0，M_1，…，M_n 的线性方程组，即

$$\begin{pmatrix} 2 & 1 & & & \\ \mu_1 & 2 & \lambda_1 & & \\ & \ddots & \ddots & \ddots & \\ & & \mu_{n-1} & 2 & \lambda_{n-1} \\ & & & 1 & 2 \end{pmatrix}\begin{pmatrix} M_0 \\ M_1 \\ \vdots \\ M_{n-1} \\ M_n \end{pmatrix}=\begin{pmatrix} d_0 \\ d_1 \\ \vdots \\ d_{n-1} \\ d_n \end{pmatrix} \tag{2.7.10}$$

其中，$d_0=\frac{6}{h_1}\left(\frac{y_1-y_0}{h_1}-f'_0\right)$，$d_n=\frac{6}{h_1}\left(-\frac{y_n-y_{n-1}}{h_n}+f'_n\right)$。

在式（2.7.2）的边界条件下，$S''(x_0)=f''_0=M_0$，$S''(x_n)=f''_n=M_n$， 实际上在方程中只包含有 $(n-1)$ 个未知数 M_1，M_2，…，M_{n-1}， 方程组可以写成

$$\begin{pmatrix} 2 & \lambda_1 & & & \\ \mu_2 & 2 & \lambda_2 & & \\ & \ddots & \ddots & \ddots & \\ & & \mu_{n-2} & 2 & \lambda_{n-2} \\ & & & \mu_{n-1} & 2 \end{pmatrix}\begin{pmatrix} M_1 \\ M_2 \\ \vdots \\ M_{n-2} \\ M_{n-1} \end{pmatrix}=\begin{pmatrix} d_1-\mu_1 f''_0 \\ d_2 \\ \vdots \\ d_{n-2} \\ d_{n-1}-\lambda_{n-1}f''_n \end{pmatrix} \tag{2.7.11}$$

在式（2.7.3）的边界条件下，$S'(x_0+0)=S'(x_n-0)$，$S''(x_0+0)=S''(x_n-0)$，则由 $S''(x_0+0)=S''(x_n-0)$ 可得

$$M_0=M_n \tag{2.7.12}$$

由 $S'(x_0+0)=S'(x_n-0)$ 可得

$$-M_0\frac{h_1}{2}+\frac{y_1-y_0}{h_1}-\frac{h_1}{6}(M_1-M_0)=M_n\frac{h_n}{2}+\frac{y_n-y_{n-1}}{h_n}-\frac{h_n}{6}(M_n-M_{n-1})$$

还需要注意到：$y_0=y_n$，$M_0=M_n$， 将上式整理得到

$$\frac{h_1}{h_1+h_n}M_1+2M_n+\frac{h_n}{h_1+h_n}M_{n-1}=\frac{6}{h_1+h_n}\left(\frac{y_1-y_0}{h_1}-\frac{y_n-y_{n-1}}{h_n}\right)$$

记 $\mu_n=\dfrac{h_n}{h_1+h_n}$，$\lambda_n=\dfrac{h_1}{h_1+h_n}=1-\mu_n$，$d_n=\dfrac{6}{h_1+h_n}(f[x_0, x_1]-f[x_{n-1}, x_n])$，即

$$\lambda_n M_1+\mu_n M_{n-1}+2M_n=d_n \tag{2.7.13}$$

结合以上条件可得 M_1，M_2，…，M_n 的线性方程组为

$$\begin{pmatrix} 2 & \lambda_1 & & & \mu_1 \\ \mu_2 & 2 & \lambda_2 & & \\ & \ddots & \ddots & \ddots & \\ & & \mu_{n-1} & 2 & \lambda_{n-1} \\ \lambda_n & & & \mu_n & 2 \end{pmatrix}\begin{pmatrix} M_1 \\ M_2 \\ \vdots \\ M_{n-1} \\ M_n \end{pmatrix}=\begin{pmatrix} d_1 \\ d_2 \\ \vdots \\ d_{n-1} \\ d_n \end{pmatrix}$$

可以看到，三类边界条件下得到的三对角方程组符合主对角占优、方程组有唯一解的条件，一般可应用三对角矩阵的“追赶法”求解。

2.8 MATLAB 主要程序

程序一 拉格朗日插值

```
% a，b 为节点的横纵坐标，x 为要求的点（也可为向量）
function [v] =Lagrange (a, b, x)
len=length (a);
s=0;
for i=1: len
m=1;
n=1;
for j=1: len % j= [1: i-1 i+1: len]
if i ~ =j
m=m. * (x-a (j) );
n=n. * (a (i) -a (j) );
end;
end;
s=s+b (i) *m/n;
end;
v=s;
```

程序二　MATLAB 中的插值函数

命令 1：interp1。

功能：一维数据插值（表格查找）。该命令对数据点之间计算内插值，找出一元函数 $f(x)$ 在中间点的数值。其中函数 $f(x)$ 由所给数据决定。

x：原始数据点。

Y：原始数据点。

x_i：插值点。

y_i：插值点。

interp1 的格式如下：

```
yi=interp1 (x, Y, xi)
```

功能：返回插值向量 y_i，每一元素对应于参量 x_i，同时由向量 $\boldsymbol{x}$ 与 $\boldsymbol{Y}$ 的内插值决定。参量 x 指定数据 Y 的点，若 $\boldsymbol{Y}$ 为一矩阵，则按 $\boldsymbol{Y}$ 的每列计算。y_i 是阶数为 length（x_i） * size（Y，2）的输出矩阵。

```
yi=interp1 (Y, xi)
```

功能：假定 $x=1:N$，其中 N 为向量 $\boldsymbol{Y}$ 的长度，或者为矩阵 $\boldsymbol{Y}$ 的行数。

```
yi=interp1 (x, Y, xi, method)
```

功能：用指定的算法计算插值。

’nearest’：最近邻点插值，直接完成计算；

’linear’：线性插值（缺省方式），直接完成计算。

’spline’：三次样条函数插值。对于该方法，命令 interp1 调用函数 spline、ppval、mkpp、umkpp。这些命令生成一系列用于分段多项式操作的函数，命令 spline 用它们执行三次样条函数插值。

’pchip’：分段三次埃尔米特插值。对于该方法，命令 interp1 调用函数 pchip，用于对向量 $\boldsymbol{x}$ 与 $\boldsymbol{y}$ 执行分段三次内插值。该方法保留单调性与数据的外形。

’cubic’：与’pchip’操作相同。

’v5cubic’：在 MATLAB 5.0 中的三次插值。

对于超出 x 范围的 x_i 的分量，使用方法’nearest’、’linear’、’v5cubic’的插值算法，相应地将返回 NaN。对其他的方法，interp1 将对超出的分量执行外插值算法。

```
yi=interp1 (x, Y, xi, method,’extrap’)
```

功能：对于超出 x 范围的 x_i 中的分量将执行特殊的外插值法 extrap。

```
yi=interp1 (x, Y, xi, method, extrapval)
```

功能：确定超出 x 范围的 x_i 中的分量的外插值 extrapval，其值通常取 NaN 或 0。

程序示例如下：

```
x=0: 10; y=x. * sin (x);
xx=0: .25: 10; yy=interp1 (x, y, xx);
plot (x, y,' kd', xx, yy)
```

计算结果如下图所示。

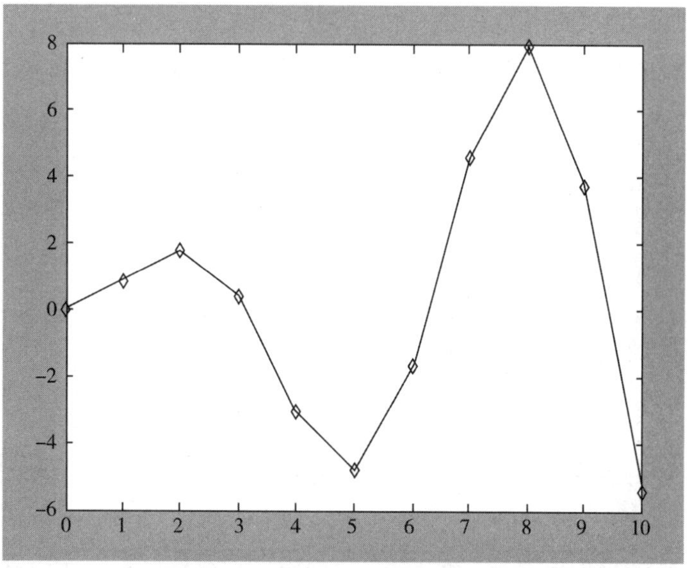

命令 2：spline。

功能：三次样条数据插值。

spline 的格式如下：

```
yy=spline (x, y, xx)
```

功能：对于给定的离散的测量数据 x、y(称为断点)，要寻找一个三项多项式 $y = p(x)$，以逼近每对数据(x, y) 点间的曲线。过两点(x_i, y_i) 和(x_{i+1}, y_{i+1}) 只能确定一条直线，而通过一点的三次多项式曲线有无穷多条。为使通过中间断点的三次多项式曲线具有唯一性，要增加两个条件(因为三次多项式有 4 个系数)：

(1) 三次多项式在点(x_i, y_i) 处有：$p(x_i) = y_i(x_i)$；

(2) 三次多项式在点(x_{i+1}, y_{i+1}) 处有：$p(x_{i+1}) = y_{i+1}$；

(3)$p(x)$ 在点(x_i, y_i) 处的斜率是连续的(为了使三次多项式具有良好的解析性，加上的条件)；

(4)$p(x)$ 在点(x_i, y_i) 处的曲率是连续的。

```
pp=spline (x, y)
```

功能：返回由向量 ***x*** 与 ***y*** 确定的分段样条多项式的系数矩阵 ***pp***，它可用于命令 ppval、unmkpp 的计算。

对离散地分布在 $y = \exp(x)\sin(x)$ 函数曲线上的数据点进行样条插值计算，其程序示例如下：

```
x= [0 2 4 5 8 12 12.8 17.2 19.9 20]; y=exp (x) .*sin (x);
xx=0: .25: 20;
yy=spline (x, y, xx);
plot (x, y,'o', xx, yy)
```

结果如下图所示。

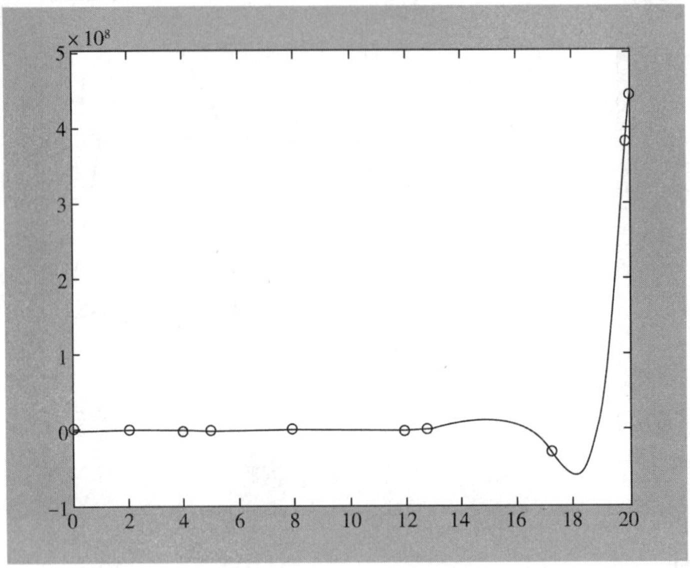

程序三　例题

在区间［-5，5］上取节点数 11，等距间隔 $h=1$ 的节点为插值节点，对函数 $f(x)=\frac{1}{1+x^2}$ 进行拉格朗日插值，并绘图。

在命令窗口输入如下命令：

```
x=-5: 5;
y=1./(1+x.^2);
x0=-5: 0.1: 5;
y0=lagrange (x, y, x0);
y1=1./(1+x0.^2);
plot (x0, y1,'-b')
hold on
plot (x0, y0,'r')
```

产生的图形如下图所示，其中多波峰的曲线即为 10 次拉格朗日插值曲线。

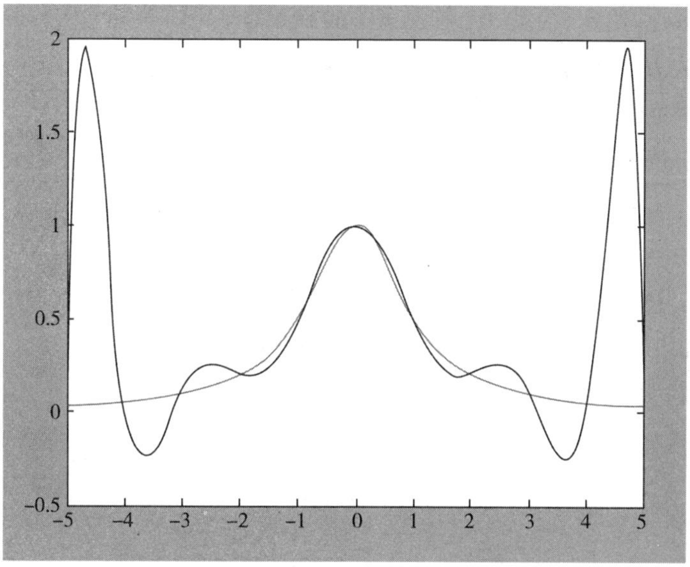

程序四　埃尔米特插值

```
function h=hermite (x0, y0, y1, x)
% x0, y0 分别为已知节点及其函数值向量
% y1 为节点上的导数值
% x 为插值点 (可以是多个), h 为插值
n=length (x0); m=length (x);
for k=1: m
  s=0;
  for i=1: n
      h=1.0; a=0.0;
      for j=1: n
          if j ~ =i
h=h* ( (x (k) -x0 (j) ) / (x0 (i) -x0 (j) ) ) ^2;
a=a+1/( x0 (i) -x0 (j) );
          end
      end
s=s+h* ( (x0 (i) -x (k) ) * (2*a*y0 (i) -y1 (i) ) +y0 (i) );
end
h (k) =s;
end
```

设$f(x)=\ln x$，给定$f(1)=0$，$f(2)=0.693\,147$，$f'(1)=1$，$f'(2)=0.5$。试用三次埃尔米特插值多项式$H_3(x)$计算$f(1,5)$的近似值。

(1) 计算程序如下：

```
format long
x= [1, 2]; y= [0, 0.693147];
m= [1, 0.5];
h=hermite (x, y, m, 1.5)
```

结果 (2) 如下：

```
h=0.40907350000000
```

习题2

1. 当$x=-1, 1, 2$时，函数$f(x)=2, 1, 1$，求$f(x)$的拉格朗日插值多项式。

2. 当$x=1, -1, 2$时，函数$f(x)=0, -3, 4$，求$f(x)$的二次拉格朗日插值多项式。

3. 若$x_j(j=0, 1, \cdots, n)$是互异节点，并且满足

$$l_j(x)=\frac{(x-x_0)(x-x_1)\cdots(x-x_{j-1})(x-x_{j+1})\cdots(x-x_n)}{(x_j-x_0)(x_j-x_1)\cdots(x_j-x_{j-1})(x_j-x_{j+1})\cdots(x_j-x_n)}$$

试证$\sum_{i=0}^{n}x_i^k l_j(x)\equiv x^k(k=0, 1, \cdots, n)$。

4. 已知$\sin 0.32=0.314\,567$，$\sin 0.34=0.333\,487$，$\sin 0.36=0.352\,274$，用抛物线插值计算$\sin 0.336\,7$的值并估计截断误差。

5. 已知函数$f(x)$在节点$x_0=0$，$x_1=1$，$x_2=2$满足：$f(x_0)=1$，$f(x_1)=2$，$f(x_2)=9$求出满足条件$N_2(x_k)=f(x_k)$，$(k=0, 1, 2)$的2次Newton差值多项式。

6. 求一个次数不高于4的多项式$P(x)$，使它满足$P(0)=P'(0)=0$，$P(1)=P'(1)=1$，$P(2)=1$才可以求出结果。

7. 求函数$f(x)=x^2$在$[a, b]$区间上的分段线性插值函数，节点取$a=x_0<x_1<\cdots<x_n=b$。

8. 求函数$f(x)=x^4$在$[a, b]$区间上的分段埃尔米特插值函数，节点取$a=x_0<x_1<\cdots<x_n=b$。

9. 给定数据表如下所示，试求三次样条插值$S(x)$，使其满足下列边界条件：

(1) $S'(0.25)=1.000\,0$，$S'(0.53)=0.686$；

(2) $S''(0.25)=S''(0.53)=0$。

x_i	0.25	0.30	0.39	0.45	0.53
y_i	0.500 0	0.547 7	0.624 5	0.670 8	0.728 0

10. 程序设计：已知$x=[0.1, 0.8, 1.3, 1.9, 2.5, 3.1]$，$y=[1.2, 1.6, 2.7, 2.0, 1.3, 0.5]$，利用其中的部分数据，分别用线性函数插值、三次样系函数插值求$x=$

2. 0 处的值。

11. 程序设计：已知某产品从 1900 年到 2010 年每隔 10 年的产量为 75. 995，91. 972，105. 711，123. 203，131. 699，150. 697，179. 323，203. 212，226. 505，249. 633，256. 344，267. 893，试计算出 1995 年的产量，并用三次样条函数插值的方法画出每隔一年的插值曲线图形，同时将原始的数据画在同一图上。

第 3 章

函数逼近与曲线拟合

3.1 引言与预备知识

3.1.1 问题的提出

本章讨论函数值的近似表示。利用手工计算求函数值时，我们往往通过查函数表求得函数值；而用计算机计算时，若把函数表存入内存再进行查表，则占用存储单元很多，不如直接用公式计算方便。因此，人们希望得到便于计算的函数来近似逼近已知函数 $f(x)$。例如，泰勒展开式（Taylor 展开式）的部分和为

$$P_n(x)=f(x_0)+\frac{f'(x_0)}{1!}(x-x_0)+\cdots+\frac{f'(x_n)}{n!}(x-x_0)^n \tag{3.1.1}$$

例如，$f(x)=e^x$，在 $[-1, 1]$ 上用

$$P_4(x)=1+x+\frac{1}{2}x^2+\frac{1}{6}x^3+\frac{1}{24}x^4$$

近似表示 e^x，其误差为

$$R_4(x)=e^x-P_4(x)=\frac{1}{120}x^5e^{\varepsilon} \qquad \varepsilon\in(-1, 1)$$

于是有

$$|R_4(x)|\leqslant\frac{e}{120}|x^5|, \quad \max_{-1\leqslant x\leqslant 1}|R_4(x)|\leqslant\frac{e}{120}\approx 0.022\,6$$

误差分布如图 3.1.1 所示，泰勒展开式仅对 0 附近的点效果较好，为了使得远离 0 的点的误差也小于 ε，只好将项数 n 取得相当大，这样就大大增加了计算量，则需要找一个计算量小、计算出来的函数值又跟实际函数值的误差非常小的简单函数来解决这个问题。因此，我们要解决的问题可描述为：“对于函数类 A 中给定的函数 $f(x)$，要求在另一类较简单的便

于计算的函数类 B 中，求函数 $P(x) \in B \in A$，使 $P(x)$ 与 $f(x)$ 之差在某种度量意义下最小。”当采用的度量不同时，就会得到不同的逼近类型，统称函数逼近。下面给出两种最常用的度量标准。

一种是无穷范数，其表达式为

$$\| f(x) - P(x) \|_{\infty} = \max_{a \leqslant x \leqslant b} |f(x) - P(x)| \tag{3.1.2}$$

在这种度量意义下的函数逼近称为一致逼近。

另外一种是欧氏范数，其表达式为

$$\| f(x) - P(x) \|_{2} = \sqrt{\int_a^b [f(x) - P(x)]^2 \mathrm{d}x} \tag{3.1.3}$$

在这种度量意义下的函数逼近称为平方逼近或者均方逼近。

本章主要讨论在这两种度量标准下，用最佳一致逼近多项式与最佳平方逼近多项式逼近 $f(x) \in C[a, b]$ 的问题。

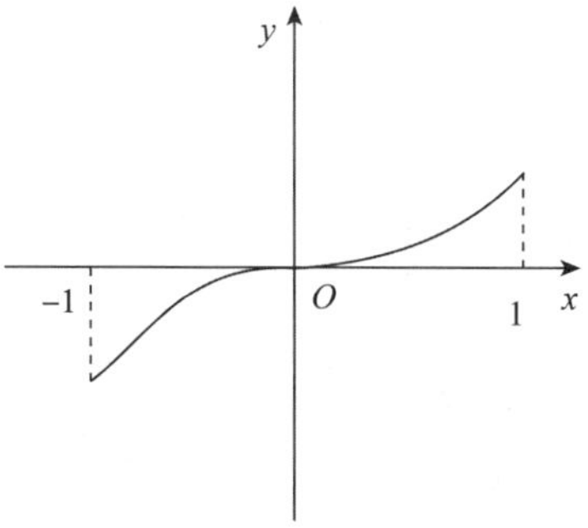

视频 14：函数逼近的基本概念

图 3.1.1　误差分布

3.1.2　魏尔斯特拉斯定理

在实变函数的分析学中，连续函数是最重要的函数类。代数多项式函数是最简单的一类连续函数之一。下面解决存在性问题，即对于 $f(x) \in C[a, b]$，是否存在多项式 $P_n(x)$ 一致收敛于 $f(x)$？现在叙述魏尔斯特拉斯（Weierstrass）存在性定理（简称魏尔斯特拉斯定理）。

定理 3.1　（魏尔斯特拉斯定理）设 $f(x) \in C[a, b]$，则对于任意给定的 $\varepsilon > 0$，都存在代数多项式 $P(x)$，使

$$\| f(x) - P(x) \|_{\infty} < \varepsilon$$

这个著名的定理已在“数学分析”中证明过，在其他资料中也有很多证明。伯恩斯坦（Bernstein）在 1912 年给出一个多项式，即

$$B_n(f, x) = \sum_{k=0}^{n} f\left(\frac{k}{n}\right) \binom{n}{k} x^k (1 - x)^{n-k} \tag{3.1.4}$$

式（3.1.4）称为伯恩斯坦多项式。伯恩斯坦证明了 $\lim\limits_{n \to \infty} B_n(f, x) = f(x) \, (0 \leqslant x \leqslant 1)$ 一致成立，并且如果 $f(x)$ 在 $[0, 1]$ 上的 m 阶导数连续，则

$$\lim_{n \to \infty} B_n^{(m)}(f, x) = f^{(m)}(x)$$

伯恩斯坦多项式在形式上非常好，但是它收敛很慢，如果要提高精度，必须增加多项式的次数，这样计算量就会大大增加，因此其在实际应用中很少使用。

3.2 最佳一致逼近多项式

3.2.1 切比雪夫定理

切比雪夫（Chebyshev）从这样的观点去研究一致逼近问题：不让多项式的次数 n 趋于无穷，而是先把 n 固定。对于 $f(x) \in C[a, b]$，他提出在 n 次多项式集合中，寻找一个多项式 $P_n(x) \in H_n$，$H_n = \text{span}\{1, x, \cdots, x^n\}$，使 $P_n(x)$ 在 $[a, b]$ 上"最佳地逼近" $f(x)$。其中 $1, x, \cdots, x^n \in C[a, b]$ 是一组构成 H_n 的线性无关的函数组。$P_n(x)$ 可表示为

$$P_n(x) = a_0 + a_1x + \cdots + a_nx^n$$

其中，$a_0, a_1, \cdots, a_n$ 为任意实数。现在的目的是在 H_n 中求 $P_n^*(x)$ 使其满足

$$\max_{x\in[a, b]} |f(x) - P_n^*(x)| = \min_{P_n\in H_n} \max_{x\in[a, b]} |f(x) - P_n(x)| \tag{3.2.1}$$

式（3.2.1）即为最佳一致逼近或切比雪夫逼近。首先给出以下定义。

定义 3.1 对于函数 $f(x) \in C[a, b]$，存在 $P_n(x) \in H_n$，称

$$\Delta(f(x), P_n(x)) = \|f(x) - P_n(x)\|_\infty = \max_{x\in[a, b]} |f(x) - P_n(x)| \tag{3.2.2}$$

为 $f(x)$ 与 $P_n(x)$ 在 $[a, b]$ 上的偏差。

显然，偏差 $\Delta(f(x), P_n(x)) \geqslant 0$，$\{\Delta(f(x), P_n(x))\}$ 是一个集合，它有下界 0。若记集合的下确界为

$$E_n = \inf_{P_n(x)\in H_n} \{\Delta(f(x), P_n(x))\} = \inf_{P_n(x)\in H_n} \max_{x\in[a, b]} |f(x) - P_n(x)| \tag{3.2.3}$$

则称 E_n 为 $f(x)$ 在 $[a, b]$ 上的最小偏差。

定义 3.2 假定 $f(x) \in C[a, b]$，若存在 $P_n^*(x) \in H_n$，使得

$$\Delta(f(x), P_n^*(x)) = E_n \tag{3.2.4}$$

则称 $P_n^*(x)$ 是 $f(x)$ 在 $[a, b]$ 上的最佳一致逼近多项式或最小偏差逼近多项式，简称最佳逼近多项式。

现在的问题是：最佳逼近多项式 $P_n^*(x)$ 是否一定存在？如果存在是否唯一？如何构造？

显然，$\max\limits_{x\in[a, b]} |f(x) - P_n(x)|$ 的值应与 $P_n(x)$ 的系数 $a_0, a_1, \cdots, a_n$ 有关。记 $\varphi(a_0, a_1, \cdots, a_n) = \max\limits_{x\in[a, b]} |f(x) - P_n(x)|$，则 φ 应是关于 $a_0, a_1, \cdots, a_n$ 的正值连续函数。

多元函数 $\varphi(a_0, a_1, \cdots, a_n)$ 的最小值为

$$\min_{a_k} \varphi(a_0, a_1, \cdots, a_n) = \inf_{P_n(x)\in H_n} \{\Delta(f(x), P_n(x))\} = \inf_{P_n\in H_n} \max_{x\in[a, b]} |f(x) - P_n(x)| \tag{3.2.5}$$

式（3.2.5）就是 $f(x)$ 与 $P_n(x)$ 在 $[a, b]$ 上的最小偏差。

对照式（3.2.5）可知，寻找$f(x)$在$[a, b]$上的n次最佳一致逼近多项式$P_n^*(x)$的问题，就变为求多元函数$\varphi(a_0, a_1, \cdots, a_n)$的最小值的问题。

可以证明（证明略），存在唯一的$(a_0^*, a_1^*, \cdots, a_n^*)$使$\varphi(a_0^*, a_1^*, \cdots, a_n^*) = \min\limits_{a_k}\{\max\limits_{a<x<b}|f(x) - P_n(x)|\}$成立，也就是存在唯一的关系式，即

$$P_n^*(x) = a_0^* + a_1^* x + \cdots + a_n^* x^n$$

满足关系式

$$\max_{a<x<b}|f(x) - P_n^*(x)| = \inf_{P_n(x)\in H_n} \max_{x\in[a, b]}|f(x) - P_n(x)|$$

3.2.2　最佳一次逼近多项式

通过最佳逼近多项式要求出$P_n(x)$相当困难。下面先讨论$n=1$的情形，设函数$f(x) \in C^2[a, b]$，且$f''(x)$在$[a, b]$上不变号（即恒为正或负），按下面方法求$f(x)$在$[a, b]$上的线性最佳一次逼近多项式$P_1^*(x)$。

设$P_1^*(x) = a_0^* + a_1^* x$，则根据切比雪夫定理，在$[a, b]$上至少存在3个点：$a \leqslant x_1 < x_2 < x_3 \leqslant b$，使

$$P_1^*(x_k) - f(x_k) = (-1)^k \sigma \max_{x\in[a, b]}|P_1^*(x) - f(x)| \tag{3.2.6}$$

式中，$\sigma = \pm 1$，$k = 1, 2, 3$。

由于$f''(x)$在$[a, b]$上不变号，故$f'(x)$单调。区间$[a, b]$的两个端点a、b都属于$f(x) - P_1^*(x)$的交错点组，即有$x_1 = a$，$x_3 = b$，$f'(x) - a_1^*$在(a, b)内只有一个零点，记作x_2。于是

$$P^{*\prime}{}_1(x_2) - f'(x_2) = a_1^* - f'(x_2) = 0$$

即$f'(x_2) = a_1^*$。

又$x_0 = a$，$x_1 = b$，且满足

$$P_1^*(a) - f(a) = P_1^*(b) - f(b) = -[P_1^*(x_2) - f(x_2)]$$

由此得到

$$\begin{cases}(a_0^* + a_1^* a) - f(a) = (a_0^* + a_1^* b) - f(b) \\ (a_0^* + a_1^* a) - f(a) = -(a_0^* + a_1^* x) + f(x_2)\end{cases} \tag{3.2.7}$$

解出

$$a_1^* = \frac{f(b) - f(a)}{b - a} = f'(x_2) \tag{3.2.8}$$

代入式（3.2.7），得

$$a_0^* = \frac{f(a) + f(x_2)}{2} - \frac{f(b) - f(a)}{b - a}\frac{a + x_2}{2} \tag{3.2.9}$$

这就得到最佳一次逼近多项式$P_1^*(x)$，即

$$P_1^*(x) = a_1^* x + a_0^* \tag{3.2.10}$$

$P_1^*(x)$ 的几何意义如图3.2.1所示。直线 $y=P_1(x)=P_1^*(x)$ 与两个端点连线的弦 MN 平行，且通过 MQ 的中点 D，则有

$$P_1(x)=\frac{1}{2}[f(a)+f(x_2)]+a_1\left(x-\frac{a+x_2}{2}\right)$$

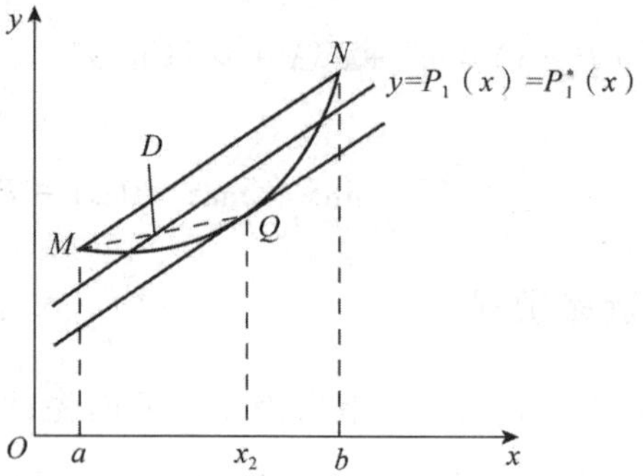

图3.2.1　$P_1^*(x)$ 的几何意义

例3.1：求函数 $f(x)=\sqrt{x}$ 在 $\left[\frac{1}{4},1\right]$ 上的最佳一次逼近多项式。

解　由式（3.2.8）可算出 $a_1^*=\frac{\sqrt{1}-\sqrt{1/4}}{1-1/4}=\frac{2}{3}, f'(x)=\frac{1}{2\sqrt{x}}$，故

$$\frac{1}{2\sqrt{x_2}}=\frac{2}{3}$$

解得

$$x_2=\frac{9}{16}, f(x_2)=\sqrt{x_2}=0.75$$

由式（3.2.9）得 $a_0=\frac{1}{2}\times\left[\frac{1}{2}+\frac{3}{4}-\frac{2}{3}\times\left(\frac{1}{4}+\frac{9}{16}\right)\right]=\frac{17}{48}$，于是得 $\sqrt{x}$ 的最佳一次逼近多项式为

$$P_1(x)=\frac{2}{3}x+\frac{17}{48}$$

3.3　最佳平方逼近

视频15：最佳平方逼近多项式

前面已经提到过欧氏范数，见式（3.1.3），在欧氏度量意义下偏差最小的函数逼近称为平方逼近或者均方逼近。这一节的目的就是研究函数 $f(x)\in C[a,b]$ 的最佳平方逼近问题，求解最佳逼近多项式。若存在 $P_n^*(x)\in H_n$，使

$$\|f(x)-P_n^*(x)\|_2=\sqrt{\int_a^b[f(x)-P_n^*(x)]^2\mathrm{d}x}=\inf_{P\in H_n}\|f-P\|_2 \tag{3.3.1}$$

那么，$P_n^*(x)$ 就是 $f(x)$ 在 $[a, b]$ 上的最佳平方逼近。

在区间 $[a, b]$ 上一般的最佳平方逼近问题可以描述为：对 $f(x) \in C[a, b]$ 及 $C[a, b]$ 中的一个子集 $\varphi = \text{span}\{\varphi_0(x), \varphi_1(x), \cdots, \varphi_n(x)\}$，其中 $\varphi_0(x), \varphi_1(x), \cdots, \varphi_n(x)$ 线性无关。若存在 $S^*(x) \in \varphi$，使

$$\|f(x) - S^*(x)\|_2^2 = \min_{S(x) \in \varphi} \int_a^b \rho(x)[f(x) - S(x)]^2 \mathrm{d}x \tag{3.3.11}$$

$$S^*(x) = a_0\varphi_0(x) + a_1\varphi_1(x) + \cdots + a_n\varphi_n(x) \tag{3.3.12}$$

则 $S^*(x)$ 是 $f(x)$ 在子集 $\varphi \subseteq C[a, b]$ 中的最佳平方逼近函数。其中 $\rho(x)$ 为区间 (a, b) 内的权函数，权函数满足：

（1）$\int_a^b |x|^n \rho(x)\mathrm{d}x$（其中 $n = 0, 1, \cdots$）积分存在；

（2）对于非负的连续函数 $f(x)$，若 $\int_a^b f(x)\rho(x)\mathrm{d}x = 0$，则在 (a, b) 上 $f(x) \equiv 0$。

定义 3.3　设 $f(x)$、$g(x)$ 是 $[a, b]$ 上的连续函数，$\rho(x)$ 是 $[a, b]$ 上的权函数，则

$$(f(x), g(x)) = \int_a^b \rho(x)f(x)g(x)\mathrm{d}x \tag{3.3.3}$$

上式称为函数 $f(x)$ 和 $g(x)$ 在 $[a, b]$ 上的内积。

定义 3.4　设 $f_n(x) \in C[a, b]$ 为 n 次多项式，$\rho(x)$ 为 $[a, b]$ 上的权函数，若 $\{f_n(x)\}$ $(n = 0, 1, 2, \cdots)$ 满足

$$(f_i(x), f_j(x)) = \int_a^b \rho(x)f_i(x)f_j(x)\mathrm{d}x = \begin{cases} 0 & i \neq j \\ M_i & i = j \end{cases}$$

则称 $\{f_n(x)\}$ 是在 $[a, b]$ 上的带权正交多项式函数系。

下面讨论怎样求 $S^*(x)$。由 3.2.1 节可知，该问题等价于求多元函数极值问题。即求

$$I(a_0, a_1, \cdots, a_n) = \int_a^b \rho(x)\left[f(x) - \sum_{j=0}^n a_j\varphi_j(x)\right]^2 \mathrm{d}x \tag{3.3.13}$$

的最小值。由于 $I(a_0, a_1, \cdots, a_n)$ 是关于 $a_0, a_1, \cdots, a_n$ 的函数，若多元函数存在极值，利用多元函数存在极值的必要条件为

$$\frac{\partial I}{\partial a_k} = 2\int_a^b \rho(x)\left[\sum_{j=0}^n a_j\varphi_j(x) - f(x)\right]\varphi_k(x)\mathrm{d}x = 0 \quad (k = 0, 1, \cdots, n)$$

则有

$$\sum_{j=0}^n (\varphi_k, \varphi_j)a_j = (f, \varphi_k) \quad (k = 0, 1, \cdots, n) \tag{3.3.14}$$

这是关于 $a_0, a_1, \cdots, a_n$ 的一个线性方程组。求解此方程组，即可得到需要的函数 $S^*(x)$。

定理 3.2　连续函数 $\varphi_0(x), \varphi_1(x), \cdots, \varphi_n(x)$ 在 $[a, b]$ 上线性无关的充要条件是它们对应的克莱姆（Gramer）行列式不为 0，即

$$G_n = \begin{pmatrix} (\varphi_0, \varphi_0) & (\varphi_0, \varphi_1) & \cdots & (\varphi_0, \varphi_n) \\ (\varphi_1, \varphi_0) & (\varphi_1, \varphi_1) & \cdots & (\varphi_1, \varphi_n) \\ \vdots & \vdots & & \vdots \\ (\varphi_n, \varphi_0) & (\varphi_n, \varphi_1) & \cdots & (\varphi_n, \varphi_n) \end{pmatrix} \neq 0 \tag{3.3.15}$$

证明过程如下：

设 k_0，k_1，…，k_n 是一组实数，使

$$k_0\varphi_0(x) + k_1\varphi_1(x) + \cdots + k_n\varphi_n(x) = 0$$

分别用 $\rho(x)\varphi_0(x)$，$\rho(x)\varphi_1(x)$，…，$\rho(x)\varphi_n(x)$［$\rho(x)$ 为权函数］乘以上式，然后在 $[a, b]$ 上积分，得方程组

$$\begin{cases} (\varphi_0, \varphi_0)k_0 + (\varphi_0, \varphi_1)k_1 + \cdots + (\varphi_0, \varphi_n)k_n = 0 \\ (\varphi_1, \varphi_0)k_0 + (\varphi_1, \varphi_1)k_1 + \cdots + (\varphi_1, \varphi_n)k_n = 0 \\ \qquad\qquad\qquad\vdots \\ (\varphi_n, \varphi_0)k_0 + (\varphi_n, \varphi_1)k_1 + \cdots + (\varphi_n, \varphi_n)k_n = 0 \end{cases}$$

根据克莱姆法则，上述方程组只有零解的充要条件是系数行列式不为0，即 $G_n \neq 0$。证毕。

根据定理3.2，由于 φ_0，φ_1，…，φ_n 线性无关，因此式（3.3.14）对应的系数行列式 $G_n(\varphi_0, \varphi_1, \cdots, \varphi_n) \neq 0$，则式（3.3.14）有唯一解，$a_k = a_k^*$（其中 $k = 0, 1, \cdots, n$）即为所求。从而得到

$$S^*(x) = a_0^*\varphi_0(x) + \cdots + a_n^*\varphi_n(x)$$

$S^*(x)$ 是 $f(x)$ 在 φ 中的最佳平方逼近函数。

若令 $\delta(x) = f(x) - S^*(x)$ 为最佳平方逼近的误差，则平方误差为

$$\begin{aligned} \|\delta(x)\|_2^2 &= (f(x) - S^*(x), f(x) - S^*(x)) \\ &= (f(x), f(x)) - (S^*(x), f(x)) \\ &= \|f(x)\|_2^2 - \sum_{k=0}^{n} a_k^*(\varphi_k(x), f(x)) \end{aligned} \tag{3.3.16}$$

如果取 $\varphi_k(x) = x^k$，权函数 $\rho(x) \equiv 1$，为函数 $f(x) \in C[0, 1]$ 在 φ 中寻找 n 次最佳平方逼近多项式，即

$$S^*(x) = a_0^* + a_1^*x + \cdots + a_n^*x^n$$

此时，有

$$(\varphi_k, \varphi_j) = \int_0^1 x^{k+j}\mathrm{d}x = \frac{1}{k+j+1} \tag{3.3.17}$$

$$(f, \varphi_k) = \int_0^1 f(x)x^k\mathrm{d}x \equiv b_k \tag{3.3.18}$$

若用 $\boldsymbol{G}$ 表示行列式 $G_n = G(1, x, x^2, \cdots, x^n)$ 对应的系数矩阵，则有

$$\boldsymbol{G} = \begin{pmatrix} 1 & 1/2 & \cdots & 1/(n+2) \\ 1/2 & 1/3 & \cdots & 1/(n+2) \\ \vdots & \vdots & & \vdots \\ 1/(n+1) & 1/(n+2) & \cdots & 1/(2n+1) \end{pmatrix} \tag{3.3.19}$$

G 称为希尔伯特（Hilbert）矩阵，记

$$\boldsymbol{a}=(a_0,\ a_1,\ \cdots,\ a_n)^{\mathrm{T}},\ \boldsymbol{b}=(b_0,\ b_1,\ \cdots,\ b_n)^{\mathrm{T}}$$

$$b_k=(f,\ \varphi_k)=\int_0^1 f(x)x^k\mathrm{d}x \qquad (k=0,\ 1,\ \cdots,\ n) \tag{3.3.20}$$

则方程 $\boldsymbol{Ga}=\boldsymbol{b}$ 的解 $a^k=a_k^*$（其中 $k=0,\ 1,\ \cdots,\ n$）即为所求。

例 3.2：设 $f(x)=\sqrt{1+x^2}$，权函数 $\rho(x)\equiv 1$，求 $[0,\ 2]$ 上的一次最佳平方逼近多项式。

解　利用式（3.3.17）和（3.3.18），知 $\varphi_0=1$，$\varphi_1=x$，从而

$$(\varphi_0,\ \varphi_0)=\int_0^2 1\mathrm{d}x=2$$

$$(\varphi_0,\ \varphi_1)=(\varphi_1,\ \varphi_0)=\int_0^2 x\mathrm{d}x=2$$

$$(\varphi_1,\ \varphi_1)=\int_0^2 x\cdot x\mathrm{d}x=\frac{8}{3}$$

$$b_0=(f,\ \varphi_0)=\int_0^2\sqrt{1+x^2}\,\mathrm{d}x=\frac{1}{2}\left[\ln(1+x^2)+x\sqrt{1+x^2}\right]\Big|_0^2=\frac{1}{2}\ln 5+\sqrt{5}\approx 3.041$$

$$b_1=(f,\ \varphi_1)=\int_0^2 x\sqrt{1+x^2}\,dx=\frac{1}{3}(1+x^2)^{\frac{3}{2}}\Big|_0^2=\frac{\sqrt{125}-1}{3}\approx 3.393$$

由方程组 $\begin{pmatrix}2 & 2\\ 2 & \dfrac{8}{3}\end{pmatrix}\begin{pmatrix}a_0\\ a_1\end{pmatrix}=\begin{pmatrix}3.041\\ 3.393\end{pmatrix}$ 得，$a_0=0.993$，$a_1=0.528$，因此 $S_1^*=0.993+0.528x$。

一般情况下，用幂函数作基求最佳平方逼近多项式，当 n 取的较大时，系数矩阵式（3.3.19）是病态的矩阵，会造成计算过程中的舍入误差很大。这时，可以采用正交多项式函数系作基求最小平方逼近多项式来避免这一问题（本书不作讨论）。

3.4　曲线拟合的最小二乘法

视频 16：曲线拟合的最小二乘法

在科学实验和工程设计的应用中，往往需要利用测量读取到的一些离散点上的实验数据去寻找、确定数据之间的函数关系的一个近似表达式。由于观测数据往往是存在误差的，也就不要求得到的函数关系 $y=f(x)$ 经过测量数据点 $(x_i,\ y_i)$，而只是要求在数据点上的误差在某种度量意义下很小即可。从几何角度来看，这个问题可以描述为：利用给定的数据点信息 $(x_i,\ y_i)(i=0,\ 1,\ \cdots,\ m)$，找到一个函数曲线 $y=f(x)$ 的一条近似曲线 $y=F(x)$，使得 $\delta_1=F(x_i)-y_i(i=0,\ 1,\ \cdots,\ m)$ 在某种度量意义下能够达到最小，这是一个曲线拟合问题。

3.4.1　最小二乘法

记 $\boldsymbol{\delta}=(\delta_0,\ \delta_1,\ \cdots,\ \delta_m)^{\mathrm{T}}$，曲线拟合问题就是要求向量 $\boldsymbol{\delta}$ 的某个度量范数 $\|\boldsymbol{\delta}\|$ 达到最小值。前面已经介绍过用最大范数计算的困难较大，人们一般偏向于采用二范数 $\|\boldsymbol{\delta}\|_2$

作为误差度量的标准。根据前面已经学习的内容，曲线拟合问题可以重新描述为下面的问题：对于给定的一组数据 $(x_i, y_i)(i = 0, 1, \cdots, m)$，在给定的函数空间 $\varphi = \text{span}[\varphi_0, \varphi_1, \cdots, \varphi_n]$ 中寻找一个合适的函数 $y = S^*(x)$，使误差 $\|\boldsymbol{\delta}\|_2$ 范数平方和满足

$$\|\boldsymbol{\delta}\|_2^2 = \sum_{i=0}^{m} \delta_i^2 = \sum_{i=0}^{m} [S^*(x_i) - y_i]^2 = \min_{S(x)\in\varphi} \sum_{i=0}^{m} [S(x_i) - y_i]^2 \tag{3.4.1}$$

这里的 $S(x)$ 是函数空间 φ 中的函数，可以写成

$$S(x) = a_0\varphi_0(x) + a_1\varphi_1(x) + \cdots + a_n\varphi_n(x) \tag{3.4.2}$$

在这种度量意义下的曲线拟合就是最小二乘逼近，称作曲线拟合的最小二乘法。

一般情况下，$S(x)$ 的表达式为式（3.4.2）所表示的 n 次多项式的线性组合。

在有些函数空间作内积度量时，会带有权函数 $\rho(x)$。为了更有一般性，把最小二乘法中 $\|\boldsymbol{\delta}\|_2^2$ 度量考虑为加权的平方和，即

$$\|\boldsymbol{\delta}\|_2^2 = \sum_{i=0}^{m} \rho(x_i)[S(x_i) - f(x_i)]^2 \tag{3.4.3}$$

这里 $\rho(x) > 0$ 是 $[a, b]$ 上的权函数，代表了不同点 (x_i, y_i) 处的数据权重不同。例如，$\rho(x)$ 可表示在点 (x_i, y_i) 处观测得到函数值作用的时间，或者是观测的次数。在 $\|\boldsymbol{\delta}\|_2^2$ 度量意义下的曲线拟合就是最小二乘逼近，在式（3.4.2）的 $S(x)$ 函数集合中求一函数 $y = S^*(x)$，使式（3.4.3）取到最小值。通过3.3节知道，这个问题可以转化成求多元函数

$$I(a_0, a_1, \cdots, a_n) = \sum_{i=0}^{m} \rho(x_i)\left[\sum_{j=0}^{n} a_j\varphi_j(x_j) - f(x_i)\right]^2 \tag{3.4.4}$$

的极值点问题。利用求多元函数极值的必要条件，有

$$\frac{\partial I}{\partial a_k} = 2\sum_{i=0}^{m} \rho(x_i)\left[\sum_{j=0}^{n} a_j\varphi_j(x_j) - f(x_i)\right]\varphi_k(x_i) = 0 \qquad (k = 0, 1, \cdots, n)$$

若记

$$(\varphi_j, \varphi_k) = \sum_{i=0}^{m} \rho(x_i)\varphi_j(x_i)\varphi_k(x_i) \tag{3.4.5}$$

$$(f, \varphi_k) = \sum_{i=0}^{m} \rho(x_i)f(x_i)\varphi_k(x_i) = b_k \quad (k = 0, 1, \cdots, n)$$

可改写为

$$\sum_{j=0}^{n} (\varphi_k, \varphi_j)a_j = (f, \varphi_k) \qquad (k = 0, 1, \cdots, n) \tag{3.4.6}$$

式（3.4.6）称为法方程组。记 $(f, \varphi_k) = b_k$，也可以写成矩阵形式，即

$$\boldsymbol{Ha} = \boldsymbol{b}$$

其中，$\boldsymbol{a} = (a_0, a_1, \cdots, a_n)^{\mathrm{T}}$，$\boldsymbol{b} = (b_0, b_1, \cdots, b_n)^{\mathrm{T}}$，则有

$$\boldsymbol{H} = \begin{pmatrix} (\varphi_0, \varphi_0) & (\varphi_0, \varphi_1) & \cdots & (\varphi_0, \varphi_n) \\ (\varphi_1, \varphi_0) & (\varphi_1, \varphi_1) & \cdots & (\varphi_1, \varphi_n) \\ \vdots & \vdots & & \vdots \\ (\varphi_n, \varphi_0) & (\varphi_n, \varphi_1) & \cdots & (\varphi_n, \varphi_n) \end{pmatrix} \tag{3.4.7}$$

由定理 3.2 可知：φ_0，φ_1，…，φ_n 线性无关，故 $|\boldsymbol{H}| \neq 0$。根据克莱姆法则，式（3.4.6）存在唯一的解

$$a_j = a_j^* \qquad (j = 0,\ 1,\ \cdots,\ n)$$

从而得到函数

$$S^*(x) = a_0^* \varphi_0(x) + a_1^* \varphi_1(x) + \cdots + a_n^* \varphi_n(x)$$

$S^*(x)$ 就是所要求的最小二乘解。

值得一提的是，用最小二乘法求拟合曲线时，需要先确定 $S^*(x)$ 的形式。这需要通过研究问题的运动规律，以及测量得到的观测数据 $(x_i,\ y_i)$ 来确定。一般情况下，先根据给定的测量数据描图，然后根据图形来确定 $S(x)$ 的大体形式，再通过曲线拟合计算选出较好的拟合函数。

视频 17：最小二乘法

$S(x)$ 的线型通常需要根据给定的问题过滤和给出数据的散点图来确定，常见的类型有以下几种。

（1）线性函数 $y = ax + b$ 。

（2）可化成线性函数的非线性函数，如图 3.4.1 所示。

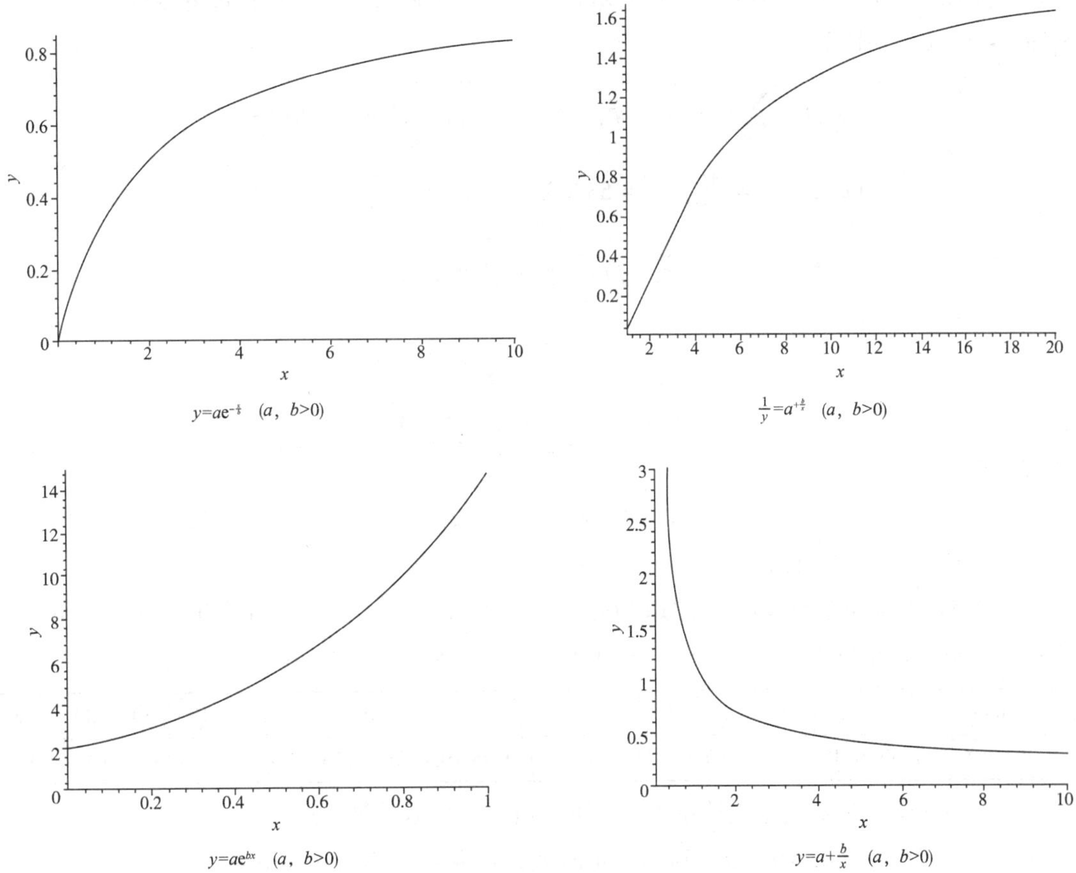

图 3.4.1　可化成线性函数的非线性函数

（3）非线性函数。

例 3.3：已知一组实验数据如下表所示，各组数据权重均取 $\rho_i=1$，利用最小二乘法求出它的拟合曲线。

x_i	0	0.9	1.9	3.0	3.9	5.0
f_i	0	10	30	50	80	110

解 根据题意可绘出散点图如下图所示。

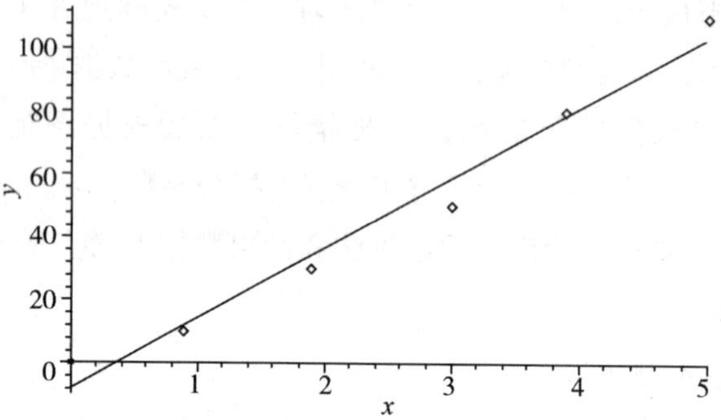

从散点图观察，各点基本分布在一条直线附近，因此选择一个线性函数作拟合曲线．令 $S_1(x)=a+bx$，则有

$$(\varphi_0,\varphi_0)=\sum_{i=0}^{5}\rho_i=6,\ (\varphi_0,\varphi_1)=(\varphi_1,\varphi_0)=\sum_{i=0}^{5}\omega_i x_i=14.7,$$

$$(\varphi_1,\varphi_1)=\sum_{i=0}^{5}\rho_i x_i^2=53.63,\ (\varphi_0,f)=\sum_{i=0}^{5}\omega_i f_i=280,$$

$$(\varphi_1,f)=\sum_{i=0}^{5}\rho_i x_i f_i=1\ 078$$

得方程组，即

$$\begin{cases}6a+14.7b=280\\14.7a+53.63b=1\ 078\end{cases}$$

解方程组得

$$a=-7.855,\ b=22.254$$

所求拟合曲线的方程 $s(x)=22.254x-7.855$。

例 3.4：在某化学反应中，从实验观测结果中得到生成物的浓度 y 与时间 t 的关系如下表所示，求该化学反应生成物浓度 y 与时间 t 之间的函数关系 $y=f(t)$。

t/min	1	2	3	4	5	6	7	8	9	10	11	12	13	14	15	16
$y/\times10^{-2}$	4.00	6.40	8.00	8.80	9.22	9.50	9.70	9.85	10.00	10.20	10.32	10.42	10.50	10.55	10.58	10.60

解 将所给数据标绘到坐标系中，如下图所示。可以看到，反应生成物浓度刚开始增加较快，随着时间变化逐渐减慢，到了一定时间浓度基本稳定在一个水平上，也就是 $t\to\infty$ 时，y 趋于某个数，因此我们所要寻找的拟合函数 $y=f(t)$ 存在一个水平渐进线。另外，$t=0$ 时，$y=0$。根据分析，可设 $y=f(t)$ 是双曲线型函数，即 $1/y=a+b/t$。

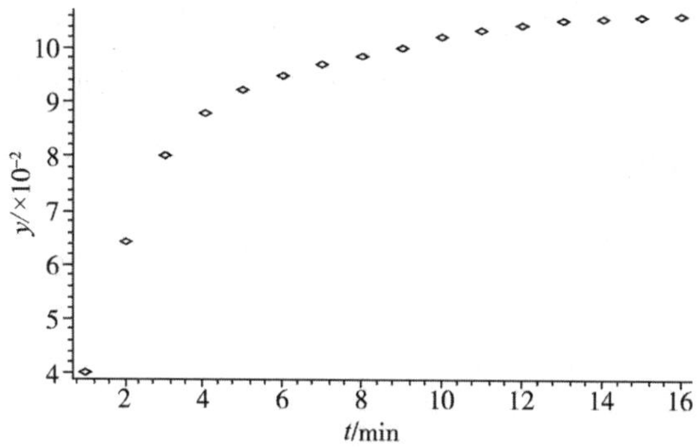

为了求出系数 a、b，令 $\tilde{y}=1/y$，$x=1/t$，拟合函数变为线性函数 $S_1(x)=a+bx$，所需要的拟合数据 $(x_i,\ \tilde{y}_i)$（其中 $i=1,\ 2,\ \cdots,\ 16$）可以根据原始数据 $(t_i,\ y_i)$ 计算得到。与例 3.3 解法相同，可得到系数 a、b 的方程组为

$$\begin{cases}16a+3.380\ 73b=1.837\ 2\times10^3\\3.380\ 73a+1.584\ 35b=0.528\ 86\times10^3\end{cases}$$

解方程组得

$$a=80.662\ 1,\ b=161.682\ 2$$

从而得到

$$y=t/(80.662\ 1t+161.682\ 2)=f(t)$$

另外，由上图，根据给定数据的函数还可选指数形式为拟合函数的形式。设

$$y=a\mathrm{e}^{b/t}$$

考察指数函数形式，t 增加时 y 增加，当 $t\to\infty$ 时，函数有渐近线。函数的性质与给出数据规律相同。同样地，把指数形式化为线性形式，两边取对数，得 $\ln y=\ln a+b/t$，令

$$\tilde{y}=\ln y,\ A=\ln a,\ x=1/t$$

拟合曲线设为 $S_1(x)=A+bx$，依然根据原始数据计算得出 $(x_i,\ \tilde{y}_i)$，同样利用例 3.3 的方法解得 $A=-4.807\ 2$，$b=-1.056\ 7$。最后求得 $y=11.325\ 3\times10^{-3}\mathrm{e}^{-1.056\ 7/t}=f^1(t)$。

想要比较两个拟合曲线的好坏，只要分别计算误差，再进行比较即可。两种方法的点的误差分别为

$$\delta_i^{(1)}=y_i-f(t)\qquad(i=1,\ 2,\ \cdots,\ 16)$$
$$\delta_i^{(2)}=y_i-f^1(t)\qquad(i=1,\ 2,\ \cdots,\ 16)$$

均方误差为

$$\|\boldsymbol{\delta}^{(1)}\|_2=\sqrt{\sum_{i=1}^{16}(f(t_i)-y_i)^2}=1.19\times10^{-3}$$

$$\|\boldsymbol{\delta}^{(2)}\|_2=\sqrt{\sum_{i=1}^{16}(f'(t_i)-y_i)^2}=0.34\times10^{-3}$$

通过比较发现，$\|\boldsymbol{\delta}^{(1)}\|_2$ 比 $\|\boldsymbol{\delta}^{(2)}\|_2$ 大，所以本实验选 $y=f^1(t)$ 作为拟合曲线比较好。

从例 3.4 看到，不一定刚开始就可以选到最好的拟合曲线，往往要通过分析确定若干个拟合曲线后，再经过实际的计算比较，才能从中选取到比较好的拟合曲线。

3.4.2 矛盾方程组

若方程组中方程的个数大于未知数的个数，则这样的方程组称为矛盾方程组，其一般形式为

$$\begin{cases} a_{11}x_1 + a_{12}x_2 + \cdots + a_{1m}x_m = b_1 \\ a_{21}x_1 + a_{22}x_2 + \cdots + a_{2m}x_m = b_2 \\ \vdots \\ a_{m1}x_1 + a_{m2}x_2 + \cdots + a_{mm}x_m = b_m \\ \vdots \\ a_{p1}x_1 + a_{p2}x_2 + \cdots + a_{pm}x_m = b_p \end{cases} \tag{3.4.8}$$

其中，$p \geqslant m$，将方程组写成矩阵形式为

$$\boldsymbol{AX}=\boldsymbol{b} \tag{3.4.9}$$

其中，$\boldsymbol{A}=\begin{pmatrix} a_{11} & a_{12} & \cdots & a_{1m} \\ a_{21} & a_{22} & \cdots & a_{2m} \\ \vdots & \vdots & & \vdots \\ a_{p1} & a_{p2} & \cdots & a_{pm} \end{pmatrix}$，$\boldsymbol{X}=\begin{pmatrix} x_1 \\ x_2 \\ \vdots \\ x_m \end{pmatrix}$，$\boldsymbol{b}=\begin{pmatrix} b_1 \\ b_2 \\ \vdots \\ b_p \end{pmatrix}$。

找到一组 $\boldsymbol{X}=(x_1, x_2, \cdots, x_m)^{\mathrm{T}}$，使得 $\boldsymbol{F}=\sum_{i=1}^{p} |b_i-(a_{i1}, a_{i2}, \cdots, a_{im})(x_1, x_2, \cdots, x_m)^{\mathrm{T}}|^2$ 取得极小值。

令
$$\begin{cases} \dfrac{\partial F}{\partial x_1}=\sum_{i=1}^{p} 2[b_i-(a_{i1}, a_{i2}, \cdots, a_{im})(x_1, x_2, \cdots, x_m)^{\mathrm{T}}](-a_{i1})=0 \\ \dfrac{\partial F}{\partial x_2}=\sum_{i=1}^{p} 2[b_i-(a_{i1}, a_{i2}, \cdots, a_{im})(x_1, x_2, \cdots, x_m)^{\mathrm{T}}](-a_{i2})=0 \\ \vdots \\ \dfrac{\partial F}{\partial x_m}=\sum_{i=1}^{p} 2[b_i-(a_{i1}, a_{i2}, \cdots, a_{im})(x_1, x_2, \cdots, x_m)^{\mathrm{T}}](-a_{im})=0 \end{cases}$$

改写成如下矩阵形式

$$\begin{pmatrix} a_{11} & a_{21} & \cdots & a_{p1} \\ a_{12} & a_{22} & \cdots & a_{p2} \\ \vdots & \vdots & & \vdots \\ a_{1m} & a_{2m} & \cdots & a_{pm} \end{pmatrix}\begin{pmatrix} b_1 \\ b_2 \\ \vdots \\ b_p \end{pmatrix}-\begin{pmatrix} a_{11} & a_{21} & \cdots & a_{p1} \\ a_{12} & a_{22} & \cdots & a_{p2} \\ \vdots & \vdots & & \vdots \\ a_{1m} & a_{2m} & \cdots & a_{pm} \end{pmatrix}\begin{pmatrix} a_{11} & a_{21} & \cdots & a_{1m} \\ a_{21} & a_{22} & \cdots & a_{2m} \\ \vdots & \vdots & & \vdots \\ a_{p1} & a_{p2} & \cdots & a_{pm} \end{pmatrix}\begin{pmatrix} x_1 \\ x_2 \\ \vdots \\ x_m \end{pmatrix}=0$$

于是有 $\boldsymbol{A}^{\mathrm{T}}\boldsymbol{b}-\boldsymbol{A}^{\mathrm{T}}\boldsymbol{AX}=0$。

经过上面的理论分析，将矛盾方程组 $\boldsymbol{AX}=\boldsymbol{b}$（无解）转化成有唯一解的线性方程组，即

$$\boldsymbol{A}^{\mathrm{T}}\boldsymbol{AX}=\boldsymbol{A}^{\mathrm{T}}\boldsymbol{b} \tag{3.4.10}$$

例 3.5：在物理光谱分析中，使用标准加入法在原子吸收分光光度计上来测定试液中 Cd^{2+} 的浓度。实验过程中，在一系列 20.00 mL 样本试液中分别加入不同量的 Cd^{2+} 标准溶液，

并将样本定容至 50 mL 容量瓶中，测量结果如下表所示。

试液/mL	20.00	20.00	20.00	20.00
加入 Cd^{2+} 标准（10.00 mg/L）的量/mL	0	1.00	2.00	4.00
吸光度	0.042	0.080	0.116	0.190

解　k，a 为标准溶液和定容后试液中 Cd^{2+} 的含量，

根据数据可得如下矛盾方程组：

$$\begin{cases} 0.042 = 0k + a \\ 0.080 = 1.00k + a \\ 0.116 = 2.00k + a \\ 0.190 = 4.00k + a \end{cases}$$

其中，$\boldsymbol{A} = \begin{pmatrix} 0 & 1 \\ 1.00 & 1 \\ 2.00 & 1 \\ 4.00 & 1 \end{pmatrix}$，$\boldsymbol{X} = \begin{pmatrix} k \\ a \end{pmatrix}$，$\boldsymbol{b} = \begin{pmatrix} 0.042 \\ 0.080 \\ 0.116 \\ 0.190 \end{pmatrix}$

将矛盾方程组转化为 $\boldsymbol{A}^{\mathrm{T}}\boldsymbol{A}\boldsymbol{X}=\boldsymbol{A}^{\mathrm{T}}\boldsymbol{b}$，得到新的方程组：

$$\begin{pmatrix} 0 & 1.00 & 2.00 & 4.00 \\ 1 & 1 & 1 & 1 \end{pmatrix}\begin{pmatrix} 0 & 1 \\ 1.00 & 1 \\ 2.00 & 1 \\ 4.00 & 1 \end{pmatrix}\begin{pmatrix} k \\ a \end{pmatrix} = \begin{pmatrix} 0 & 1.00 & 2.00 & 4.00 \\ 1 & 1 & 1 & 1 \end{pmatrix}\begin{pmatrix} 0.042 \\ 0.080 \\ 0.116 \\ 0.190 \end{pmatrix}$$

即

$$\begin{pmatrix} 21.00 & 7.00 \\ 7.00 & 4.00 \end{pmatrix}\begin{pmatrix} k \\ a \end{pmatrix} = \begin{pmatrix} 1.072 \\ 0.428 \end{pmatrix}$$

求解方程组$\begin{pmatrix} k \\ a \end{pmatrix} = \begin{pmatrix} 0.0426 \\ 0.0325 \end{pmatrix}$可得

$$\begin{aligned} c &= \frac{\text{定容后试液 } Cd^{2+}\text{ 含量}}{\text{标准溶液 } Cd^{2+}\text{ 含量}} \times \frac{\text{标准溶液浓度}}{\text{定容后溶液体积}} \times \frac{\text{实验中定容溶液体积}}{\text{实验前测试溶液体积}} \\ &= \frac{0.0325}{0.0426} \times \frac{10.00}{50} \times \frac{50}{20.00}\ \text{mg/L} \\ &= 0.381\ \text{mg/L} \end{aligned}$$

即试液中 Cd^{2+} 的浓度为 0.381 mg/L。

3.5　MATLAB 主要程序

程序一　MATLAB 函数

```
p=polyfit (x, y, n)
[p, s] =polyfit (x, y, n)
```

说明：x，y 为数据点，n 为多项式阶数，$\boldsymbol{p}$ 为幂次从高到低的多项式系数向量。x 必须是单调的。s 用于生成预测值的误差估计。

多项式曲线求值函数：polyval（ ）。

调用格式：y=polyval（p，x）。

```
[y, DELTA] =polyval (p, x, s)
```

说明：y=polyval（p，x）为返回对应自变量 x 在给定系数 p 的多项式的值。

［y，DELTA］＝polyval（p，x，s）使用 polyfit 函数的选项输出 s 得出误差估计 y DELTA。它假设 polyfit 函数数据输入的误差是独立正态的，并且方差为常数。则 y DELTA 将至少包含 50% 的预测值。

例 3.6：求以下给定数据的拟合曲线

x=（0.5，1.0，1.5，2.0，2.5，3.0），y=（1.75，2.45，3.81，4.80，7.00，8.60）。

解 MATLAB 程序为

```
x= [0.5, 1.0, 1.5, 2.0, 2.5, 3.0];
y= [1.75, 2.45, 3.81, 4.80, 7.00, 8.60];
p=polyfit (x, y, 2)
x1=0.5: 0.05: 3.0;
y1=polyval (p, x1);
plot (x, y,'*r', x1, y1,'-b')
```

计算结果为

```
p=0.5614  0.8287  1.1560
```

最终计算结果为 $f(x)=0.5614x^2+0.8287x+1.1560$，用此函数拟合数据的效果如下图所示。

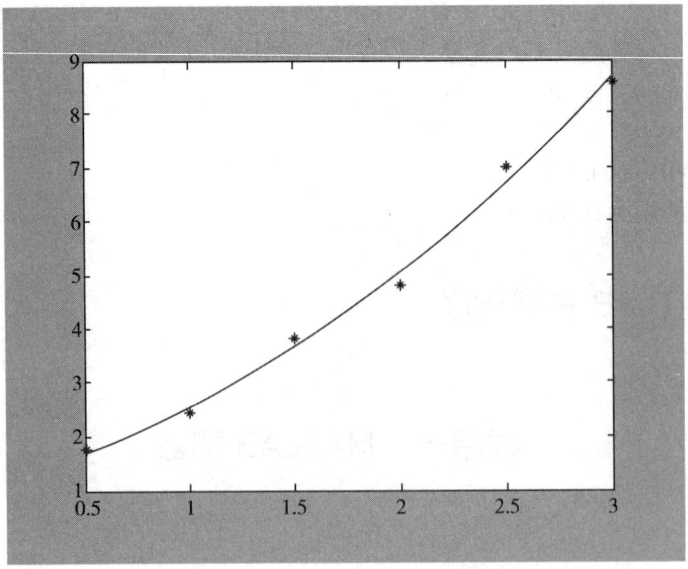

程序二　例题

例 3.7：对函数 $f(x)=x+3\sin x$，在区间[1，20]上，取 $x_i=1+i$，($i=0$，1，…，9)，对函数求其 6 次和 10 次拟合曲线，并画出拟合曲线的图形。

解　用 6 次多项式拟合，其 MATLAB 程序如下。

```
x=1: 20;
y=x+3 * sin (x);
p=polyfit (x, y, 6)
xi=linspace (1, 20, 100);
z=polyval (p, xi);
plot (x, y,'o', xi, z,'k:', x, y,'b')
```

输出结果为

```
p=0.0000  -0.0021  0.0505  -0.5971  3.6472  -9.7295  11.3304
```

拟合数据的效果如下图所示。

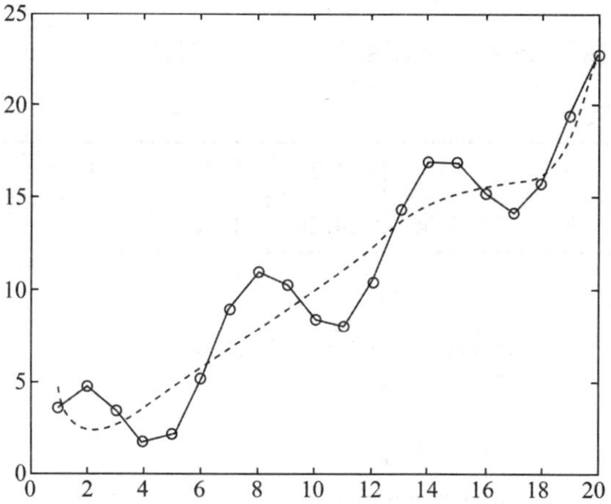

再用 10 阶多项式拟合，其 MATLAB 程序如下。

```
x=1: 20;
y=x+3 * sin (x);
p=polyfit (x, y, 10)
xi=linspace (1, 20, 100);
z=polyval (p, xi);
plot (x, y,'o', xi, z,'k:', x, y,'b')
```

输出结果为

```
p=
Columns 1 through 7
```

```
0.0000 -0.0000 0.0004 -0.0114 0.1814 -1.8065 11.2360
Columns 8 through 11
-42.0861 88.5907 -92.8155 40.267
```

拟合数据的效果如下图所示。

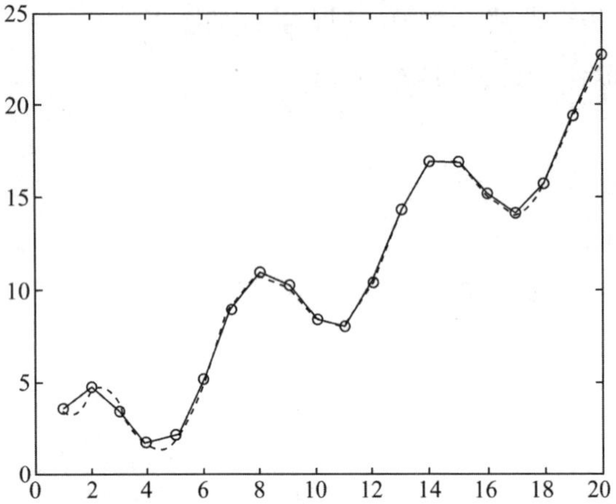

由以上的输出结果可知：用不同阶的多项式来拟合数据，并不是阶数越高，拟合效果越好。

例 3.8：快速静脉注射下的血药浓度数据（ $t=0$ 时注射 300 mg）如下表所示，求血药浓度随时间的变化规律 $c(t)$。

t/h	0.25	0.5	1	1.5	2	3	4	6	8
c/(μg · mL^{-1})	19.21	18.15	15.36	14.10	12.89	9.32	7.45	5.24	3.01

解 程序设计如下。

(1) 模型 1($y=ax+b$) 的拟合曲线为 $y = 17.6791 - 2.0717x$，具体 MATLAB 程序如下。

```
x= [0.25 0.5 1 1.5 2 3 4 6 8];
y= [19.21 18.15 15.36 14.10 12.89 9.32 7.45 5.24 3.01 ]; a =polyfit
(x, y, 1);
x1 =0: 0.1: 8; y1 =a (2) +a (1) *x1;
plot (x, y,'*')
plot (x, y,'*', x1, y1,'--r');
```

拟合数据的效果见下图。

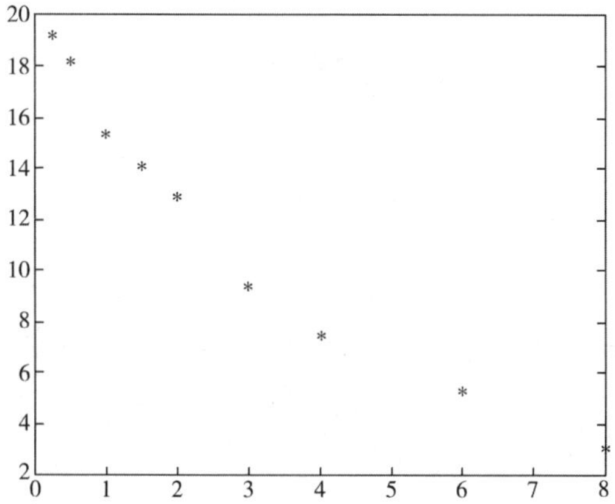

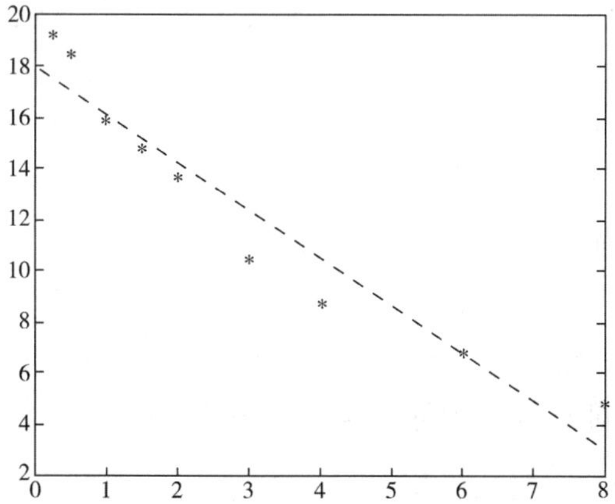

（2）模型 2（$y = ae^{bx}$）的拟合曲线为 $y = 19.9714e^{-0.2347x}$，具体 MATLAB 程序如下。

```
x= [0.25 0.5 1 1.5 2 3 4 6 8];
y= [19.21 18.15 15.36 14.10 12.89 9.32 7.45 5.24 3.01 ];
b=polyfit (x, log (y), 1)
y2 =exp (b (2) ) *exp (b (1) *x1);
plot (x, y,'*', x1, y2,'-k')
```

拟合数据的效果见下图。

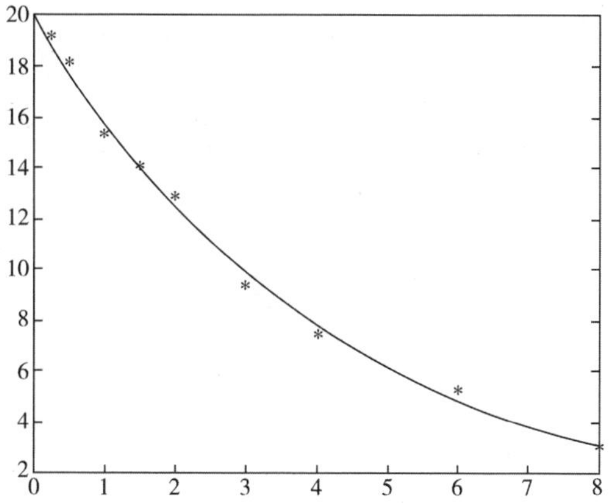

习题3

1. 求函数$f(x)=\sin x$在区间$[0,\frac{\pi}{2}]$上的最佳一次逼近多项式，并估计误差限。

2. 求函数$f(x)=e^x$在区间$[0,1]$上的最佳一次逼近多项式。

3. 设函数$f(x)=\sin\pi x$，求$f(x)$在$[0,1]$上的线性最佳平方逼近多项式。

4. 函数$f(x)=e^x$，$-1\leqslant x\leqslant 1$，求多项式$P(x)=a_0+a_1x$，使得$P(x)$为函数$f(x)$在区间$[-1,1]$上的最佳平方逼近多项式。

5. 下表给出一组实验数据，请用直线拟合这组数据（计算过程保留3位小数）。

x_k	2	2.5	3	4	5	5.5
y_k	4	4.5	6	8	8.5	9

6. 求矛盾方程组$\begin{cases}x_1+x_2=3\\x_1+2x_2=4\\x_1-x_2=2\end{cases}$的解。

7. 程序设计：已知x为1.2、1.8、2.1、2.4、2.6、3.0、3.3，y为4.85、5.2、5.6、6.2、6.5、7.0、7.5，求对x、y分别进行4、5、6阶多项式拟合的系数，并画出相应的图形。

8. 程序设计：根据离散数据拟合曲线。

t/min	0	5	10	15	20	25	30	35	40	45	50	55
$y/\times10^{-4}$	0	1.27	2.16	2.86	3.44	3.87	4.15	4.37	4.51	4.58	4.62	4.64

第 4 章

方程的近似解法

在许多实际问题中，我们常会遇到 $f(x)=0$ 的求解问题。$f(x)$ 可以是代数多项式，也可以是超越函数。例如代数方程

$$x^4 - 6x - 3 = 0$$

超越方程

$$0.25 + e^x - 6\cos x = 0$$

对于次数不高于 4 的代数方程已经有求根公式，而高于 4 次的代数方程则没有；对于超越方程一般没有求根公式。因此，研究方程的数值解法是十分必要的。

视频 18：方程求根法的问题综述

本章主要介绍求方程根的一些常用方法，如二分法、迭代法、牛顿法等。

4.1 二分法

设方程 $f(x)=0$，若有 x^* 使 $f(x^*)=0$，则称 x^* 为方程 $f(x)=0$ 的根或函数 $f(x)$ 的零点。

首先，设 $f(x)=0$ 在区间 $[a, b]$ 上连续，且 $f(a)\cdot f(b)<0$，假定方程 $f(x)=0$ 在区间 $[a, b]$ 内有唯一的实根 x^*。

考察有根区间 $[a, b]$，取中点 $x_0=(a+b)/2$ 将它分为两半，如果分点 $f(x_0)=0$，则 x_0 是根；如果 x_0 不是 $f(x)=0$ 的根，检查 $f(x_0)$ 与 $f(a)$ 是否同号，如确系同号，说明所求的根 x^* 在 x_0 的右侧，这时令 $a_1=x_0$，$b_1=b$；否则 $a_1=a$，$b_1=x_0$，新的有根区间的长度是原区间长度的一半。

对有根区间 $[a_1, b_1]$，又可以如法炮制，用中点 $x_1=(a_1+b_1)/2$ 将 $[a_1, b_1]$ 再分两半，然后通过根的搜索判定所求的根在 x_1 的哪一侧，从而又确定一个新的有根区间 $[a_2, b_2]$，其

长度是 $[a_1, b_1]$ 的一半，如图4.1.1所示。

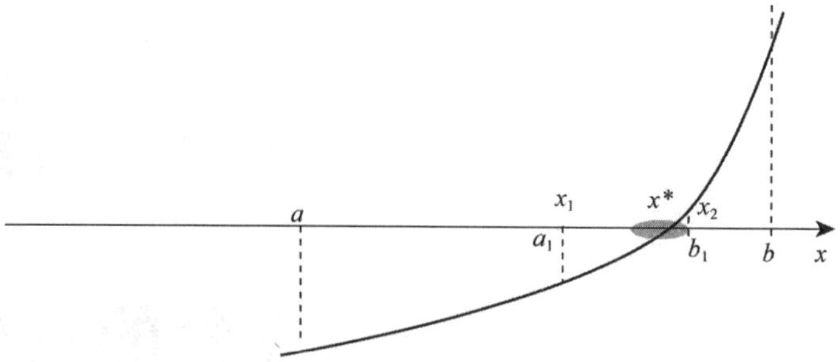

视频19：二分法

图4.1.1　二分法

反复执行以上步骤，便可得到方程的有根区间序列且满足

$$(a_1, b_1) \supset (a_2, b_2) \supset \cdots \supset (a_n, b_n)$$

$$f(a_n)f(b_n) < 0$$

$$b_n - a_n = \frac{1}{2^n}(b - a) \qquad (n = 1, 2, \cdots)$$

当 n 充分大时，(a_n, b_n) 的长度缩小到充分小，此时它的中点 x_n 与 x^* 夹在 a_n 和 b_n 之间，且

$$|x_n - x^*| \leqslant \frac{1}{2}(b_n - a_n) = \frac{1}{2^{n+1}}(b - a)$$

上式表明

$$\lim_{n\to\infty} x_n = x^*$$

例4.1：求方程 $f(x) = x^3 - x - 1 = 0$ 在区间 $[1, 2]$ 内的实根。若采用二分法求解，需要二分多少次，才能使误差不超过 10^{-2}。

解　已知 $f(1) = -1 < 0$，$f(2) = 5 > 0$，由零点定理，方程 $f(x) = x^3 - x - 1 = 0$ 在区间 $(1, 2)$ 中存在实根。

令 $x_1 = \frac{1 + 2}{2} = 1.5$，计算 $f(1.5) = 0.875>0$，区间 $(1, 1.5)$ 中有根；

令 $x_2 = \frac{1 + 1.5}{2} = 1.25$，计算 $f(1.25) = -0.29688<0$，区间 $(1.25, 1.5)$ 中有根；

令 $x_3 = \frac{1.25 + 1.5}{2} = 1.375$，计算 $f(1.375) = 0.224609>0$，区间 $(1.25, 1.375)$ 中有根；

…………

如此反复二分下去，我们预先估计一下二分的次数，按误差估计式

$$|x^* - x_k| \leqslant \frac{b_k - a_k}{2} = \frac{1}{2^{k+1}} \leqslant 10^{-2}, \ k \geqslant \log_2 100 - 1 \approx 5.7。$$

解得 $k = 6$，即只要二分6次，即达所求精度。计算结果如下表所示。

k	a_k	b_k	x_k	$f(x_k)$ 的符号
0	1	2	1.5	+
1	1	1.5	1.25	−
2	1.25	1.5	1.375	+
3	1.25	1.375	1.312 5	−
4	1.312 5	1.375	1.343 8	+
5	1.312 5	1.343 8	1.328 1	+
6	1.312 5	1.328 1	1.320 3	−
7	1.320 3	1.328 1	1.324 2	−

4.2　迭代法及其收敛性

视频 20：简单迭代法

迭代法是解方程近似解的一种方法，它是解代数方程、超越方程、微分方程等的一种基本而重要的数值方法。

4.2.1　迭代法的基本思想

据方程 $f(x)=0$ 构造一个等价的方程

$$x=\varphi(x)$$

从某个近似根 x_0 出发，令

$$x_{n+1}=\varphi(x_n)\qquad(n=0,\ 1,\ 2,\ \cdots)$$

可得序列 $\{x_n\}$，若 $\{x_n\}$ 收敛，即

$$\lim_{n\to\infty}x_n=x^*$$

只要 $\varphi(x)$ 连续，有

$$\lim_{n\to\infty}x_{n+1}=\lim_{n\to\infty}\varphi(x_n)=\varphi(\lim_{n\to\infty}x_n)$$

也即

$$x^*=\varphi(x^*)$$

从而可知 x^* 是方程 $x=\varphi(x)$ 的根，也就是 $f(x)=0$ 的根。此迭代法也称为不动点迭代法。

例 4.2：求方程 $f(x)=x^3-x-1=0$ 的一个根。

解　因为 $f(1)=-1<0$，$f(2)=5>0$，由零点定理知方程在 $[1,\ 2]$ 中必有一实根，现将原方程改为同解方程

$$x=\varphi_1(x)=\sqrt[3]{x+1},\ x=\varphi_2(x)=x^3-1$$

对应的迭代公式分别为

$$x_{k+1}=\sqrt[3]{x_k+1},\ x'_{k+1}=x'^3_k-1\qquad(k=0,\ 1,\ \cdots)$$

取初始值 $x_0=1.5$，可逐次算得：

（1）对于 $x_{k+1}=\sqrt[3]{x_k+1}$，$x_1=1.357\,208\,81$，$x_2=1.330\,860\,96$，…，$x_{11}=1.324\,717\,96$；

（2）对于 $x'_{k+1}=x'^3_k-1$，$x'_1=2.375\,000\,00$，$x'_2=12.396\,484\,4$，…，$x'_{11}\to+\infty$ 。

此方程有唯一实根 $x^*=1.324\,717\,957\,244\,75$。显然，第一个迭代公式收敛，第二个迭代公式结果越来越大，不可能趋于某个极限，因此我们称这种不收敛的迭代过程为发散的。

那么，迭代公式要满足哪些条件才能保证收敛呢？下面我们来讨论这个问题。

4.2.2 迭代过程的收敛性

根据例4.2，可以看出基本迭代法的收敛性质取决于迭代函数 $\varphi(x)$ 和初值 x_0 的选取。对于一般情况，对于迭代公式 $x_{k+1}=\varphi(x_k)$，由拉格朗日定理可知

$$\frac{x_{k+1}-x_k}{x_k-x_{k-1}}=\frac{\varphi(x_k)-\varphi(x_{k-1})}{x_k-x_{k-1}}=\varphi'(\xi_k)$$

其中，ξ_k 在 x_k 和 x_{k-1} 之间。序列 $\{x_k\}$ 的收敛速度，取决于曲线 $y=\varphi(x)$ 在根附近的斜率 $\varphi'(x)$ 。在根 x^* 附近，若 $|\varphi'(x)|<1$，则此迭代序列收敛；若 $|\varphi'(x)|\geqslant1$，则此序列发散。由此得到以下定理。

定理4.1 如果 $\varphi(x)$ 满足下列两个条件：

（1）当 $x\in[a,b]$ 时，$\varphi(x)\in[a,b]$；

（2）当任意 $x\in[a,b]$，存在 $0<L<1$，使

$$|\varphi'(x)|\leqslant L<1 \tag{4.2.1}$$

则方程 $x=\varphi(x)$ 在 $[a,b]$ 上有唯一的根 x^*，且对任意初值 $x_0\in[a,b]$ 时，有：

①迭代公式 $x_{k+1}=\varphi(x_k)$（其中 $k=0,1,\cdots$）收敛于 x^*；

②有误差估计式 $|x^*-x_k|=\dfrac{L}{1-L}|x_k-x_{k-1}|$；

③ $|x^*-x_k|\leqslant\dfrac{L^k}{1-L}|x_1-x_0|$。

证明：（1）设 x^* 是方程 $f(x)=0$ 的根，即 $x^*=\varphi(x^*)$，由拉格朗日定理得

$$x^*-x_{k+1}=\varphi(x^*)-\varphi(x_k)=\varphi'(\xi)(x^*-x_k)$$

其中，ξ 在 x^* 与 x_k 之间，由式（4.2.1）得

$$\begin{aligned}|x^*-x_{k+1}|&=|\varphi(x^*)-\varphi(x_k)|=|\varphi'(\xi)||x^*-x_k|\\&\leqslant L|x^*-x_k|\leqslant L^2|x^*-x_{k-1}|\leqslant\cdots\\&\leqslant L^{k+1}|x^*-x_0|\end{aligned}$$

因为，$0<L<1$，由 $\lim\limits_{k\to\infty}L^{k+1}=0$ 知

$$|x^*-x_{k+1}|\to0\qquad(k\to\infty)$$

所以 $\lim\limits_{k\to\infty}x_k=x^*$，即 $x_{k+1}=\varphi(x_k)$ 收敛。

（2）由收敛性定理中的条件式（4.2.1）可知

$$|x_{k+1}-x_k|=|\varphi(x_k)-\varphi(x_{k-1})|=|\varphi'(\xi_k)||x_k-x_{k-1}|\leqslant L|x_k-x_{k-1}|$$

一般为

$$|x_{k+r}-x_{k+r-1}|\leqslant L^r|x_k-x_{k-1}| \tag{4.2.2}$$

于是，对于任意正整数 p，有

$$\begin{aligned}|x_{k+p}-x_k| &= |x_{k+p}-x_{k+p-1}+x_{k+p-1}-x_{k+p-2}+x_{k+p-2}-\cdots+x_k|\\ &\leqslant |x_{k+p}-x_{k+p-1}|+|x_{k+p-1}-x_{k+p-2}|+\cdots+|x_{k+1}-x_k|\\ &\leqslant L^p|x_k-x_{k-1}|+L^{p-1}|x_k-x_{k-1}|+\cdots+L|x_k-x_{k-1}|\\ &=(L^p+\cdots+L)|x_k-x_{k-1}|\end{aligned}$$

固定 k，令 $p\to\infty$，得

$$|x^*-x_k|=\frac{L}{1-L}|x_k-x_{k-1}| \tag{4.2.3}$$

(3) 由式（4.2.2）和式（4.2.3）可得到结论，证毕。

由定理4.1中的结论②可以得到迭代次数 k 的值应取多大，但这样得到的 k 值往往偏大；定理4.1中的结论③是用刚算出的序列来估计误差的，它可用较小的迭代运算得到满足精度的近似解。实际运算过程中，都用 (x_k-x_{k-1}) 是否小于某个充分小的数来作为终止条件，它通常也能求出满足精度的根。

例4.3：对于例4.2的两种迭代公式，讨论它们的收敛性。

解 对于迭代公式 $x_{k+1}=\sqrt[3]{x_k+1}\,(k=0,1,\cdots)$，导数 $\varphi'_1(x)=\frac{1}{3}(x+1)^{-\frac{2}{3}}$，容易验证，对于 $x\in[1,2]$ 有

$$\varphi'_1(x)=\frac{1}{3}(x+1)^{-\frac{2}{3}}\leqslant 0.21<1$$

因此，对于任何初值 $x_0\in[1,2]$，该迭代公式收敛。

对于迭代公式 $x'_{k+1}=x'_k-1\,(k=0,1,\cdots)$，且导数 $\varphi'_2(x)=3x^2$。显然，对于 $x\in[1,2]$ 有

$$\varphi'_2(x)>1$$

所以只要初值 $x_0\neq x^*$，该迭代公式就发散。

在实际计算中，总是在根 x^* 附近范围内考虑。定理4.1的条件对较大的含根区间可能不能满足，但在 x^* 的附近成立。为此有以下定理。

定理4.2 设 x^* 是迭代函数 $\varphi(x)$ 的不动点，$\varphi'(x)$ 在点 x^* 的某个邻域内连续，且 $|\varphi'(x^*)|<1$，则迭代公式 $x_{k+1}=\varphi(x_k)$ 局部收敛。

证明：由 $|\varphi'(x^*)|<1$ 和 $\varphi'(x)$ 在点 x^* 处连续性，存在一个正实数 $L<1$ 和 x^* 的某个闭邻域 $U(x_0,\delta)=(x_0-\delta,x_0+\delta)$，使 $x\in U(x_0,\delta)$ 时有 $|\varphi'(x)|\leqslant L<1$ 成立。当 $x\in U(x_0,\delta)$ 时，由 $x^*=\varphi(x^*)$ 及中值定理有

$$|\varphi(x)-x^*|=|\varphi(x)-\varphi(x^*)|=|\varphi'(\xi)(x-x^*)|\leqslant L|x-x^*|\leqslant|x-x^*|<\delta$$

所以 $x\in U(x_0,\delta)$ 时，有 $\varphi(x)\in U(x_0,\delta)$。因此，$x_{k+1}=\varphi(x_k)$ 对任意 $x_0\in U(x_0,\delta)$ 产生的迭代序列都收敛于不动点 x^*，迭代公式 $x_{k+1}=\varphi(x_k)$ 局部收敛。

4.2.3 迭代过程的收敛速度

迭代公式要具有实用意义，就必须是收敛的。收敛速度有快有慢，可以用收敛阶来衡量

收敛速度。

定义 4.1 设序列 $\{x_k\}$ 收敛于 x^*，若存在实数 p 和 $C>0$，使得

$$\lim_{k\to\infty}\frac{|x^*-x_{k+1}|}{|x^*-x_k|^p}=C$$

则称 $\{x_k\}$ 的收敛阶为 p。当 $p=1$ 时，称 $\{x_k\}$ 是线性收敛的；当 $p=2$ 时，称 $\{x_k\}$ 是平方收敛的；$p>1$ 时称序列是超线性收敛的。

收敛阶越大，收敛越快，方法越好。在定理 4.2 中，若 $\varphi'(x)$ 连续，且 $\varphi'(x^*)\neq 0$，则迭代公式 $x_{k+1}=\varphi(x_k)$ 必为线性收敛。因为由

$$|x^*-x_{k+1}|=|\varphi(x^*)-\varphi(x_k)|=|\varphi'(\xi)||x^*-x_k|$$

$$\lim_{k\leftarrow\infty}\frac{|x^*-x_{k+1}|}{|x^*-x_k|}=\lim_{k\to\infty}|\varphi'(\xi)|=|\varphi'(x^*)|\neq 0$$

如果 $\varphi'(x^*)=0$，则收敛速度就不止是线性的了。下面给出超线性收敛的一个充分条件。

定理 4.3 对于迭代公式 $x_{k+1}=\varphi(x_k)$，如果 $\varphi^{(p)}(x)$ 在 x^* 附近连续，且有 $\varphi'(x^*)=\varphi''(x^*)=\cdots=\varphi^{(p-1)}(x^*)=0$，$\varphi^{(p)}(x^*)\neq 0$，则该迭代公式在 x^* 附近是 p 阶收敛的。

证明：由 $\varphi'(x^*)=0$ 及定理 4.2 知，迭代公式 $x_{k+1}=\varphi(x_k)$ 在 x^* 的附近具有局部收敛性，再将 $\varphi(x_k)$ 在 x^* 处作泰勒展开，则有

$$\varphi(x_k)=\varphi(x^*)+\frac{\varphi^{(p)}(\xi)}{p!}(x_k-x^*)^p \qquad (\xi \text{ 介于 } x_k \text{ 和 } x^* \text{ 之间})$$

注意到 $x_{k+1}=\varphi(x_k)$ 及 $x^*=\varphi(x^*)$，从而有 $x_{k+1}-x_k=\dfrac{\varphi^{(p)}(\xi)}{p!}(x_k-x^*)^p$，故 $\lim\limits_{k\to\infty}\dfrac{e_{k+1}}{e_k^p}=\lim\limits_{k\to\infty}\dfrac{|x_{k+1}-x^*|}{|x_k-x^*|^p}=\dfrac{\varphi(x^*)}{p!}$，迭代公式在 x^* 附近是 p 阶收敛的。

例 4.4：设 $a>0$，$x_0>0$，证明迭代公式 $x_{k+1}=\dfrac{x_k(x_k^2+3a)}{3x_k^2+a}$ 是计算 $\sqrt{a}$ 的 3 阶方法，并计算 $\lim\limits_{k\to\infty}\dfrac{\sqrt{a}-x_{k+1}}{(\sqrt{a}-x_k)^3}$。

解 显然当 a、$x_0>0$ 时，$x_k>0$（其中 $k=1,2,\cdots$），令 $\varphi(x)=\dfrac{x(x^2+3a)}{3x^2+a}$，则 $\varphi'(x)=\dfrac{3(x^2-a)^2}{(3x^2+a)^2}$。因此，$\forall x>0$，有 $|\varphi'(x)|<1$，即迭代收敛。设 $x_k\to x^*$，则有

$$x^*=\frac{x^*(x^{*2}+3a)}{3x^{*2}+a}$$

解之得 $x^*=0$，$\sqrt{a}$，$-\sqrt{a}$，取 $x^*=\sqrt{a}$。则

$$\lim_{k\to\infty}\frac{\sqrt{a}-x_{k+1}}{(\sqrt{a}-x_k)^3}=\lim_{k\to\infty}\frac{\sqrt{a}-\dfrac{x_k^3+3ax_k}{3x_k^2+a}}{(\sqrt{a}-x_k)^3}=\lim_{k\to\infty}\frac{(\sqrt{a}-x_k)^3}{(\sqrt{a}-x_k)^3(3x_k^2+a)}=\lim_{k\to\infty}\frac{1}{3x_k^2+a}=\frac{1}{4a}$$

故该迭代公式是 3 阶收敛的。

4.3　牛顿迭代法

4.3.1　牛顿公式（牛顿迭代公式）

将非线性方程 $f(x)=0$ 逐步线性化而形成迭代公式——泰勒展开式。取 $f(x)=0$ 的近似根 x_k，将 $f(x)$ 在点 x_k 作一阶泰勒展开，则

视频 21：牛顿迭代法

$$f(x)=f(x_k)+f'(x_k)(x-x_k)+\frac{f''(\xi)}{2!}(x-x_k)^2$$

其中，ξ 是 x 与 x_k 之间的一点。将 $\frac{f''(\xi)}{2!}(x-x_k)^2$ 看成高阶小量，则

$$0=f(x)\approx f(x_k)+f'(x_k)(x-x_k)$$

于是有 $x=x_k-\dfrac{f(x_k)}{f'(x_k)}$

最后可得著名的牛顿迭代公式 $x_{k+1}=x_k-\dfrac{f(x_k)}{f'(x_k)}$，相应的迭代函数为 $\varphi(x)=x-\dfrac{f(x)}{f'(x)}$。

牛顿法（牛顿迭代法）是求解方程 $f(x)=0$ 的一种重要的迭代法，是将非线性方程 $f(x)=0$ 逐步线性化的方法，也是解代数方程和超越方程的有效方法之一。

4.3.2　牛顿法的几何解释

$f(x)$ 过点 $(x_k, f(x_k))$ 的切线方程为 $y-f(x_k)=f'(x_k)(x-x_k)$，该切线与 x 轴的交点是 $x_k-f(x_k)/f'(x_k)$，记作 x_{k+1}，并作为下一次迭代点。故牛顿法也叫作切线法，如图 4.3.1 所示。

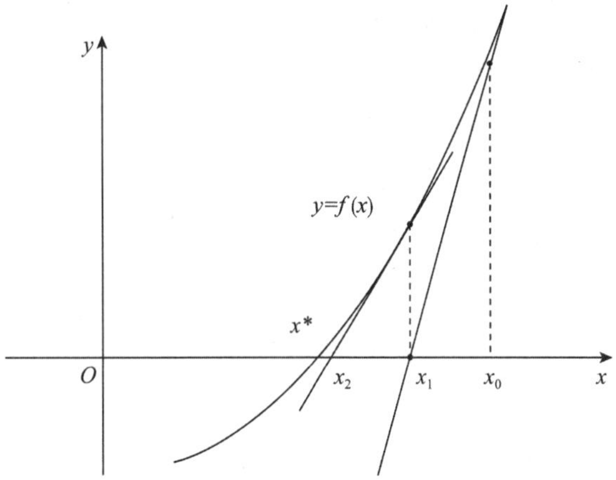

图 4.3.1　牛顿法

4.3.3 牛顿法的收敛性

事实上，牛顿法的迭代函数是

$$\varphi(x)=x-\frac{f(x)}{f'(x)}$$

由此可知 $x^*=\varphi(x^*)$，又由 $\varphi'(x)=\frac{f(x)f''(x)}{[f'(x)]^2}$，可知 $\varphi'(x^*)=0$。因此牛顿法在计算单根时至少平方收敛。

例 4.5：用牛顿法求 $f(x)=x^3-5x+3$ 在 [1，2] 内根的近似值，精确到 0.000 001。

解 $f(x)=x^3-5x+3$，$f'(x)=3x^2-5$，且 $f(2)=1>0$，$f''(2)=12>0$，则 $f(x)=0$ 在 [1，2] 有且仅有一根。

迭代公式为 $x_{k+1}=x_k-\frac{f(x_k)}{f'(x_k)}=\frac{2x_k^3-3}{3x_k^2-5}$。计算结果如下表所示。

n	0	1	2	3	4
x_n	2	1.857 142 857	1.834 787 35	1.834 243 504	1.834 243 185

由上表可知 $|x_4-x_3|=0.000\,000\,319<0.000\,001$，所以 $x^*\approx1.834\,243\,185$。

例 4.6：用牛顿法建立求 $\sqrt{c}\ (c>0)$ 的迭代公式，用该公式求 $\sqrt{115}$。

解 （1）设 $f(x)=x^2-c$，$x>0$，所以由牛顿公式得

$$x_{k+1}=x_k-\frac{x_k^2-c}{2x_k}\text{ 或 }x_{k+1}=\frac{1}{2}\left(x_k+\frac{c}{x_k}\right)$$

（2）$\sqrt{115}$ 为 $x^2-115=0$ 的正根，相应的牛顿公式为

$$x_{k+1}=\frac{1}{2}(x_k+\frac{115}{x_k})$$

取初值 $x_0=10$，经 3 次迭代得近似值为：$\sqrt{115}\approx10.723\,805$。其计算结果如下表所示。

k	x	$f(x)$
0	10	−15
1	10.75	0.5625
2	10.723 8	0.000 684 492
3	10.723 8	$1.018\,52\times10^{-9}$

4.3.4 牛顿下山法

根据牛顿法的局部收敛性可知，牛顿法对初始值 x_0 的选取不能偏离 x^* 太远，否则牛顿法就可能发散。为扩大收敛范围，使对任意 x_0 迭代公式都收敛，通常可引入参数，将牛顿公式修改为

$$x_{k+1}=x_k-\lambda\frac{f(x_k)}{f'(x_k)}\qquad(k=0,1,2,\cdots)$$

其中，λ 是一个参数，用试算的方法选取 λ 为 1，$\frac{1}{2}$，$\frac{1}{2^2}$，$\frac{1}{2^3}$，…，使 $|f(x_{k+1})|<|f(x_k)|$ 成立。满足上述要求的算法称为牛顿下山法，λ 称为下山因子。

视频 22：牛顿下山法与割线法

牛顿下山法不但放宽了初值 x_0 的选取范围，且有时对某一初值，虽然用牛顿法不收敛，但用牛顿下山法却可能收敛。

例 4.7：已知方程 $f(x)=x^3-x-1=0$ 的一个根为 $x^*=1.324\,72$，若取初值 $x_0=0.6$，用牛顿法 $x_1=x_0-\frac{f(x_0)}{f'(x_0)}=17.9$，反而比 $x_0=0.6$ 更偏离根 x^*。若改用牛顿下山法

$$x_{k+1}=x_k-\lambda\frac{f(x_k)}{f'(x_k)}\qquad(k=0,1,2,\cdots)$$

计算，仍取 $x_0=0.6$，则计算结果如下表所示。

k	λ	x_k
0	1	0.6
1	$1/2^5$	1.140 63
2	1	1.366 81
3	1	1.326 28
4	1	1.324 72

由上表可见，牛顿下山法使迭代过程收敛加速。

4.4　其他迭代法

4.4.1　弦截法

牛顿法虽然有较高的收敛速度，但要计算导数值 $f'(x_k)$，这对复杂的函数 $f(x)$ 来说是不方便的，因此构造既有较高的收敛速度，又不含 $f(x)$ 的导数的迭代公式是十分必要的。

弦截法又称割线法，是用差商 $\frac{f(x_k)-f(x_{k-1})}{x_k-x_{k-1}}$ 代替牛顿公式中的微商 $f'(x_k)$；或者说是用 $f(x)$ 在点 $(x_{k-1},f(x_{k-1}))$ 和 $(x_k,f(x_k))$ 处的割线的零点作为新的迭代点，即

$$x_{k+1}=x_k-\frac{f(x_k)}{f(x_k)-f(x_{k-1})}(x_k-x_{k-1})\tag{4.4.1}$$

由式（4.4.1）确定的迭代法称弦截法。弦截法的几何意义如图 4.4.1 所示，它是用弦 AB 与 x 轴交点的横坐标 x_{k+1} 代替曲线 $y=f(x)$ 与 x 轴交点横坐标的近似值 x^*。

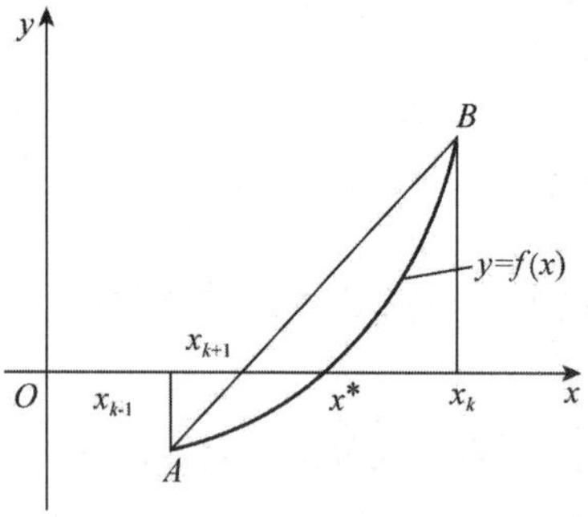

图 4.4.1　弦截法的几何意义

双点弦截法的收敛性与牛顿法一样，即在根的某个邻域内，$f(x)$ 有直至二阶的连续导数，且$f'(x)\neq 0$，具有局部收敛性，同时在邻域内任取初值 x_0、x_1 迭代均收敛。可以证明，双点弦截法具有超线性收敛速度，收敛阶为 $\frac{1}{2}(1+\sqrt{5})\approx 1.618$。

例 4.8：用弦截法求方程 $x^3-3x-1=0$ 在［1，2］内根的近似值，精确到 10^{-3}。

解　$f(x)=x^3-3x-1$，所以$f(1)=-3<0$，$f(2)=1>0$。因此，在区间［1，2］内方程$f(x)=0$ 有根，且$f'(x)=3x^2-3>0$，即$f(x)$ 在［1，2］上为单调函数。

取 $x_0=1.9$，$x_1=2$，$f(1.9)=0.159>0$，$f(2)=1>0$，代入迭代公式 $x_{k+1}=x_k-\frac{x_k^3-3x_k-1}{x_k^3-3x_k-x_{k-1}^3+3x_{k-1}}(x_k-x_{k-1})$，得方程根的近似值为

$$x_2=2-\frac{2-1.9}{1-(0.159)}\times 1=1.881\ 093\ 936$$

$$f(x_2)=0.012\ 996\ 164$$

$$x_3=1.881\ 093\ 936-\frac{1.881\ 093\ 936-2}{0.012\ 996\ 164-1}\times(0.012\ 996\ 164)=1.879\ 528\ 266$$

$$f(x_3)=0.001\ 086\ 562$$

$$x_4=1.879\ 528\ 266-\frac{1.879\ 528\ 266-1.881\ 093\ 936}{0.001\ 086\ 562-0.012\ 996\ 164}\times(0.001\ 086\ 562)=1.879\ 429\ 134$$

$$|x_4-x_3|=0.000\ 099\ 13\leqslant 10^{-3}$$

所以方程根的近似值为：$x^*\approx x_4=1.879\ 429\ 134$。

4.4.2　埃特金加速方法

有的迭代过程虽然收敛，但速度很慢，因此迭代过程的加速是一个重要课题。一般的加速方法思想是先求 $\bar{x}_{k+1}=\varphi(x_k)$，然后选取合适的数 m 和 n，令

$$x_{k+1}=m\bar{x}_{k+1}+nx_k$$

作为下一次迭代点。

为选取合适的线性组合系数 m、n 。由于 $\varphi(x)$ 连续，且 $x^*=\varphi(x^*)$，从而有

$$x^{*}-\bar{x}_{k+1}=\varphi(x^{*})-\varphi(x_{k})=\varphi'(\xi)(x^{*}-x_{k})$$

用 a 近似代替上式中的 $\varphi'(\xi)$，即

$$x^{*}-\bar{x}_{k+1}\approx a(x^{*}-x_{k})$$

整理得

$$x^{*}\approx\frac{1}{1+a}\bar{x}_{k+1}-\frac{a}{1+a}x_{k}$$

从而得到加速迭代公式为

$$x_{k+1}=\frac{1}{1+a}\varphi(x_{k})-\frac{a}{1+a}x_{k}$$

埃特金（Aitken）加速方法的思想是：将一般迭代法和弦截法相结合，来实现加速迭代方法的收敛。

为构造埃特金加速方法的加速迭代公式，设 x_k 是 $x=\varphi(x)$ 的一个近似解，首先令

$$\bar{x}_{k+1}=\varphi(x_{k}),\ \hat{x}_{k+1}=\varphi(\bar{x}_{k})$$

然后在曲线 $y=\varphi(x)$ 上，过点 $\bar{P}(x_k,\ \bar{x}_{k+1})$ 和 $\hat{P}(\bar{x}_{k+1},\ \hat{x}_{k+1})$ 作直线，该直线的两点式方程为

$$\frac{\hat{x}_{k+1}-\bar{x}_{k+1}}{\bar{x}_{k+1}-x_{k}}=\frac{y-\bar{x}_{k+1}}{x-x_{k}}$$

最后考虑到方程 $x=\varphi(x)$ 的解是曲线 $y=\varphi(x)$ 和直线 $y=x$ 的交点 P^* 的横坐标，可用弦 $\overline{P}\hat{P}$ 与直线 $y=x$ 的交点 P_{k+1} 代替 P^*，即用点 P_{k+1} 的横坐标作为 $x=\varphi(x)$ 的一个近似解，其值可通过将上式中的 y 用 x 代替并解出 x 得到，为

$$x=\frac{x_{k}\hat{x}_{k+1}-\bar{x}_{k+1}^{2}}{x_{k}-2\bar{x}_{k+1}+\hat{x}_{k+1}}$$

用上式进一步可以构造出具有加速收敛性质的迭代公式

$$x_{k+1}\approx\frac{x_{k}\hat{x}_{k+1}-2\bar{x}_{k+1}^{2}}{x_{k}-2\bar{x}_{k+1}+\hat{x}_{k+1}}=\hat{x}_{k+1}-\frac{(\hat{x}_{k+1}-\bar{x}_{k})^{2}}{x_{k}-2\bar{x}_{k+1}+\hat{x}_{k+1}}$$

上式被称为埃特金加速方法的迭代公式。设 x^* 是 $x=\varphi(x)$ 的精确解，由迭代法收敛性定理知：$\varphi'(x^*)$ 在 x^* 的某个邻域上连续，若 $0<|\varphi'(x^*)|<1$，则迭代公式 $x_{k+1}=\varphi(x_k)$ 局部收敛；若 $|\varphi'(x^*)|=1$，则迭代公式可能收敛，也可能不收敛；若 $|\varphi'(x^*)|>1$，则迭代公式肯定不收敛。但经过改进后的埃特金加速方法超线性收敛。

例 4.9：用埃特金加速方法求解 $x^3-x-1=0$ 在 $x_0=1.5$ 附近的根 x^*。

解　这个方程求根用迭代公式 $x_{k+1}=x_k^3-1$ 来计算是发散的，现在以这个公式为基础形成埃特金加速方法，即

$$\tilde{x}_{k+1}=x_{k}^{3}-1,\ \bar{x}_{k+1}=\tilde{x}_{k+1}^{3}-1,\ x_{k+1}=\bar{x}_{k+1}-\frac{(\bar{x}_{k+1}-\tilde{x}_{k+1})^{2}}{\bar{x}_{k+1}-2\tilde{x}_{k+1}+x_{k}}$$

取 $x_0 = 1.5$，计算结果如下表。

k	$\tilde{x}_k$	$\bar{x}_k$	x_k
0			1.5
1	2.375 00	12.396 5	1.416 29
2	1.840 92	5.238 88	1.355 65
3	1.491 40	2.317 28	1.328 95
4	1.347 10	1.444 35	1.324 80
5	1.325 18	1.327 14	1.324 72

由上表可以看出，将发散的迭代公式通过埃特金加速方法处理后，反而获得了相当好的收敛性。

4.5 MATLAB 主要程序

程序一　二分法

用二分法求解非线性方程 $f(x)=0$ 在区间 $[a, b]$ 内的根，其 MATLAB 程序如下：

```
function [x, k] =demimethod (a, b, f, emg)
% a, b 表示求解区间 [a, b] 的端点, f 表示所求解方程的函数名, emg 是精度指标
% x 表示所求近似解, k 表示循环次数
fa=feval (f, a);
fab=feval (f, (a+b) /2);
k=0;
while abs (b-a) >emg
  if fab==0
     x= (a+b) /2;
     return;
  elseif fa*fab<0
     b= (a+b) /2;
  else
     a= (a+b) /2;
  end
  fa=feval (f, a);
  fab=feval (f, (a+b) /2);
  k=k+1;
```

```
end
x= (a+b) /2;
```

用二分法求解方程 $x^3+4x^2-10=0$ 在区间［1，2］间的根，要求误差不大于0.005。其MATLAB 程序如下：

```
fun0=inline ('x^3+4*x^2-10');
demimethod (1, 2, fun0, 0.005)
```

输出结果为：

```
ans=1.3652
```

程序二　牛顿法

利用牛顿法求解 $xe^x-1=0$，误差为 0.5×10^{-4} 时迭代终止，其 MATLAB 程序如下：

```
f=inline ('x*exp (x) -1');      % 定义在线函数
fbar=inline (' (1+x) *exp (x)');     % 定义在线函数 (导数)
epsilon=0.5*10^(-4);% 精度, 控制迭代终止
k=0; x0=0.5;% 迭代次数, 初值
% 画图 y=xe^x-1
x=0: 0.0001: 1;
y=x. *exp (x) -1;
plot (x, y)
legend ('y=xe^x-1')% 注明函数
hold on
% 迭代第一次
f0=f (x0); fbar0=fbar (x0);% 代入初值
x1=x0-f0/fbar0;% 牛顿迭代
disp ('迭代次数 (k)   x (k-1)       x (k)')
% 进入迭代循环
while abs (x1-x0) >epsilon% 精度
    k=k+1;% 迭代次数+1
    plot (x0, f (x0),'*b')% 描点
    text (x0, f (x0), num2str (x0) )% 描点注明 x 值
    grid on
    fprintf ('    %1d  %10.5f  %10.5f\n', k, x0, x1)
    if fbar0==0% f' (x) 为 0, 即分母为 0
    fprintf ('导数为零, 牛顿法失效!')
    end
```

```
    x0 =x1;% 将 x1 赋值给 x0
    f0 =f (x0);% 代入表达式 f (x)
    fbar0 =fbar (x0);% 代入表达式 f ′ (x)
    x1 =x0-f0 /fbar0;% 牛顿迭代
end
fprintf ('xe^x-1 =0 在 x=0.5 附近的近似值是:% 2f \n', x1)
plot (x1, f (x1),'*b')% 描点
text (x1, f (x1), num2str (x1) )% 描点注明 x 值
title ('牛顿迭代法求解 x * e^x-1 =0 的逼近图')
xlabel ('x 轴'); ylabel ('y 轴');
```

输出结果为:

```
迭代次数 (k)     x (k-1)       x (k)
    1           0.50000       0.57102
    2           0.57102       0.56716
xe^x-1 =0 在 x=0.5 附近的近似值是: 0.567143
```

MATLAB 输出的图形如下图所示。

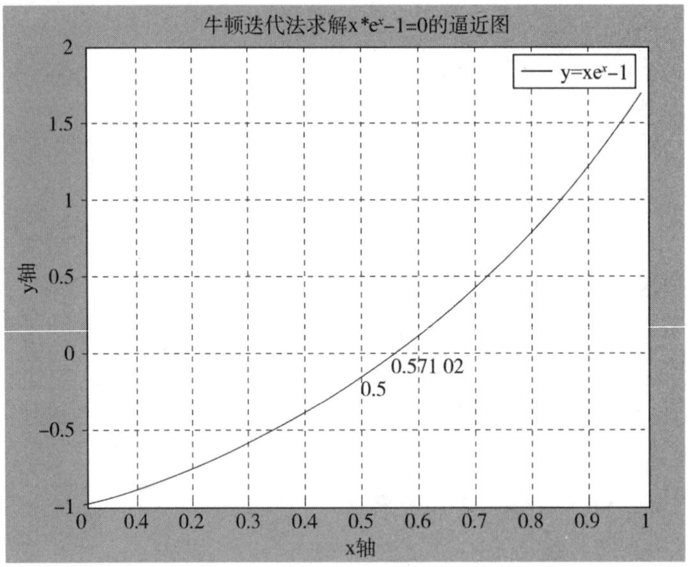

习题 4

1. 用二分法求方程 $x^3 - x - 1 = 0$ 在 [1, 2] 的近似根，要求误差不超过 $\frac{1}{2}\times10^{-3}$，至少要二分多少次?

2. 证明方程 $1 - x - \sin x = 0$ 在 $[0, 1]$ 有一个根，使用二分法求误差不大于 $\frac{1}{2} \times 10^{-4}$ 的根要迭代多少次？

3. 方程 $x^3 - x^2 - 1 = 0$ 在 $x = 1.5$ 附近有根，把方程写成下面不同的等价形式，并建立相应的迭代公式：

(1) $x = 1 + \frac{1}{x^2}$，迭代公式 $x_{k+1} = 1 + \frac{1}{x_k^2}$；

(2) $x^3 = 1 + x^2$，迭代公式 $x_{k+1} = \sqrt[3]{1 + x_k^2}$；

(3) $x^2 = \frac{1}{x - 1}$，迭代公式 $x_{k+1} = \sqrt{\frac{1}{x_k - 1}}$。

试分析每种迭代公式的收敛性，并选取一种收敛迭代公式求出具有4位有效数字的近似根。

4. 能否用迭代法求解下列方程？若不能，试将原方程改写成能用迭代法求解的形式。

(1) $x = \varphi_1(x) = \frac{1}{4}(\sin x + \cos x)$；

(2) $x = \varphi_2(x) = 4 - 2^x$。

5. 设有方程 $f(x) = 0$，其中 $f'(x)$ 存在，且 $0 < m \leqslant f'(x) \leqslant M$，构造迭代公式

$$x_{k+1} = x_k - \lambda f(x_k) \qquad (k = 0, 1, \cdots)$$

试证明：当 λ 满足 $0 < \lambda < \frac{2}{M}$ 时，对任取初值 x_0，上述迭代公式收敛。

6. 对于迭代函数 $\varphi(x) = x + C(x^2 - 2)$，试讨论：

(1) 当 C 取何值时，$x_{k+1} = \varphi(x_k)$（其中 $k = 0, 1, 2, \cdots$）产生的序列 $\{x_k\}$ 收敛于 $\sqrt{2}$？

(2) C 取何值时收敛速度最快？

7. 设 $f(x) = (x^3 - a)^2$，求解以下问题：

(1) 构造求解方程 $f(x) = 0$ 的牛顿迭代公式；

(2) 证明此迭代公式是线性收敛的。

8. 用牛顿迭代法求解方程 $x^3 + 2x^2 + 10x - 20 = 0$ 在 $x_0 = 1$ 附近的一个实根，要求 $|x_{k+1} - x_k| < 10^{-6}$。

9. 程序设计：用二分法求解方程 $f(x) = \sqrt{x^2 + 1} - \tan x$ 在区间 $[0, \pi/2]$ 内的实根，使精度达到 10^{-5}。

10. 程序设计：用牛顿法求方程 $x^3 + 4x^2 - 10 = 0$ 在区间 $[1, 2]$ 内的一个实根，取绝对误差限为 10^{-4}。

第5章

线性方程组的直接解法

在科学与工程计算中，大量的问题都可归结为求解线性方程组的问题，有的问题的数学模型中虽不直接表现为线性方程组，但通过数值解法可将问题“离散化”或“线性化”为线性方程组。例如，电学中的网络问题、船体数学放样中建立三次样条函数问题、最小二乘法用于求解实验数据的曲线拟合问题、求解非线性方程组问题、用差分法或有限元法求解常微分方程边值问题及偏微分方程的定解问题，都可演化为求解一个或若干个线性方程组的问题。

有关线性方程组解的存在性和唯一性等理论，“线性代数”课程已作了详细介绍。在求解线性方程组的算法中，有两类最基本的算法，一类是直接解法（也称精确解法），就是经过有限步算术运算，无须迭代可直接求得方程组精确解的方法，如高斯消元法、**LU** 分解法。另一类是迭代解法，它是一个逐步求得近似解的过程，这种方法便于编制解题程序，但存在着迭代是否收敛及收敛速度快慢的问题，如雅可比迭代法（Jacobi 迭代法）、高斯-赛德尔迭代法（G-S 迭代法）、超松弛法（SOR 法）。在迭代过程中，由于极限过程一般不可能进行到底，因此只能得到满足一定精度要求的近似解。本章主要介绍几种直接解法，迭代法将在下一章讨论。

5.1 高斯消元法

设具有 n 个未知数的 n 个方程的线性方程组为

$$\begin{cases} a_{11}x_1 + a_{12}x_2 + \cdots + a_{1n}x_n = b_1 \\ a_{21}x_1 + a_{22}x_2 + \cdots + a_{2n}x_n = b_2 \\ \qquad \vdots \\ a_{n1}x_1 + a_{n2}x_2 + \cdots + a_{nn}x_n = b_n \end{cases} \tag{5.1.1}$$

其矩阵形式可以表示为

$$\boldsymbol{A}\boldsymbol{x}=\boldsymbol{b} \tag{5.1.2}$$

其中

$$\boldsymbol{A}=\begin{pmatrix} a_{11} & a_{12} & \cdots & a_{1n} \\ a_{21} & a_{22} & \cdots & a_{2n} \\ \vdots & \vdots & & \vdots \\ a_{n1} & a_{n2} & \cdots & a_{nn} \end{pmatrix}$$

$$\boldsymbol{x}=(x_1,\ x_2,\ \cdots,\ x_n)^{\mathrm{T}}$$

$$\boldsymbol{b}=(b_1,\ b_2,\ \cdots,\ b_n)^{\mathrm{T}}$$

求解线性方程组（5.1.2）在理论上并不存在困难。若 $r(\boldsymbol{A})=n$，即 $\boldsymbol{A}$ 为非奇异（可逆）矩阵，它的行列式 $D=\det\boldsymbol{A}\neq 0$，则应用克莱姆法可求得

$$x_i=\frac{D_i}{D}\qquad (i=1,\ 2,\ \cdots,\ n)$$

其中，D_i 是用 $\boldsymbol{b}$ 代替 $\boldsymbol{A}$ 中第 i 列而得到的相应的行列式。然而在实际中，当未知数的个数 n 比较大时，按克莱姆法则进行计算，其工作量就会大得惊人，因而该方法在实际操作中并不可行。n 阶行列式共有 $n!$ 项，每项都有 n 个因子，所以计算一个 n 阶行列式需要做 $(n-1)\cdot n!$ 次乘法，共需要计算 $(n+1)$ 个行列式，要计算出 x_i，还要再做 n 次除法。因此，用克莱姆法则求解线性方程组（5.1.2）就要做

$$N=(n+1)(n-1)n!\ +n=(n^2-1)n!+n$$

次乘除法（不计加减法）。如 $n=10$ 时，$N=359\ 251\ 210$；当 $n=20$ 时，$N\approx 9.707\ 3\times 10^{20}$。可见，在实际计算中克莱姆法则几乎没有什么用处。本章的主要目的就是介绍求解线性方程组（5.1.2）的有效算法。

5.1.1　高斯消元法

高斯消元法（又称高斯消去法）是一个古老的直接解法，由它改进得到的选主元的消元法，是目前计算机上常用于求低阶稠密矩阵方程组的有效方法，它通过消元将一般线性方程组的求解问题转化为三角方程组的求解问题。高斯消元法的求解过程可分为两个阶段：首先，把原方程组化为上三角方程组，这称之为消元过程；然后，逆次序逐一求出三角方程组（原方程组的等价方程组）的解，这称之为回代过程。为便于叙述，先以三阶线性方程组为例说明高斯消元法的基本思想。现有三阶线性方程组为

视频 23：高斯消去法

$$\begin{cases} 2x_1+3x_2+4x_3=6 & (\mathrm{I}) \\ 3x_1+5x_2+2x_3=5 & (\mathrm{II}) \\ 4x_1+3x_2+30x_3=32 & (\mathrm{III}) \end{cases}$$

把方程（Ⅰ）乘 $\left(-\frac{3}{2}\right)$ 后加到方程（Ⅱ）上去，把方程（Ⅰ）乘 $\left(-\frac{4}{2}\right)$ 后加到方程（Ⅲ）上去，即可消去方程（Ⅱ）、（Ⅲ）中的 x_1，得同解方程组为

$$\begin{cases} 2x_1 + 3x_2 + 4x_3 = 6 & (\text{Ⅰ}) \\ 0.5x_2 - 4x_3 = -4 & (\text{Ⅱ}) \\ -3x_2 + 22x_3 = 20 & (\text{Ⅲ}) \end{cases}$$

然后，在此同解方程组中将方程（Ⅱ）乘（$\frac{3}{0.5}$）后加于方程（Ⅲ），得回代公式为

$$\begin{cases} 2x_1 + 3x_2 + 4x_3 = 6 & (\text{Ⅰ}) \\ 0.5x_2 - 4x_3 = -4 & (\text{Ⅱ}) \\ -2x_3 = -4 & (\text{Ⅲ}) \end{cases} \tag{5.1.3}$$

由式（5.1.3）得 $x_3 = 2$，$x_2 = 8$，$x_1 = -13$。

由以上可知，高斯消元法就是将方程组通过（$n-1$）步消元，使其转化为上三角方程组，再回代求此方程组的解。

下面记增广矩阵 $[\boldsymbol{A}^{(1)} \mid \boldsymbol{b}^{(1)}] = [\boldsymbol{A} \mid \boldsymbol{b}]$，即 $[\boldsymbol{A}^{(1)} \mid \boldsymbol{b}^{(1)}] = \left(\begin{array}{cccc|c} a_{11}^{(1)} & a_{12}^{(1)} & \cdots & a_{1n}^{(1)} & b_1^{(1)} \\ a_{21}^{(1)} & a_{22}^{(1)} & \cdots & a_{2n}^{(1)} & b_2^{(1)} \\ \vdots & \vdots & & \vdots & \vdots \\ a_{n1}^{(1)} & a_{n2}^{(1)} & \cdots & a_{nn}^{(1)} & b_n^{(1)} \end{array}\right)$。

第 1 步：设 $a_{11}^{(1)} \neq 0$，计算 $m_{i1} = \frac{a_{i1}^{(1)}}{a_{11}^{(1)}}$，$r_i - r_1 \times m_{i1}$，$i = 2, 3, \cdots, n$，可消去 $a_{i1}^{(1)} (i = 2, 3, \cdots, n)$，使 $a_{11}^{(1)} \neq 0$ 下方元素均为 0，即

$$\begin{pmatrix} a_{11}^{(1)} & a_{12}^{(1)} & \cdots & a_{1n}^{(1)} \\ & a_{22}^{(2)} & \cdots & a_{2n}^{(2)} \\ & \vdots & & \vdots \\ & a_{n2}^{(2)} & \cdots & a_{nn}^{(2)} \end{pmatrix} \begin{pmatrix} x_1 \\ x_2 \\ \vdots \\ x_n \end{pmatrix} = \begin{pmatrix} b_1^{(1)} \\ b_2^{(2)} \\ \vdots \\ b_n^{(2)} \end{pmatrix}$$

其中，$a_{ij}^{(2)} = a_{ij}^{(1)} - m_{i1} a_{1j}^{(1)}$，$b_i^{(2)} = b_j^{(1)} - m_{i1} b_1^{(1)}$，$i, j = 2, 3, \cdots, n$。

一般地，假定已完成了（$k-1$）步消元，即已将 $[\boldsymbol{A}^{(1)} \mid \boldsymbol{b}^{(1)}]$ 转化为以下形式

$$[\boldsymbol{A}^{(k)} \mid \boldsymbol{b}^{(k)}] = \left(\begin{array}{cccccc|c} a_{11}^{(1)} & a_{12}^{(1)} & \cdots & a_{1k}^{(1)} & \cdots & a_{1n}^{(1)} & b_1^{(1)} \\ & a_{22}^{(2)} & \cdots & a_{2k}^{(2)} & \cdots & a_{2n}^{(2)} & b_2^{(2)} \\ & & \ddots & \vdots & & \vdots & \vdots \\ & & & a_{kk}^{(k)} & \cdots & a_{kn}^{(k)} & b_k^{(k)} \\ & & & \vdots & & \vdots & \vdots \\ & & & a_{nk}^{(k)} & \cdots & a_{nn}^{(k)} & b_n^{(k)} \end{array}\right) \to \left(\begin{array}{cccc|c} a_{kk}^{(k)} & a_{k,k+1}^{(k)} & \cdots & a_{kn}^{(k)} & b_k^{(k)} \\ & a_{k+1,k+1}^{(k+1)} & \cdots & a_{k+1,n}^{(k+1)} & b_{k+1}^{(k+1)} \\ & \vdots & & \vdots & \vdots \\ & a_{n,k+1}^{(k+1)} & \cdots & a_{nn}^{(k+1)} & b_n^{(k+1)} \end{array}\right)$$

第 k 步，假定 $a_{kk}^{(k)} \neq 0$，计算

$$m_{ik} = \frac{a_{ik}^{(k)}}{a_{kk}^{(k)}},\ r_i - r_k \times m_{ik} \qquad (i = k+1, \cdots, n)$$

其中

$$\begin{cases} a_{ij}^{(k+1)} = a_{ij}^{(k)} - m_{ik}a_{kj}^{(k)} & (i,\ j = k+1,\ \cdots,\ n) \\ b_i^{(k+1)} = b_i^{(k)} - m_{ik}b_k^{(k)} & (i = k+1,\ \cdots,\ n) \end{cases}$$

当 $k = 1, 2, \cdots, n-1$ 时，可得到 $[\boldsymbol{A}^{(n)} | \boldsymbol{b}^{(n)}]$，即方程组

$$\begin{pmatrix} a_{11}^{(1)} & a_{12}^{(1)} & \cdots & a_{1n}^{(1)} \\ & a_{22}^{(2)} & \cdots & a_{2n}^{(2)} \\ & & \ddots & \vdots \\ & & & a_{nn}^{(n)} \end{pmatrix} \begin{pmatrix} x_1 \\ x_2 \\ \vdots \\ x_n \end{pmatrix} = \begin{pmatrix} b_1^{(1)} \\ b_2^{(2)} \\ \vdots \\ b_n^{(n)} \end{pmatrix}$$

直接回代解得

$$x_n = \frac{b_n^{(n)}}{a_{nn}^{(n)}},\ x_k = (b_k^{(k)} - \sum_{j=k+1}^{n} a_{kj}^{(k)} x_j)/a_{kk}^{(k)} \qquad (k = n-1,\ n-2,\ \cdots,\ 1)$$

并且有 $\det \boldsymbol{A} = a_{11}^{(1)} a_{22}^{(2)} \cdots a_{nn}^{(n)} \neq 0$。以上有消元过程和回代过程合起来求出式（5.1.1）的解的过程就称为高斯消元法。

下面，统计一下高斯消元法的工作量。可以看出，消元过程的第 k 步共含有除法运算 $(n-k)$ 次，乘法和减法运算各 $(n-k)(n+1-k)$ 次，所以消元过程共含有的乘除法次数为

$$\sum_{k=1}^{n-1}(n-k) + \sum_{k=1}^{n-1}(n-k)(n+1-k) = \frac{n^3}{3} + \frac{n^2}{2} - \frac{5n}{6}$$

含加减法次数为

$$\sum_{k=1}^{n-1}(n-k)(n+1-k) = \frac{n^3}{3} - \frac{n}{3}$$

而回代过程含乘除法次数为 $\frac{n(n+1)}{2}$，加减法次数为 $\frac{n(n-1)}{2}$，所以高斯消元法总的乘除法次数为 $\frac{n^3}{3} + n^2 - \frac{n}{3} \approx \frac{n^3}{3}$，加减法次数为 $\frac{n^3}{3} + \frac{n^2}{2} - \frac{5n}{6} \approx \frac{n^3}{3}$。

当 $n = 10$ 时，用克莱姆法则求解需要 359 251 210≈3.6×10^8 乘除法运算，而用高斯消元法仅需 430 次乘除法运算。

5.1.2　矩阵的三角分解

从上面的消元过程可以看出，高斯消元法的步骤能顺序进行的条件是 $a_{11}^{(1)}$，$a_{22}^{(2)}$，…，$a_{n-1,\ n-1}^{(n-1)}$ 全不为 0。设矩阵 $\boldsymbol{A}$ 的顺序主子式为 Δ_i，即

$$\Delta_i = \begin{vmatrix} a_{11} & \cdots & a_{1i} \\ \cdots & \cdots & \cdots \\ a_{i1} & \cdots & a_{ii} \end{vmatrix} \qquad (i = 1,\ 2,\ \cdots,\ n)$$

则有下面的定理。

定理 5.1　$a_{ii}^{(i)}$（其中 $i = 1, 2, \cdots, k$）全不为 0 的充分必要条件是 $\boldsymbol{A}$ 的顺序主子式

$\Delta_i \neq 0$，$i = 1, 2, \cdots, k\ (k \leqslant n)$。

证明：设 $a_{ii}^{(i)} \neq 0$，$i = 1, 2, \cdots, k$，则可以进行高斯消元法的 $(k-1)$ 步，每步的 $\boldsymbol{A}^{(m)}$ 由 $\boldsymbol{A}$ 逐次实行 $(-l_{ij}E_j + E_i) \to (E_i)$ 的运算得到，这些运算不改变相应顺序主子式之值，所以有

$$\Delta_m = \begin{vmatrix} a_{11}^{(1)} & a_{12}^{(1)} & \cdots & a_{1m}^{(1)} \\ & a_{22}^{(2)} & \cdots & a_{2m}^{(2)} \\ & & \cdots & \vdots \\ & & & a_{mm}^{(m)} \end{vmatrix} = a_{11}^{(1)} a_{22}^{(2)} \cdots a_{mm}^{(m)}$$

这样便有 $\Delta_m \neq 0 (m = 1, 2, \cdots, k)$，必要性得证。

用归纳法证明充分性。$k = 1$ 时命题显然成立。设命题对 $(k-1)$ 成立。现设 $\Delta_1 \neq 0$，$\cdots$，$\Delta_{k-1} \neq 0$，$\Delta_k \neq 0$。由归纳假设有 $a_{11}^{(1)} \neq 0$，$\cdots$，$a_{k-1,\,k-1}^{(k-1)} \neq 0$，高斯消元法就可以进行第 $(k-1)$ 步，$\boldsymbol{A}$ 约化为

$$\boldsymbol{A}^{(k)} = \begin{pmatrix} \boldsymbol{A}_{11}^{(k)} & \boldsymbol{A}_{12}^{(k)} \\ \boldsymbol{O} & \boldsymbol{A}_{22}^{(k)} \end{pmatrix}$$

其中，$\boldsymbol{A}_{11}^{(k)}$ 是对角元为 $a_{11}^{(1)}$，$a_{22}^{(2)}$，$\cdots$，$a_{k-1,\,k-1}^{(k-1)}$ 的上三角矩阵。因为 $\boldsymbol{A}^{(k)}$ 是通过高斯消元法由 $\boldsymbol{A}$ 逐步得到的，$\boldsymbol{A}$ 的 k 阶顺序主子式等于 $\boldsymbol{A}^{(k)}$ 的 k 阶顺序主子式，即

$$\Delta_k = \begin{vmatrix} \boldsymbol{A}_{11}^{(k)} & * \\ \boldsymbol{O} & a_{kk}^{(k)} \end{vmatrix} = a_{11}^{(1)} \cdots a_{k-1,\,k-1}^{(k-1)} a_{k,\,k}^{(k)}$$

由 $\Delta_k \neq 0$ 可推出 $a_{kk}^{(k)} \neq 0$。于是充分性也得证。

定理 5.2 对方程组 $\boldsymbol{Ax} = \boldsymbol{b}$，其中，$\boldsymbol{A}$ 为非奇异矩阵，若 $\boldsymbol{A}$ 的顺序主子式均不为0，则可由高斯消元法求出方程组的解。

下面讨论高斯消元法过程中用矩阵运算表示的形式。

首先，令 $\boldsymbol{A}^{(1)} = \boldsymbol{A}$，做一次运算 $(-l_{i1}\boldsymbol{E}_1 + \boldsymbol{E}_i) \to (E_i)(i = 2, \cdots, n)$，这相当于 $\boldsymbol{A}$ 左乘矩阵

$$\boldsymbol{M}_i = \begin{pmatrix} 1 & & & & \\ \vdots & \ddots & & & \\ -l_{i1} & \cdots & 1 & & \\ & & & \ddots & \\ & & & & 1 \end{pmatrix} \qquad (i = 2, \cdots, n)$$

第 1 步的全过程相当于 $\boldsymbol{L}_1[\boldsymbol{A}^{(1)} \mid \boldsymbol{b}^{(1)}] = [\boldsymbol{A}^{(2)} \mid \boldsymbol{b}^{(2)}]$，其中

$$\boldsymbol{L}_1 = \boldsymbol{M}_n \boldsymbol{M}_{n-1} \cdots \boldsymbol{M}_2 = \begin{pmatrix} 1 & & & \\ -l_{21} & 1 & & \\ \vdots & & \ddots & \\ -l_{n1} & \cdots & & 1 \end{pmatrix}$$

设 $(k-1)$ 步后系数矩阵化为 $\boldsymbol{A}^{(k)}$，其分块形式写成

$$\boldsymbol{L}_{k-1}\boldsymbol{L}_{k-2}\cdots\boldsymbol{L}_1\boldsymbol{A}^{(1)}=\boldsymbol{A}^{(k)}=\begin{pmatrix}\boldsymbol{A}_{11}^{(k)} & \boldsymbol{A}_{12}^{(k)}\\ \boldsymbol{O} & \boldsymbol{A}_{22}^{(k)}\end{pmatrix}$$

其中，$\boldsymbol{A}_{11}^{(k)}$ 为上三角的 $(k-1)$ 阶方阵（行数和列数相等的矩阵），$\boldsymbol{A}_{22}^{(k)}$ 为 $(n-k+1)$ 阶方阵，设其左上角元素 $a_{kk}^{(k)}\neq 0$，则下一步的乘数为 $l_{ik}=a_{ik}^{(k)}/a_{kk}^{(k)}$，$i=k+1, \cdots, n$。若记 $\boldsymbol{e}_k=(0, \cdots, 0, 1, 0, \cdots, 0)^{\mathrm{T}}$ 是第 k 个分量为 1 的单位向量，记 $\boldsymbol{l}^{(k)}=(0, \cdots, 0, l_{k+1,k}, \cdots, l_{nk})^{\mathrm{T}}$，其前 k 个分量为 0，从而有 $\boldsymbol{e}_k^{\mathrm{T}}\boldsymbol{l}^{(k)}=0$。第 k 步中系数矩阵的约化可用矩阵运算描述为

$$\boldsymbol{L}_k\boldsymbol{A}^{(k)}=\boldsymbol{A}^{(k+1)}=\begin{pmatrix}\boldsymbol{A}_{11}^{(k+1)} & \boldsymbol{A}_{12}^{(k+1)}\\ \boldsymbol{O} & \boldsymbol{A}_{22}^{(k+1)}\end{pmatrix}$$

其中，$\boldsymbol{A}_{11}^{(k+1)}$ 是上三角的 k 阶方阵，$\boldsymbol{A}_{22}^{(k+1)}$ 是 $(n-k)$ 阶方阵，而

$$\boldsymbol{L}_k=\boldsymbol{I}-\boldsymbol{l}^{(k)}\boldsymbol{e}_k^{\mathrm{T}}=\begin{pmatrix}1 & & & & & \\ & \ddots & & & & \\ & & 1 & & & \\ & & -l_{k+1,k} & 1 & & \\ & & \vdots & & \ddots & \\ & & -l_{nk} & \cdots & & 1\end{pmatrix}$$

可以验证

$$\begin{aligned}(\boldsymbol{I}-\boldsymbol{l}^{(k)}\boldsymbol{e}_k^{\mathrm{T}})(\boldsymbol{I}+\boldsymbol{l}^{(k)}\boldsymbol{e}_k^{\mathrm{T}})&=(\boldsymbol{I}+\boldsymbol{l}^{(k)}\boldsymbol{e}_k^{\mathrm{T}})(\boldsymbol{I}-\boldsymbol{l}^{(k)}\boldsymbol{e}_k^{\mathrm{T}})\\&=\boldsymbol{I}-\boldsymbol{l}^{(k)}(\boldsymbol{e}_k^{\mathrm{T}}\boldsymbol{l}^{(k)})\boldsymbol{e}_k^{\mathrm{T}}=\boldsymbol{I}\end{aligned}$$

即有 $\boldsymbol{L}_k^{-1}=(\boldsymbol{I}-\boldsymbol{l}^{(k)}\boldsymbol{e}_k^{\mathrm{T}})^{-1}=\boldsymbol{I}+\boldsymbol{l}^{(k)}\boldsymbol{e}_k^{\mathrm{T}}$。这样，经过 $(n-1)$ 步得到 $\boldsymbol{L}_{n-1}\boldsymbol{L}_{n-2}\cdots\boldsymbol{L}_1\boldsymbol{A}^{(1)}=\boldsymbol{A}^{(n)}$，这里的 $\boldsymbol{A}^{(n)}$ 是上三角矩阵，记 $\boldsymbol{U}=\boldsymbol{A}^{(n)}$，又记

$$\begin{aligned}\boldsymbol{L}=(\boldsymbol{L}_{n-1}\cdots\boldsymbol{L}_1)^{-1}&=(\boldsymbol{I}+\boldsymbol{l}^{(1)}\boldsymbol{e}_1^{\mathrm{T}})\cdots(\boldsymbol{I}+\boldsymbol{l}^{(n-1)}\boldsymbol{e}_{n-1}^{\mathrm{T}})\\&=\begin{pmatrix}1 & & & & \\ l_{21} & 1 & & & \\ l_{31} & l_{32} & 1 & & \\ \vdots & \vdots & \ddots & 1 & \\ l_{n1} & l_{n2} & \cdots & l_{n,n-1} & 1\end{pmatrix}\end{aligned}$$

$\boldsymbol{L}$ 是一个对角线元素全为 1 的下三角矩阵，这种矩阵称为单位下三角矩阵。$\boldsymbol{L}$ 的对角线以下元素就是各步消去的乘数。最后我们可以得到 $\boldsymbol{A}=\boldsymbol{L}\boldsymbol{U}$，其中 $\boldsymbol{L}$ 是一个单位下三角矩阵，$\boldsymbol{U}$ 是一个上三角矩阵。

定理 5.3　将矩阵 $\boldsymbol{A}$ 分解为一个下三角矩阵 $\boldsymbol{L}$ 和一个上三角矩阵 $\boldsymbol{U}$ 的乘积 $(\boldsymbol{A}=\boldsymbol{L}\boldsymbol{U})$，称为对矩阵 $\boldsymbol{A}$ 的 $\boldsymbol{LU}$ 分解或三角分解。当 $\boldsymbol{L}$ 是单位下三角矩阵时称为杜里克尔（Doolittle）分解，当 $\boldsymbol{U}$ 是单位上三角矩阵时称为克洛特（Crout）分解。

由上面的分析过程知，高斯消元法的实质是将系数矩阵分解为一个下三角矩阵和一个上三角矩阵相乘，即将系数矩阵进行 $\boldsymbol{LU}$ 分解。

在矩阵 $\boldsymbol{A}$ 的 $\boldsymbol{LU}$ 分解 $\boldsymbol{A}=\boldsymbol{LU}$ 中，将 $\boldsymbol{U}$ 写成 $\boldsymbol{U}=\boldsymbol{D}\overline{\boldsymbol{U}}$，其中 $\boldsymbol{D}$ 是对角矩阵，$\overline{\boldsymbol{U}}$ 是单位上三角矩阵，进一步记 $\overline{\boldsymbol{L}}=\boldsymbol{LD}$，它是一个下三角矩阵，这样有

$$\boldsymbol{A}=\boldsymbol{LU}=\boldsymbol{LD}\overline{\boldsymbol{U}}=(\boldsymbol{LD})\overline{\boldsymbol{U}}=\overline{\boldsymbol{L}}\,\overline{\boldsymbol{U}}$$

其中，$\overline{\boldsymbol{L}}$ 是一个下三角矩阵，$\overline{\boldsymbol{U}}$ 是单位上三角矩阵，此即 $\boldsymbol{A}$ 的克洛特分解。

在矩阵 $\boldsymbol{A}$ 的杜里克尔分解 $\boldsymbol{A}=\boldsymbol{LU}$ 中，将上三角矩阵 $\boldsymbol{U}$ 写成 $\boldsymbol{DU}$ 的形式，这里的 $\boldsymbol{D}$ 为对角阵，$\boldsymbol{U}$ 为单位上三角矩阵，这样得到 $\boldsymbol{A}=\boldsymbol{LDU}$，其中 $\boldsymbol{L}$ 为单位下三角矩阵，$\boldsymbol{D}$ 为对角阵，$\boldsymbol{U}$ 为单位上三角矩阵，称其为 $\boldsymbol{A}$ 的 $\boldsymbol{LDU}$ 分解。

定理 5.4 设非奇异矩阵 $\mathbf{A}\in\mathbf{R}^{n\times n}$，若其顺序主子式 $\Delta_i(i=1,\ \cdots,\ n-1)$ 都不等于 0，则存在唯一的单位下三角矩阵 $\boldsymbol{L}$ 和上三角矩阵 $\boldsymbol{U}$，使 $\boldsymbol{A}=\boldsymbol{LU}$。

证明：上面的分析过程已经说明了非奇异矩阵 $\boldsymbol{A}$ 可作 $\boldsymbol{LU}$ 分解，下面只需证明分解的唯一性。

设 $\boldsymbol{A}$ 有两个分解式 $\boldsymbol{A}=\boldsymbol{L}_1\boldsymbol{U}_1$ 和 $\boldsymbol{A}=\boldsymbol{L}_2\boldsymbol{U}_2$，其中 $\boldsymbol{L}_1$、$\boldsymbol{L}_2$ 都是单位下三角矩阵，$\boldsymbol{U}_1$，$\boldsymbol{U}_2$ 都是上三角矩阵，则有 $\boldsymbol{L}_1\boldsymbol{U}_1=\boldsymbol{L}_2\boldsymbol{U}_2$。因为 $\boldsymbol{A}$ 为非奇异矩阵，从而 $\boldsymbol{L}_1$、$\boldsymbol{L}_2$、$\boldsymbol{U}_1$、$\boldsymbol{U}_2$ 都可逆。故在 $\boldsymbol{L}_1\boldsymbol{U}_1=\boldsymbol{L}_2\boldsymbol{U}_2$ 两边同时左乘 $\boldsymbol{L}_1^{-1}$ 和右乘 $\boldsymbol{U}_2^{-1}$，这样得到 $\boldsymbol{U}_1\boldsymbol{U}_2^{-1}=\boldsymbol{L}_1^{-1}\boldsymbol{L}_2$。因为 $\boldsymbol{U}_2^{-1}$ 仍为上三角矩阵，故 $\boldsymbol{U}_1\boldsymbol{U}_2^{-1}$ 也是上三角矩阵，同理可得 $\boldsymbol{L}_1^{-1}\boldsymbol{L}_2$ 是单位下三角矩阵，结合 $\boldsymbol{U}_1\boldsymbol{U}_2^{-1}=\boldsymbol{L}_1^{-1}\boldsymbol{L}_2$ 知只可能 $\boldsymbol{U}_1\boldsymbol{U}_2^{-1}=\boldsymbol{L}_1^{-1}\boldsymbol{L}_2=\boldsymbol{I}$，即有 $\boldsymbol{L}_1=\boldsymbol{L}_2$，$\boldsymbol{U}_1=\boldsymbol{U}_2$。证毕。

可以证明，对于奇异矩阵 $\boldsymbol{A}\in\mathbf{R}^{n\times n}$ 依然满足定理 5.4。而且，从上面的推导过程可以看到，对 $\boldsymbol{A}$ 作 $\boldsymbol{LU}$ 分解时，其中的 $\boldsymbol{U}$ 为

$$\boldsymbol{U}=\begin{pmatrix} u_{11} & u_{12} & \cdots & u_{1n} \\ & u_{22} & \cdots & u_{2n} \\ & & \ddots & \cdots \\ & & & u_{nn} \end{pmatrix}=\begin{pmatrix} a_{11}^{(1)} & a_{12}^{(1)} & \cdots & a_{1n}^{(1)} \\ & a_{22}^{(2)} & \cdots & a_{2n}^{(2)} \\ & & \cdots & \cdots \\ & & & a_{nn}^{(n)} \end{pmatrix}$$

还可以验证 $\boldsymbol{A}$ 的顺序主子式为对应的 $\boldsymbol{L}$ 和 $\boldsymbol{U}$ 的顺序主子式的乘积，而 $\boldsymbol{A}$ 的 m 阶顺序主子式满足 $\Delta_m=u_{11}u_{22}\cdots u_{mm}$，$m=1,\ 2,\ \cdots,\ n$。

定理 5.5 非奇异矩阵 $\boldsymbol{A}\in\mathbf{R}^{n\times n}$ 有唯一的 $\boldsymbol{LDU}$ 分解的充分必要条件是 $\boldsymbol{A}$ 的顺序主子式 $\Delta_i(i=1,\ \cdots,\ n-1)$ 都不等于 0。

5.2 高斯主元素消元法

5.2.1 列主元高斯消元法

前文的消元过程中，未知量是按其出现于方程组中的自然顺序进行高斯消元的，所以又

叫顺序消元法（简称顺序消元法），实际上人们已经发现顺序消元法有很大的缺点。设用作除数的 $a_{kk}^{(k-1)}$ 为主元素，首先，消元过程中可能出现 $a_{kk}^{(k-1)}$ 为 0 的情况，此时消元过程无法进行下去；其次，如果主元素 $a_{kk}^{(k-1)}$ 很小，由于舍入误差和有效位数消失等因素，其本身常常有较大的相对误差，用其作除数，会导致其他元素数量级的严重增长和舍入误差的扩散，使得所求的解误差过大，以致失真。

视频 24：高斯主元素消去法

我们来看一个例子。假设有一方程组为

$$\begin{cases} 0.000\,1x_1 + 1.00x_2 = 1.00 \\ 1.00x_1 + 1.00x_2 = 2.00 \end{cases}$$

它的精确解为

$$x_1 = \frac{10\,000}{9\,999} \approx 1.000\,10$$

$$x_2 = \frac{9\,998}{9\,999} \approx 0.999\,90$$

用顺序消元法，第一步以 0.000 1 为主元素，从第二个方程中消 x_1 后可得

$$-10\,000x_2 = -10\,000,\ x_2 = 1.00$$

回代可得 $x_1 = 0.00$，显然这不是解。

造成这个现象的原因是：第一步中的主元素太小，使得消元后所得的三角方程组很不准确。

如果选第二个方程中 x_1 的系数 1.00 为主元素来消去第一个方程中的 x_1，则得出如下方程式

$$1.00\,x_1 = 1.00,\ x_1 = 1.00$$

这是真解的 3 位正确舍入值。

从上述例子中可以看出，在消元过程中适当选取主元素是十分必要的。

在列主元高斯消元法中，未知数仍然是按顺序消去的，但是是把各方程中要消去的那个未知数的系数按绝对值最大值作为主元素，然后用顺序消元法的公式求解。

例 5.1：用列主元高斯消元法求解方程 $\boldsymbol{Ax} = \boldsymbol{b}$，其中

$$\boldsymbol{A} = \begin{pmatrix} 0.01 & 2 & -0.5 \\ -1 & -0.5 & 2 \\ 5 & -4 & 0.5 \end{pmatrix},\ \boldsymbol{b} = \begin{pmatrix} -5 \\ 5 \\ 9 \end{pmatrix}$$

解　本题的精确解为 $\boldsymbol{x}^* = (0,\ -2,\ 2)^{\mathrm{T}}$，具体求解过程如下。

$$[\boldsymbol{A} \mid \boldsymbol{b}] = \left(\begin{array}{ccc|c} 0.01 & 2 & -0.5 & -5 \\ -1 & -0.5 & 2 & 5 \\ 5 & -4 & 0.5 & 9 \end{array}\right) \xrightarrow{r_1 \leftrightarrow r_3} \left(\begin{array}{ccc|c} 5 & -4 & 0.5 & 9 \\ -1 & -0.5 & 2 & 5 \\ 0.01 & 2 & -0.5 & -5 \end{array}\right)$$

$$\xrightarrow[r_3 - r_1 \times \frac{1}{500}]{r_2 + r_1 \times \frac{1}{5}} \left(\begin{array}{ccc|c} 5 & -4 & 0.5 & 9 \\ 0 & -1.3 & 2.10 & 6.80 \\ 0 & 2.01 & -0.501 & -5.02 \end{array}\right) \xrightarrow{r_2 \leftrightarrow r_3} \left(\begin{array}{ccc|c} 5 & -4 & 0.5 & 9 \\ 0 & 2.01 & -0.501 & -5.02 \\ 0 & -1.30 & 2.10 & 6.80 \end{array}\right)$$

$$\xrightarrow{r_3 + r_2 \times \frac{1.30}{2.01}} \left(\begin{array}{ccc|c} 5 & -4 & 0.5 & 9 \\ 0 & 2.01 & -0.501 & -5.02 \\ 0 & 0 & 1.78 & 3.55 \end{array}\right)$$

回代求解得：$x_3 = 3.55/1.78 = 1.990$，$x_2 = -2.000$，$x_1 = 0.001$（保留小数点后 3 位计算）。

5.2.2 全主元高斯消元法

在列主元高斯消元法的过程中，不是按列来选主元素，而是在 $\boldsymbol{A}^{(k)}$ 右下角的 $(n-k+1)$ 阶子阵中选主元素 $a_{i_k j_k}^{(k)}$，即 $|a_{i_k j_k}^{(k)}| = \max\limits_{\substack{k \leqslant i \leqslant n \\ k \leqslant j \leqslant n}} |a_{ij}^{(k)}|$，然后将 $[\boldsymbol{A}^{(k)} \mid \boldsymbol{b}^{(k)}]$ 的第 i_k 行与第 k 行、第 j_k 列与第 k 列交换，再进行消元运算。

全主元高斯消元法（完全主元消元法）比列主元高斯消元法运算量大得多，可以证明列主元高斯消元法的舍入误差一般比较小，在实际计算中多用列主元高斯消元法。

例 5.2：用列主元高斯消元法解方程组 $\boldsymbol{Ax} = \boldsymbol{b}$，计算过程取 5 位有效数字，其中

$$[\boldsymbol{A} \mid \boldsymbol{b}] = \left(\begin{array}{ccc|c} -0.002 & 2 & 2 & 0.4 \\ 1 & 0.78125 & 0 & 1.3816 \\ 3.996 & 5.5625 & 4 & 7.4178 \end{array}\right)$$

解

$$[\boldsymbol{A}^{(1)} \mid \boldsymbol{b}^{(1)}] = [\boldsymbol{A} \mid \boldsymbol{b}] = \left(\begin{array}{ccc|c} -0.002 & 2 & 2 & 0.4 \\ 1 & 0.78125 & 0 & 1.3816 \\ \boxed{3.996} & 5.5625 & 4 & 7.4178 \end{array}\right) a_{31}^{(1)} = 3.996$$

$$\xrightarrow{(r_1) \leftrightarrow (r_3)} \left(\begin{array}{ccc|c} 3.996 & 5.5625 & 4 & 7.4178 \\ 1 & 0.78125 & 0 & 1.3816 \\ -0.002 & 2 & 2 & 0.4 \end{array}\right)$$

$$\xrightarrow[(r_3 - l_{31} r_1) \to (r_3)]{(r_1 - l_{21} r_1) \to (r_2)} [\boldsymbol{A}^{(2)} \mid \boldsymbol{b}^{(2)}] = \left(\begin{array}{ccc|c} 3.996 & 5.5625 & 4 & 7.4178 \\ 0 & -0.61077 & -1.0010 & -0.47471 \\ 0 & \boxed{2.0028} & 2.0020 & 0.40371 \end{array}\right) a_{32}^{(2)} = 2.0028$$

$$\xrightarrow{(r_2) \leftrightarrow (r_3)} \left(\begin{array}{ccc|c} 3.996 & 5.5625 & 4 & 7.4178 \\ 0 & 2.0028 & 2.0020 & 0.40371 \\ 0 & -0.61077 & -1.0010 & -0.47471 \end{array}\right)$$

$$\xrightarrow{(r_3 - l_{32} r_2) \to (r_2)} [\boldsymbol{A}^{(3)} \mid \boldsymbol{b}^{(3)}] = \left(\begin{array}{ccc|c} 3.996 & 5.5625 & 4 & 7.4178 \\ 0 & 2.0028 & 2.0020 & 0.40371 \\ 0 & 0 & -0.39047 & -0.35159 \end{array}\right)$$

回代得

$$x_3 = 0.9004\,3,\ x_2 = -0.698\,50,\ x_1 = 1.927\,3$$

其精确解为

$$x = (1.927\,30,\ -0.698\,496,\ 0.900\,423)^{\mathrm{T}}$$

而用顺序高斯消元法，则解得

$$x = (1.930\,0,\ -0.686\,95,\ 0.888\,88)^{\mathrm{T}}$$

这个结果误差比较大，这是因为顺序高斯消元法的第 1 步中，$a_{11}^{(1)}$ 的绝对值比其他元素小很多。

5.3　高斯消元法的变形

5.3.1　*LU* 分解法

Ax*=*b 的高斯消元法相当于实现了 ***A*** 的三角分解，如果能直接从矩阵 ***A*** 的元素得到计算 ***L***、***U*** 的元素的公式，实现 ***A*** 的三角分解，而不需要任何中间步骤，那么求解 ***Ax*=*b*** 就等价于求解两个三角矩阵方程组，即：

视频 25：矩阵三角形分解法

（1）在方程 $\boldsymbol{Ly}=\boldsymbol{b}$ 中求 $\boldsymbol{y}$；

（2）在方程 $\boldsymbol{Ux}=\boldsymbol{y}$ 中求 $\boldsymbol{x}$。

下面来说明 ***L***、***U*** 的元素可以由 ***A*** 的元素直接计算确定。显然，由矩阵乘法

$$a_{1i} = u_{1i} \qquad (i = 1,\ 2,\ \cdots,\ n)$$

得到 ***U*** 的第一行元素；由 $a_{i1} = l_{i1}u_{11}$ 得

$$l_{i1} = \frac{a_{i1}}{u_{11}} \qquad (i = 1,\ 2,\ \cdots,\ n)$$

即 ***L*** 的第一列元素。设已经求出 ***U*** 的第 1 行至第 $(r-1)$ 行元素，***L*** 的第 1 列至第 $(r-1)$ 列元素，由矩阵乘法可得

$$a_{ri} = \sum_{k=1}^{n} l_{rk}u_{ki} = \sum_{k=1}^{r-1} l_{rk}u_{ki} + u_{ri} \qquad (l_{rk} = 0,\ r < k)$$

$$a_{ir} = \sum_{k=1}^{n} l_{ik}u_{kr} = \sum_{k=1}^{r-1} l_{ik}u_{kr} + l_{ir}u_{rr}$$

即可计算出 ***U*** 的第 r 行元素，***L*** 的第 r 列元素。

综上所述，可得到用直接三角分解法（*LU* 分解法）解 ***Ax*** = ***b*** 的计算公式。

$$u_{1i} = a_{1i} \qquad i = 1,\ 2,\ \cdots,\ n$$

$$l_{i1} = \frac{a_{i1}}{u_{11}} \qquad i = 1,\ 2,\ \cdots,\ n \tag{5.3.1}$$

对于 $r = 2,\ 3,\ \cdots,\ n$ 的计算公式如下。

计算 ***U*** 的第 r 行元素的公式为

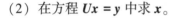

$$u_{ri}=a_{ri}-\sum_{k=1}^{r-1}l_{rk}u_{ki}\qquad(i=r,\ r+1,\ \cdots,\ n)\tag{5.3.2}$$

计算 $\boldsymbol{L}$ 的第 r 列元素（$r\neq n$）的公式为

$$l_{ir}=\frac{(a_{ir}-\sum_{k=1}^{r-1}l_{ik}u_{kr})}{u_{rr}}\qquad(i=r+1,\ \cdots,\ n)\tag{5.3.3}$$

$$\begin{cases}y_1=b\\ y_i=b_i-\sum_{k=1}^{i-1}l_{ik}y_k\qquad(i=2,\ 3,\ \cdots,\ n)\end{cases}\tag{5.3.4}$$

$$\begin{cases}x_n=\dfrac{y_n}{u_{nn}}\\ x_i=\left(y_i-\sum_{k=i+1}^{n}u_{ik}x_k\right)/u_{ii}\qquad(i=n-1,\ \cdots,\ 2,\ 1)\end{cases}\tag{5.3.5}$$

式（5.3.1）、（5.3.2）、（5.3.3）是矩阵 $\boldsymbol{A}$ 的 $\boldsymbol{LU}$ 分解公式，称为杜里克尔分解。同理，可推出矩阵 $\boldsymbol{A}=\boldsymbol{LU}$ 分解的另一种计算公式，其中，$\boldsymbol{L}$ 为下三角矩阵，$\boldsymbol{U}$ 为单位上三角矩阵，这种矩阵的分解公式称为矩阵的克洛特分解。

例 5.3：用直接三角分解法解如下方程。

$$\begin{pmatrix}1&2&3\\2&5&2\\3&1&5\end{pmatrix}\begin{pmatrix}x_1\\x_2\\x_3\end{pmatrix}=\begin{pmatrix}14\\18\\20\end{pmatrix}$$

解　设系数矩阵作了如下三角分解

$$\begin{pmatrix}1&2&3\\2&5&2\\3&1&5\end{pmatrix}=\begin{pmatrix}1&0&0\\l_{21}&1&0\\l_{31}&l_{32}&1\end{pmatrix}\begin{pmatrix}u_{11}&u_{12}&u_{13}\\0&u_{22}&u_{23}\\0&0&u_{33}\end{pmatrix}$$

根据矩阵乘法可得

$$1\times u_{11}=1\rightarrow u_{11}=1,\quad l_{21}u_{11}=2\rightarrow l_{21}=2$$

$$1\times u_{12}=2\rightarrow u_{12}=2,\quad l_{31}u_{11}=3\rightarrow l_{31}=3$$

$$1\times u_{13}=3\rightarrow u_{13}=3,\quad l_{21}u_{12}+u_{22}=5\rightarrow u_{22}=1$$

$$l_{31}u_{12}+l_{32}u_{22}=1\rightarrow l_{32}=-5,\quad l_{21}u_{13}+u_{23}=2\rightarrow u_{23}=-4$$

$$l_{31}u_{13}+l_{32}u_{23}+u_{33}=5\rightarrow u_{33}=-24$$

于是原方程组可表示为

$$\begin{pmatrix}1&0&0\\2&1&0\\3&-5&1\end{pmatrix}\begin{pmatrix}1&2&3\\0&1&-4\\0&0&-24\end{pmatrix}\begin{pmatrix}x_1\\x_2\\x_3\end{pmatrix}=\begin{pmatrix}14\\18\\20\end{pmatrix}$$

求解

$$\begin{pmatrix}1 & 0 & 0\\2 & 1 & 0\\3 & -5 & 1\end{pmatrix}\begin{pmatrix}y_1\\y_2\\y_3\end{pmatrix}=\begin{pmatrix}14\\18\\20\end{pmatrix}$$

得 $\boldsymbol{y}=(14,\ -10,\ -72)^{\mathrm{T}}$。

求解

$$\begin{pmatrix}1 & 2 & 3\\0 & 1 & -4\\0 & 0 & -24\end{pmatrix}\begin{pmatrix}x_1\\x_2\\x_3\end{pmatrix}=\begin{pmatrix}14\\-10\\-72\end{pmatrix}$$

得 $\boldsymbol{x}=(1,\ 2,\ 3)^{\mathrm{T}}$。

5.3.2　追赶法

在许多科学计算问题中，所要求解的方程组常常为三对角方程组，即

$$\boldsymbol{Ax}=\boldsymbol{f}$$

视频 26：追赶法

其中

$$\boldsymbol{A}=\begin{bmatrix}b_1 & c_1 & & & \\ a_2 & b_2 & c_2 & & \\ & \ddots & \ddots & \ddots & \\ & & \ddots & \ddots & c_{n-1}\\ & & & a_n & b_n\end{bmatrix},\quad \boldsymbol{f}=\begin{bmatrix}f_1\\f_2\\ \vdots\\ f_n\end{bmatrix}$$

并满足条件

$$\begin{cases}|b_1|>|c_1|>0\\ |b_i|\geqslant|a_i|+|c_i|,\ a_ic_i\neq 0,\ i=2,\ 3,\ \cdots,\ n-1\\ |b_n|>|a_n|>0\end{cases}$$

则称 $\boldsymbol{A}$ 为对角占优的三对角矩阵，对这种简单方程可通过对 $\boldsymbol{A}$ 的三角分解建立计算量更少的求解公式。现将 $\boldsymbol{A}$ 分解为下三角矩阵 $\boldsymbol{L}$ 及单位上三角矩阵 $\boldsymbol{U}$ 的乘积，即 $\boldsymbol{A}=\boldsymbol{LU}$（将三对角方程组化为两个两对解方程组的求解），其中

$$\boldsymbol{L}=\begin{bmatrix}\alpha_1 & & & \\ \gamma_2 & \alpha_2 & & \\ & \ddots & \ddots & \\ & & \gamma_n & \alpha_n\end{bmatrix},\quad \boldsymbol{U}=\begin{bmatrix}1 & \beta_1 & & \\ & 1 & \ddots & \\ & & \ddots & \beta_{n-1}\\ & & & 1\end{bmatrix}$$

直接用矩阵乘法公式可得

$$b_1=\alpha_1,\ c_1=\alpha_1\beta_1\rightarrow\beta_1=\frac{c_1}{b_1}$$

$$\begin{cases}\gamma_i = a_i, & i = 2, 3, \cdots, n \\ b_1 = \alpha_1, \ b_i = \alpha_i + \gamma_i\beta_{i-1}, & i = 2, 3, \cdots, n \\ c_i = \alpha_i\beta_i, & i = 1, 2, \cdots, n-1\end{cases}$$

于是有

$$\begin{cases}\gamma_i = a_i, \ i = 2, 3, \cdots, n \\ \alpha_1 = b_1, \ \alpha_i = b_i - a_i\beta_{i-1}, \ i = 2, 3, \cdots, n \\ \beta_i = \dfrac{c_i}{\alpha_i}, \ i = 1, 2, \cdots, n-1\end{cases} \quad 或 \quad \begin{cases}\gamma_i = a_i, \ i = 2, 3, \cdots, n \\ \beta_1 = \dfrac{c_1}{b_1}, \ \beta_i = \dfrac{c_i}{b_i - a_i\beta_{i-1}}, \ i = 2, \cdots, n \\ \alpha_1 = b_1, \ \alpha_i = b_i - a_i\beta_{i-1}, \ i = 2, \cdots, n\end{cases}$$

由此可见将 $\boldsymbol{A}$ 分解为 $\boldsymbol{L}$ 及 $\boldsymbol{U}$，只需计算 $\{\alpha_i\}$ 及 $\{\beta_i\}$ 两组数，然后解 $\boldsymbol{Ly} = \boldsymbol{f}$（三对角方程组），计算公式为

$$y_1 = \frac{f_1}{\alpha_1}, \ y_i = \frac{f_i - \alpha_i y_{i-1}}{\alpha_i} \qquad (i = 2, 3, \cdots, n)$$

再解 $\boldsymbol{Ux} = \boldsymbol{y}$ 则得

$$x_n = y_n, \ x_i = y_i - \beta_i x_{i+1} \qquad (i = n-1, \cdots, 1)$$

整个求解过程是先求 $\{\alpha_i\}$ 、$\{\beta_i\}$ 及 $\{y_i\}$，这时 $i = 1, 2, \cdots, n$，是"追"的过程；再求出 $\{x_i\}$，这时 $i = n, n-1, \cdots, 1$，是往回"赶"的过程，故求解方程组的整个过程称为追赶法。它只用 $(5n-4)$ 次乘除法运算，计算量只是 $O(n)$，而通常方程组求解计算量为 $O(n^3)$。追赶法是一种计算量少、数值稳定的好算法。

例 5.4：用追赶法求解线性方程组 $Ax = \boldsymbol{f}$。其中

$$A = \begin{pmatrix}1 & 1 & & \\ 1 & 2 & 1 & \\ & 1 & 3 & 2 \\ & & 2 & 1\end{pmatrix}, \ \boldsymbol{x} = \begin{pmatrix}x_1 \\ x_2 \\ x_3 \\ x_4\end{pmatrix}, \ \boldsymbol{f} = \begin{pmatrix}1 \\ 2 \\ 3 \\ 2\end{pmatrix}$$

解一 由 $\begin{pmatrix}1 & 1 & & \\ 1 & 2 & 1 & \\ & 1 & 3 & 2 \\ & & 2 & 1\end{pmatrix} = \begin{pmatrix}\alpha_1 & & & \\ \gamma_2 & \alpha_2 & & \\ & \gamma_3 & \alpha_3 & \\ & & \gamma_4 & \alpha_4\end{pmatrix}\begin{pmatrix}1 & \beta_1 & & \\ & 1 & \beta_2 & \\ & & 1 & \beta_3 \\ & & & 1\end{pmatrix}$ 得

$$\begin{pmatrix}1 & 1 & & \\ 1 & 2 & 1 & \\ & 1 & 3 & 2 \\ & & 2 & 1\end{pmatrix} = \begin{pmatrix}1 & & & \\ 1 & 1 & & \\ & 1 & 2 & \\ & & 2 & -1\end{pmatrix}\begin{pmatrix}1 & 1 & & \\ & 1 & 1 & \\ & & 1 & 1 \\ & & & 1\end{pmatrix}$$

令 $\begin{pmatrix}1 & 1 & & \\ & 1 & 1 & \\ & & 1 & 1 \\ & & & 1\end{pmatrix}x = y$，由 $\begin{pmatrix}1 & & & \\ 1 & 1 & & \\ & 1 & 2 & \\ & & 2 & -1\end{pmatrix}y = f$，得 $\begin{cases}y_1 = 1 \\ y_2 = 1 \\ y_3 = 1 \\ y_4 = 0\end{cases}$。

再由 $\begin{pmatrix} 1 & 1 & & \\ & 1 & 1 & \\ & & 1 & 1 \\ & & & 1 \end{pmatrix} x = y$，得 $\begin{cases} x_1 = 1 \\ x_2 = 0 \\ x_3 = 1 \\ x_4 = 0 \end{cases}$。

解二 令 $A = \begin{pmatrix} b_1 & c_1 & & \\ a_2 & b_2 & c_2 & \\ & a_3 & b_3 & c_3 \\ & & a_4 & b_4 \end{pmatrix} = \begin{pmatrix} \alpha_1 & & & \\ \gamma_2 & \alpha_2 & & \\ & \gamma_3 & \alpha_3 & \\ & & \gamma_4 & \alpha_4 \end{pmatrix} \begin{pmatrix} 1 & \beta_1 & & \\ & 1 & \beta_2 & \\ & & 1 & \beta_3 \\ & & & 1 \end{pmatrix}$

由 $\left.\begin{aligned} &\alpha_1 = b_1,\ \beta_1 = \frac{c_1}{\alpha_1} \\ &\gamma_i = a_i,\ \alpha_i = b_i - \gamma_i\beta_{i-1},\ i = 2,3,4 \\ &\beta_i = \frac{c_i}{\alpha_i} =,\ i = 2,3 \end{aligned}\right\}$ 得 $\begin{cases} \alpha_1 = 1 \beta_1 = 1 \\ \gamma_2 = 1 \alpha_2 = 2 - 1 \times 1 = 1 \beta_2 = 1 \\ \gamma_3 = 1 \alpha_3 = 3 - 1 \times 1 = 2 \beta_3 = 1 \\ \gamma_4 = 2 \alpha_4 = 1 - 2 \times 1 = -1 \end{cases}$

由 $\left.\begin{aligned} &y_1 = \frac{f_1}{b_1} \\ &y_i = \frac{f_i - a_i y_{i-1}}{b_i - a_i\beta_{i-1}} i = 2,3,4 \end{aligned}\right\}$ 得

$y_1 = 1$，$y_2 = \dfrac{2 - 1 \times 1}{2 - 1 \times 1} = 1$，$y_3 = \dfrac{3 - 1 \times 1}{3 - 1 \times 1} = 1$，$y_4 = \dfrac{2 - 2 \times 1}{1 - 2 \times 1} = 0$。

由 $\left.\begin{aligned} &x_4 = y_4 \\ &x_i = y_i - \beta_i x_{i+1} i = 3,2,1 \end{aligned}\right\}$ $x_4 = 0$，$x_3 = 1 - 1 \times 0 = 1$，$x_2 = 1 - 1 \times 1 = 0$，$x_1 = 1 - 1 \times 0 = 1$。

得方程组的解为 $\begin{pmatrix} 1 \\ 0 \\ 1 \\ 0 \end{pmatrix}$。

5.3.3 平方根法

在科学研究和工程技术的实际计算中遇到的线性代数方程组，其系数矩阵往往具有对称正定性。对于系数矩阵具有这种特殊性质的方程组，上面介绍的直接三角分解法还可以简化为平方根法。下面讨论对称正定矩阵的三角分解。

视频 27：平方根法

定理 5.6 如果 $\boldsymbol{A}$ 为对称正定矩阵，则存在一个实的非奇异下三角矩阵 $\boldsymbol{L}_1$，使 $\boldsymbol{A} = \boldsymbol{L}_1\boldsymbol{L}_1^{\mathrm{T}}$，且当限定 $\boldsymbol{L}_1$ 的对角元素为正数时，这种分解是唯一的。（对称正定矩阵的三角分解或楚列斯基分解）

证明：由 $\boldsymbol{A}$ 的对称正定性，则 $\boldsymbol{A}$ 的顺序主子式 $\Delta_k \neq 0(k=1, 2, \cdots, n)$，总存在唯一的 $\boldsymbol{LU}$ 分解，即 $\boldsymbol{A}=\boldsymbol{LU}$。为了利用 $\boldsymbol{A}$ 的对称性，将 $\boldsymbol{U}$ 再分解，即

$$\boldsymbol{U}=\begin{pmatrix} u_{11} & & & \\ & u_{22} & & \\ & & \ddots & \\ & & & u_{nn} \end{pmatrix}\begin{pmatrix} 1 & \frac{u_{12}}{u_{11}} & \cdots & \frac{u_{1n}}{u_{11}} \\ & \ddots & \ddots & \vdots \\ & & \ddots & \frac{u_{n-1,\ n}}{u_{n-1,\ n-1}} \\ & & & 1 \end{pmatrix}=\boldsymbol{DU}_0$$

即 $\boldsymbol{A}=\boldsymbol{LU}=\boldsymbol{LDU}_0$。又 $\boldsymbol{A}=\boldsymbol{A}^{\mathrm{T}}=\boldsymbol{U}_0^{\mathrm{T}}(\boldsymbol{DL}^{\mathrm{T}})$，由分解的唯一性即得 $\boldsymbol{U}_0^{\mathrm{T}}=\boldsymbol{L}$，从而

$$\boldsymbol{A}=\boldsymbol{LDL}^{\mathrm{T}}$$

设 $\boldsymbol{D}=\mathrm{diag}(d_1, d_2, \cdots, d_n)$，因为是正定矩阵，所以 $d_j>0$(其中 $j=1, 2, \cdots, n$)。

现设 $\boldsymbol{D}^{\frac{1}{2}}=\mathrm{diag}(\sqrt{d_1}, \sqrt{d_2}, \cdots, \sqrt{d_n})$

注意，在这里将 $\boldsymbol{D}^{\frac{1}{2}}$ 的对角元素全取为正数，即

$$D=\begin{pmatrix} d_1 & & & \\ & d_2 & & \\ & & \ddots & \\ & & & d_n \end{pmatrix}=\begin{pmatrix} \sqrt{d_1} & & & \\ & \sqrt{d_2} & & \\ & & \ddots & \\ & & & \sqrt{d_n} \end{pmatrix}\begin{pmatrix} \sqrt{d_1} & & & \\ & \sqrt{d_2} & & \\ & & \ddots & \\ & & & \sqrt{d_n} \end{pmatrix}$$

则

$$\boldsymbol{A}=\boldsymbol{LDL}^{\mathrm{T}}=\boldsymbol{LD}^{\frac{1}{2}}\boldsymbol{D}^{\frac{1}{2}}\boldsymbol{L}^{\mathrm{T}}=(\boldsymbol{LD}^{\frac{1}{2}})(\boldsymbol{LD}^{\frac{1}{2}})^{\mathrm{T}}=\boldsymbol{L}_1\boldsymbol{L}_1^{\mathrm{T}}$$

其中，$\boldsymbol{L}_1=\boldsymbol{LD}^{\frac{1}{2}}$，显然是对角元素全为正数的非奇异下三角矩阵。

由于分解式 $\boldsymbol{A}=\boldsymbol{LDL}^{\mathrm{T}}$ 是唯一的，又限定 $\boldsymbol{D}^{\frac{1}{2}}$ 的对角元素为正数，从而分解 $\boldsymbol{D}=\boldsymbol{D}^{\frac{1}{2}}\cdot\boldsymbol{D}^{\frac{1}{2}}$ 是唯一的，所以说在限定 $\boldsymbol{L}$ 的对角元素皆为正数时，三角分解是唯一的。

对称正定矩阵 $\boldsymbol{A}$ 的三角分解 $\boldsymbol{A}=\boldsymbol{L}_1\boldsymbol{L}_1^{\mathrm{T}}$，又称 $\boldsymbol{LL}^{\mathrm{T}}$ 分解。那么，解线性代数方程组 $\boldsymbol{Ax}=\boldsymbol{b}$ 等价于解 $\boldsymbol{Ly}=\boldsymbol{b}$，$\boldsymbol{L}^{\mathrm{T}}\boldsymbol{x}=\boldsymbol{y}$。

下面给出用平方根法解线性代数方程组的公式。

(1) 对矩阵 $\boldsymbol{A}$ 进行楚列斯基（Cholesky）分解，即 $\boldsymbol{A}=\boldsymbol{LL}^{\mathrm{T}}$，由矩阵乘法可知，对于 $i=1, 2, \cdots, n$ 的计算公式为

$$l_{ii}=\left(a_{ii}-\sum_{k=1}^{i-1}l_{ik}^2\right)^{\frac{1}{2}} \tag{5.3.6}$$

$$l_{ij}=\left(a_{ij}-\sum_{k=1}^{j-1}l_{ik}l_{kj}\right)/l_{jj} \qquad (j=1, 2, \cdots, i-1) \tag{5.3.7}$$

(2) 求解下三角方程组 $\boldsymbol{Ly}=\boldsymbol{b}$ 的公式为

$$y_i=\left(b_i-\sum_{k=1}^{i-1}l_{ik}y_k\right)/l_{ii} \qquad (i=1, 2, \cdots, n) \tag{5.3.8}$$

(3) 求解 $\boldsymbol{L}^{\mathrm{T}}\boldsymbol{x}=\boldsymbol{y}$ 的公式为

$$x_i=\left(y_i-\sum_{k=i+1}^{n}l_{ki}x_k\right)/l_{ii}\qquad(i=n,\ n-1,\ \cdots,\ 1)\tag{5.3.9}$$

由于此法要将矩阵 $\boldsymbol{A}$ 作 $\boldsymbol{LL}^{\mathrm{T}}$ 三角分解，且在分解过程中含有开方运算，故称该方式为 $\boldsymbol{LL}^{\mathrm{T}}$ 分解法或平方根法。

由于 $\boldsymbol{L}^{\mathrm{T}}$ 是 $\boldsymbol{L}$ 的转置矩阵，所以计算量只是一般直接三角分解的一半多一点。另外，由于 $\boldsymbol{A}$ 的对称性，计算过程只用到矩阵 $\boldsymbol{A}$ 的下三角部分的元素，而且一旦求出 l_{ij} 后，a_{ij} 就不需要了，所以 $\boldsymbol{L}$ 的元素可以存贮在 $\boldsymbol{A}$ 的下三角部分相应元素的位置，这样存贮量就大大节省了，在计算机上进行计算时，只需用一维数组 $\boldsymbol{A}\left[\dfrac{n\ (n+1)}{2}\right]$ 对应存放 $\boldsymbol{A}$ 的对角线以下部分相应元素。且由

$$a_{ii}=\sum_{k=1}^{i-1}l_{ik}^2$$

可知 $|l_{ik}|\leqslant\sqrt{a_{ii}}\,(k=1,\ 2,\ \cdots,\ n$ 且 $i=1,\ 2,\ \cdots,\ n)$。

这表明 $\boldsymbol{L}$ 中元素的绝对值一般不会很大，所以计算是稳定的，这是楚列斯基分解的又一个优点；其缺点是需要进行一些开方运算。

5.4　向量和矩阵的范数

为了讨论线性方程组近似解的误差估计与研究解方程组迭代法的收敛性，需要比较误差向量的“大小”或“长度”。此时要引进某种度量，即向量范数概念。

5.4.1　向量的范数

下面给出 n 维空间中向量范数的概念。

定义 5.1　设 $\boldsymbol{X}=(x_1,\ x_2,\ \cdots,\ x_n)^{\mathrm{T}}\in\mathbf{R}^n$，$\|X\|$ 表示定义在 $\mathbf{R}^n$ 上的一个实值函数，称之为 $\boldsymbol{X}$ 的范数，它具有下列性质：

(1) 非负性：即对一切 $\boldsymbol{X}\in\mathbf{R}^n$，$\boldsymbol{X}\neq0$，$\|\boldsymbol{X}\|>0$；

(2) 齐次性：即对任何实数 $a\in\mathbf{R}$，$\boldsymbol{X}\in\mathbf{R}^n$，有

$$\|a\boldsymbol{X}\|=|a|\cdot\|\boldsymbol{X}\|$$

(3) 三角不等式：即对任意两个向量 $\boldsymbol{X}$、$\boldsymbol{Y}\in\mathbf{R}^n$，恒有 $\|\boldsymbol{X}+\boldsymbol{Y}\|\leqslant\|\boldsymbol{X}\|+\|\boldsymbol{Y}\|$。

下面给出 3 个常用的范数。设 $\boldsymbol{X}=(x_1,\ x_2,\ \cdots,\ x_n)^{\mathrm{T}}$，则有

(1) 向量的 1-范数：$\|\boldsymbol{X}\|_1=|x_1|+|x_2|+\cdots+|x_n|$；

(2) 向量的 2-范数：$\|\boldsymbol{X}\|_2=\sqrt{\boldsymbol{X}^{\mathrm{T}}\boldsymbol{X}}=\sqrt{x_1^2+x_2^2+\cdots+x_n^2}$；

(3) 向量的无穷-范数：$\|\boldsymbol{X}\|_\infty=\max\limits_{1\leqslant i\leqslant n}|x_i|$。

不难验证，上述 3 种范数都满足定义的条件。

例 5.5：计算向量 $\boldsymbol{x}=(3,\ 1,\ -2)$ 的各种范数。

解 $\|\boldsymbol{x}\|_1=6$，$\|\boldsymbol{x}\|_2=\sqrt{14}$，$\|\boldsymbol{x}\|_\infty=3$。

定理 5.7 在 $\mathbf{R}^n$ 上定义的任一向量范数 $\|\boldsymbol{X}\|$ 都与范数 $\|\boldsymbol{X}\|_1$ 等价，即存在正数 M 与 $m(M>m)$ 对一切 $\boldsymbol{X}\in\mathbf{R}^n$，不等式

$$m\|\boldsymbol{X}\|_1\leqslant\|\boldsymbol{X}\|\leqslant M\|\boldsymbol{X}\|_1$$

成立。

证明：设 $\boldsymbol{\xi}\in\mathbf{R}^n$，则 $\boldsymbol{\xi}$ 的连续函数 $\|\boldsymbol{\xi}\|$ 在有界闭区域 $\boldsymbol{G}\{\boldsymbol{\xi}\mid\|\boldsymbol{\xi}\|_1=1\}$（单位球面）上有界，且一定能达到最大值及最小值。设其最大值为 M，最小值为 m，则有

$$m\leqslant\|\xi\|\leqslant M\qquad \boldsymbol{\xi}\in\mathbf{R}^n \tag{5.4.1}$$

考虑到 $\|\boldsymbol{\xi}\|$ 在 $\boldsymbol{G}$ 上大于 0，故 $m>0$。

设 $\boldsymbol{X}\in\mathbf{R}^n$ 为任意非零向量，则

$$\frac{\boldsymbol{X}}{\|\boldsymbol{X}\|_1}\in\boldsymbol{G}$$

代入式（5.4.1）得

$$m\leqslant\left\|\frac{\boldsymbol{X}}{\|\boldsymbol{X}\|_1}\right\|\leqslant M$$

所以 $m\|\boldsymbol{X}\|_1\leqslant\|\boldsymbol{X}\|\leqslant M\|\boldsymbol{X}\|_1$，证明完毕。

后面研究迭代法解线性方程组时，需要讨论算法的收敛性。为此，先给出算法产生的迭代点列收敛的概念。

定义 5.2 设 $\boldsymbol{x}^{(k)}=(x_1^{(k)},\ \cdots,\ x_n^{(k)})\in\mathbf{R}^n$，$\boldsymbol{x}^*=(x_1^*,\ \cdots,\ x_n^*)\in\mathbf{R}^n$，若 $\lim\limits_{k\to\infty}x_i^{(k)}=x_i^*$，$i=1,\ 2,\ \cdots,\ n$，则称点列 $\{\boldsymbol{x}^{(k)}\}$ 收敛于 $\boldsymbol{x}^*$，并记作 $\lim\limits_{k\to\infty}\boldsymbol{x}^{(k)}=\boldsymbol{x}^*$。

定理 5.8 向量序列 $\{\boldsymbol{x}^{(k)}\}$ 依坐标收敛于 $\boldsymbol{x}^*$ 的充分条件是

$$\lim_{k\to\infty}\|\boldsymbol{x}^{(k)}-\boldsymbol{x}^*\|=0$$

即，如果一个向量序列 $\{\boldsymbol{x}^{(k)}\}$ 与向量 $\boldsymbol{x}^*$ 满足上式，就说向量序列 $\{\boldsymbol{x}^{(k)}\}$ 依范数收敛于 $\boldsymbol{x}^*$。

5.4.2 矩阵的范数

定义 5.3 如果矩阵空间 $\mathbf{R}^{n\times n}$ 上的某个非负实值函数 $N(\boldsymbol{A})=\|\boldsymbol{A}\|$ 满足以下条件。

（1）正定性：$\|\boldsymbol{A}\|\geqslant\mathbf{0}$，且 $\|\boldsymbol{A}\|=0$，等价于 $\boldsymbol{A}=\mathbf{0}$；

（2）齐次性：$\|c\boldsymbol{A}\|=|c|\,\|\boldsymbol{A}\|$，$c$ 为任意实数；

（3）三角不等式：$\|\boldsymbol{A}+\boldsymbol{B}\|\leqslant\|\boldsymbol{A}\|+\|\boldsymbol{B}\|$；

（4）相容性：$\|\boldsymbol{A}\boldsymbol{x}\|\leqslant\|\boldsymbol{A}\|\,\|\boldsymbol{x}\|$，$\|\boldsymbol{A}\boldsymbol{B}\|\leqslant\|\boldsymbol{A}\|\,\|\boldsymbol{B}\|$。

则称 $N(\boldsymbol{A})$ 为 $\mathbf{R}^{n\times n}$ 上的一个矩阵范数。

定义 5.4 设 $\boldsymbol{A}$ 为 n 阶矩阵，$\mathbf{R}^n$ 中已定义了向量范数 $\|\cdot\|$，则称

$$\| A \| = \max_{\substack{x \in \mathbf{R}^n \\ x \neq \mathbf{R}}} \frac{\| Ax \|}{\| x \|}$$

为矩阵 A 的范数或模，记为 $\| A \|$。

常用的矩阵范数如下。

（1）行范数，$\| A \|_\infty = \max\limits_{1 \leqslant i \leqslant n} \sum\limits_{j=1}^{n} |a_{ij}|$；

（2）列范数，$\| A \|_1 = \max\limits_{1 \leqslant j \leqslant n} \sum\limits_{i=1}^{n} |a_{ij}|$；

（3）谱范数，$\| A \|_2 = \sqrt{\lambda_{\max}(A^{\mathrm{T}}A)}$，其中 $\lambda_{\max}(A^{\mathrm{T}}A)$ 表示 $A^{\mathrm{T}}A$ 的最大特征值。

例 5.6：已知矩阵 $A = \begin{pmatrix} 2 & -1 \\ 2 & 2 \end{pmatrix}$，求矩阵 A 的 3 种常用范数。

解　依题意可得

$$\| A \|_\infty = \max_i \sum_{j=1}^{2} |a_{ij}| = 4, \quad \| A \|_1 = \max_j \sum_{i=1}^{n} |a_{ij}| = 4$$

$$A^{\mathrm{T}}A = \begin{pmatrix} 2 & 2 \\ -1 & 2 \end{pmatrix} \begin{pmatrix} 2 & -1 \\ 2 & 2 \end{pmatrix} = \begin{pmatrix} 8 & 2 \\ 2 & 5 \end{pmatrix}$$

$$|A^{\mathrm{T}}A - \lambda I| = \begin{vmatrix} 8-\lambda & 2 \\ 2 & 5-\lambda \end{vmatrix} = \lambda^2 - 13\lambda + 36 = (\lambda - 4)(\lambda - 9)$$

$$\| A \|_2 = \sqrt{\lambda_1} = \sqrt{9} = 3$$

定义 5.5　设 $A \in \mathbf{R}^{n \times n}$ 的特征值为 $\lambda_i (i = 1, 2, \cdots, n)$，称 $\rho(A) = \max\limits_{1 \leqslant i \leqslant n} |\lambda_i|$ 为 A 的谱半径。

定理 5.9　设 $A \in \mathbf{R}^{n \times n}$，则 $\rho(A) \leqslant \| A \|$，即 A 的谱半径不超过 A 的任何一种范数。

证明：设 λ 是 A 的任一特征值，x 为相应的特征向量，则 $Ax = \lambda x$，则 $|\lambda| \| x \| = \| \lambda x \| = \| Ax \| \leqslant \| A \| \| x \|$，即 $|\lambda| \leqslant \| A \|$。

定理 5.10　如果 $A \in \mathbf{R}^{n \times n}$ 为对称矩阵，则 $\| A \|_2 = \rho(A)$。

5.5 误差分析

考虑线性方程组 $Ax = b$，其中 $A \in \mathbf{R}^{n \times n}$ 为非奇异矩阵，$b \neq \mathbf{0}$。

前面在进行误差分析时，有时研究近似公式的误差对结果的影响，有时研究舍入误差对解的影响。本节不考虑求解过程中的舍入误差，仅考虑当线性方程组的系数矩阵或右端项有舍入误差时，这些误差对方程组解的影响。

5.5.1 误差估计

（1）假设系数矩阵 A 精确，讨论右端项 b 的误差对方程组解的影响。

设 $\delta\boldsymbol{b}$ 为 $\boldsymbol{b}$ 的误差，而相应的解的误差是 $\delta\boldsymbol{x}$，则有

$$\boldsymbol{A}(\boldsymbol{x}+\delta\boldsymbol{x})=\boldsymbol{b}+\delta\boldsymbol{b}$$

所以

$$\delta\boldsymbol{x}=\boldsymbol{A}^{-1}\delta\boldsymbol{b}$$

$$\|\delta\boldsymbol{x}\| \leqslant \|\boldsymbol{A}^{-1}\| \cdot \|\delta\boldsymbol{b}\|$$

但 $\|\boldsymbol{b}\|=\|\boldsymbol{A}\boldsymbol{x}\| \leqslant \|\boldsymbol{A}\| \cdot \|\boldsymbol{x}\|$，所以 $\|\delta\boldsymbol{x}\| \cdot \|\boldsymbol{b}\| \leqslant \|\boldsymbol{A}^{-1}\| \|\delta\boldsymbol{b}\| \|\boldsymbol{A}\| \cdot \|\boldsymbol{x}\| = \|\boldsymbol{A}\| \|\boldsymbol{A}^{-1}\| \|\boldsymbol{x}\| \|\delta\boldsymbol{b}\|$

当 $\boldsymbol{b}\neq\boldsymbol{0}$，$\boldsymbol{x}\neq\boldsymbol{0}$ 时，有

$$\frac{\|\delta\boldsymbol{x}\|}{\|\boldsymbol{x}\|} \leqslant \|\boldsymbol{A}\| \|\boldsymbol{A}^{-1}\| \frac{\|\delta\boldsymbol{b}\|}{\|\boldsymbol{b}\|}$$

即解 $\boldsymbol{x}$ 的相对误差是初始数据 $\boldsymbol{b}$ 相对误差的 $\|\boldsymbol{A}\| \|\boldsymbol{A}^{-1}\|$ 倍。

(2) 假设右端 $\boldsymbol{b}$ 精确，系数矩阵 $\boldsymbol{A}$ 有误差，讨论 $\boldsymbol{A}$ 的误差对解的影响。

设矩阵 $\boldsymbol{A}$ 的误差为 $\delta\boldsymbol{A}$，而相应的解的误差为 $\delta\boldsymbol{x}$，则有

$$(\boldsymbol{A}+\delta\boldsymbol{A})(x+\delta\boldsymbol{x})=\boldsymbol{b}$$

设 $\boldsymbol{A}$ 及 $(\boldsymbol{A}+\delta\boldsymbol{A})$ 为非奇异矩阵（当 $\|\boldsymbol{A}^{-1}\delta\boldsymbol{A}\| < 1$ 时即可），则

$$\boldsymbol{A}\boldsymbol{x}+(\delta\boldsymbol{A})x+\boldsymbol{A}\delta\boldsymbol{x}+\delta\boldsymbol{A}\delta\boldsymbol{x}=\boldsymbol{b}$$

$$\boldsymbol{A}\delta\boldsymbol{x}=-(\delta\boldsymbol{A})\boldsymbol{x}-\delta\boldsymbol{A}\delta\boldsymbol{x}$$

$$\delta\boldsymbol{x}=-\boldsymbol{A}^{-1}(\delta\boldsymbol{A})\boldsymbol{x}-\boldsymbol{A}^{-1}\delta\boldsymbol{A}\delta\boldsymbol{x}$$

根据范数性质 $\|\delta\boldsymbol{x}\| \leqslant \|\boldsymbol{A}^{-1}\| \|\delta\boldsymbol{A}\| \|\boldsymbol{x}\| + \|\boldsymbol{A}^{-1}\| \|\delta\boldsymbol{A}\| \|\delta\boldsymbol{x}\|$，$(1-\|\boldsymbol{A}^{-1}\| \|\delta\boldsymbol{A}\|) \|\delta\boldsymbol{x}\| \leqslant \|\boldsymbol{A}^{-1}\| \|\delta\boldsymbol{A}\| \|\boldsymbol{x}\|$。于是有

$$\frac{\|\delta\boldsymbol{x}\|}{\|\boldsymbol{x}\|} \leqslant \frac{\|\boldsymbol{A}^{-1}\| \|\delta\boldsymbol{A}\|}{1-\|\boldsymbol{A}^{-1}\| \|\delta\boldsymbol{A}\|} = \frac{\|\boldsymbol{A}^{-1}\| \|\boldsymbol{A}\| \dfrac{\|\delta\boldsymbol{A}\|}{\|\boldsymbol{A}\|}}{1-\|\boldsymbol{A}^{-1}\| \|\boldsymbol{A}\| \dfrac{\|\delta\boldsymbol{A}\|}{\|\boldsymbol{A}\|}}$$

若 $\|\boldsymbol{A}^{-1}\| \|\boldsymbol{A}\| \dfrac{\|\delta\boldsymbol{A}\|}{\|\boldsymbol{A}\|}$ 很小，则 $\|\boldsymbol{A}^{-1}\| \|\boldsymbol{A}\|$ 表示相对误差的近似放大率。

定理 5.11 设 $\boldsymbol{A}\boldsymbol{x}=\boldsymbol{b}$，$\boldsymbol{A}$ 为非奇异矩阵，$\boldsymbol{b}\neq\boldsymbol{0}$，且 $\boldsymbol{A}$ 和 $\boldsymbol{b}$ 分别有误差 $\delta\boldsymbol{A}$ 和 $\delta\boldsymbol{b}$。若 $\boldsymbol{A}$ 的误差 $\delta\boldsymbol{A}$ 很小，使 $\|\boldsymbol{A}^{-1}\| \|\delta\boldsymbol{A}\| < 1$，则有

$$\frac{\|\delta\boldsymbol{x}\|}{\|\boldsymbol{x}\|} \leqslant \frac{\|\boldsymbol{A}^{-1}\| \|\boldsymbol{A}\|}{1-\|\boldsymbol{A}^{-1}\| \|\boldsymbol{A}\| \dfrac{\|\delta\boldsymbol{A}\|}{\|\boldsymbol{A}\|}}\left(\frac{\|\delta\boldsymbol{b}\|}{\|\boldsymbol{b}\|}+\frac{\|\delta\boldsymbol{A}\|}{\|\boldsymbol{A}\|}\right)$$

证明：考察产生误差后的方程组为 $(\boldsymbol{A}+\delta\boldsymbol{A})(\boldsymbol{x}+\delta\boldsymbol{x})=\boldsymbol{b}+\delta\boldsymbol{b}$，将 $\boldsymbol{A}\boldsymbol{x}=\boldsymbol{b}$ 代入上式，整理后有

$$\delta\boldsymbol{x}=\boldsymbol{A}^{-1}(\delta\boldsymbol{b})-\boldsymbol{A}^{-1}(\delta\boldsymbol{A})\boldsymbol{x}-\boldsymbol{A}^{-1}(\delta\boldsymbol{A})(\delta\boldsymbol{x})$$

将上式两端取范数，应用向量范数的三角不等式及矩阵和向量范数的相容性，有

$$\|\delta\boldsymbol{x}\| \leqslant \|\boldsymbol{A}^{-1}\| \|\delta\boldsymbol{b}\| + \|\boldsymbol{A}^{-1}\| \|\delta\boldsymbol{A}\| \|\boldsymbol{x}\| + \|\boldsymbol{A}^{-1}\| \|\delta\boldsymbol{A}\| \|\delta\boldsymbol{x}\|$$

整理后，得

$$(1-\|A^{-1}\|\|\delta A\|)\|\delta x\| \leqslant \|A^{-1}\|(\|\delta b\|+\|\delta A\|\|x\|)$$

由于 δA 足够小，使得 $\|A^{-1}\|\|\delta A\|<1$，所以 $\|\delta x\| \leqslant \dfrac{\|A^{-1}\|}{1-\|A^{-1}\|\|\delta A\|}(\|\delta b\|+\|\delta A\|\|x\|)$。

利用 $\dfrac{1}{\|x\|} \leqslant \dfrac{\|A\|}{\|b\|}$，得

$$\frac{\|\delta x\|}{\|x\|} \leqslant \frac{\|A^{-1}\|\|A\|}{1-\|A^{-1}\|\|A\|\dfrac{\|\delta A\|}{\|A\|}}\left(\frac{\|\delta b\|}{\|b\|}+\frac{\|\delta A\|}{\|A\|}\right)$$

由该定理可知，b 及 A 有微小改动时，数 $\|A^{-1}\|\|A\|$ 可标志着方程组解 x 的敏感程度。解 x 的相对误差可能随 $\|A^{-1}\|\|A\|$ 的增大而增大。所以系数矩阵 A 描述了线性代数方程组的性态。

5.5.2　矩阵的条件数

定义 5.5　设 A 为 n 阶非奇异矩阵，则称数 $\|A^{-1}\|\|A\|$ 为矩阵 A 的条件数，记为 $\text{cond}(A)$。

条件数有下列性质是很容易证明的：

（1）$\text{cond}(A) \geqslant 1$；

（2）$\text{cond}(kA)=\text{cond}(A)$，$k$ 为非零常数；

（3）若 $\|A\|=1$，则 $\text{cond}(A)=\|A^{-1}\|$。

当 $\text{cond}(A)$ 相对大时，称方程组 $Ax=b$ 为病态的，否则称为良态的。若方程组为病态的，则求解过程中的舍入误差对解会有严重的影响。应该注意的是：所谓矩阵是病态的，是针对解线性方程组（包括求逆矩阵）而言的。譬如对于矩阵的加法运算，$\|A^{-1}\|\|A\|$ 的大小对结果的精确性就没有直接影响。

例如：对方程组

$$\begin{pmatrix}1.001 & 0.25\\ 0.25 & 0.0625\end{pmatrix}\begin{pmatrix}x_1\\ x_2\end{pmatrix}=\begin{pmatrix}1.501\\ 0.375\end{pmatrix}$$

其解 $X^*=(1,\ 2)^T$，但是如果把系数及右端取成近似数，比如：

$$\begin{pmatrix}1 & 0.25\\ 0.25 & 0.063\end{pmatrix}\begin{pmatrix}x_1\\ x_2\end{pmatrix}=\begin{pmatrix}1.5\\ 0.37\end{pmatrix}$$

则其解为 $\bar{X}=(4,\ -10)^T$。系数及右端绝对误差最大变化为 $\dfrac{1}{2}\times 10^{-2}$，而解的变化却较大。以下看条件数

$$A=\begin{pmatrix}1.001 & 0.25\\ 0.25 & 0.0625\end{pmatrix},\ A^{-1}=\begin{pmatrix}1\,000 & -4\,000\\ -4\,000 & 16\,016\end{pmatrix}$$

因为

$$\|A\|_\infty = 1.251, \quad \|A^{-1}\|_\infty = 20\,016$$

所以 cond（A）= 25 040，表明所给的方程组是病态的。

5.5.3 解的误差分析

如何判断矩阵的病态是一个非常困难的问题。虽然矩阵的条件数可以定量反映矩阵是否病态，但逆矩阵的范数很难求得，导致求条件数实际上难以实现。通常依照经验判断矩阵是否病态，若出现以下情况，则病态的可能性较大：

（1）用列主元高斯消元法时，出现绝对值很小的主元素；

（2）系数矩阵行列式的绝对值很小或很大；

（3）系数矩阵元素的量级差别很大；

（4）系数矩阵的行列式几乎线性相关。

线性方程组解的误差是由两方面原因产生的：一是输入数据的误差；二是计算过程中的舍入误差。下面的定理给出了解的误差的一种度量。

定理 5.12 设 $\boldsymbol{Ax}=\boldsymbol{b}$，$\boldsymbol{A}$ 为非奇异矩阵，$\boldsymbol{b}\neq\boldsymbol{0}$，$\boldsymbol{x}$ 为方程组的精确解，$\bar{\boldsymbol{x}}$ 为求得的近似解，其剩余向量为 $\boldsymbol{r}=\boldsymbol{b}-\boldsymbol{A}\bar{\boldsymbol{x}}$，则有误差估计

$$\frac{\|\boldsymbol{x}-\bar{\boldsymbol{x}}\|}{\|\boldsymbol{x}\|} \leqslant \mathrm{cond}(\boldsymbol{A})\frac{\|\boldsymbol{r}\|}{\|\boldsymbol{b}\|}$$

证明：由 $\boldsymbol{Ax}=\boldsymbol{b}$，得 $\|\boldsymbol{b}\| \leqslant \|\boldsymbol{A}\|\,\|\boldsymbol{x}\|$，即 $\dfrac{1}{\|\boldsymbol{x}\|} \leqslant \dfrac{\|\boldsymbol{A}\|}{\|\boldsymbol{b}\|}$，则有

$$\boldsymbol{A}(\boldsymbol{x}-\bar{\boldsymbol{x}})=\boldsymbol{Ax}-\boldsymbol{A}\bar{\boldsymbol{x}}=\boldsymbol{b}-\boldsymbol{A}\bar{\boldsymbol{x}}=\boldsymbol{r}$$

$$\boldsymbol{x}-\bar{\boldsymbol{x}}=\boldsymbol{A}^{-1}\boldsymbol{r}$$

$$\|\boldsymbol{x}-\bar{\boldsymbol{x}}\| \leqslant \|\boldsymbol{A}^{-1}\|\,\|\boldsymbol{r}\|$$

所以

$$\frac{\|\boldsymbol{x}-\bar{\boldsymbol{x}}\|}{\|\boldsymbol{x}\|} \leqslant \frac{\|\boldsymbol{A}^{-1}\|\,\|\boldsymbol{A}\|\,\|\boldsymbol{r}\|}{\|\boldsymbol{b}\|}=\mathrm{cond}(\boldsymbol{A})\frac{\|\boldsymbol{r}\|}{\|\boldsymbol{b}\|}$$

从上述误差估计式可以看出，当系数矩阵的条件数很大时，即使剩余向量 $\boldsymbol{r}$ 的范数很小，也不能保证解的相对误差很小。

当系数矩阵的条件数不太大时，用下面的方法可以提高解的精度。

设 $\boldsymbol{x}_1$ 是方程组 $\boldsymbol{Ax}=\boldsymbol{b}$ 的近似解，$\boldsymbol{r}_1$ 是剩余向量，$\boldsymbol{r}_1=\boldsymbol{b}-\boldsymbol{Ax}_1$，解方程组 $\boldsymbol{Ad}=\boldsymbol{r}_1$ 得解 $\boldsymbol{d}_1$。取 $\boldsymbol{x}_2=\boldsymbol{x}_1+\boldsymbol{d}_1$，如果 $\boldsymbol{d}_1$ 是 $\boldsymbol{Ad}=\boldsymbol{r}_1$ 的精确解，则

$$\boldsymbol{Ax}_2=\boldsymbol{A}(\boldsymbol{x}_1+\boldsymbol{d}_1)=(\boldsymbol{b}-\boldsymbol{r}_1)+\boldsymbol{r}_1=\boldsymbol{b}$$

这说明 $\boldsymbol{x}_2$ 是原方程组的精确解。但由于 $\boldsymbol{Ad}=\boldsymbol{r}_1$ 难以精确求解，所以 $\boldsymbol{x}_2$ 也不精确，$\boldsymbol{x}_2$ 是 $\boldsymbol{x}_1$ 的改进。将 $\boldsymbol{x}_2$ 作为 $\boldsymbol{x}_1$ 继续上述步骤，具体算法步骤如下。

给定 $\varepsilon>0$，置 $k=1$。

第 1 步：对 $\boldsymbol{A}$ 进行 $\boldsymbol{LU}$ 分解。

第 2 步：解 $\boldsymbol{Ly}=\boldsymbol{b}$，$\boldsymbol{Ux}=\boldsymbol{y}$ 得 $\boldsymbol{x}^{(k)}$。

第 3 步：计算剩余向量 $\boldsymbol{r}^{(k)}=\boldsymbol{b}-\boldsymbol{A}\boldsymbol{x}^{(k)}$ 。

第 4 步：解 $\boldsymbol{L}y=\boldsymbol{r}^{(k)}$，$\boldsymbol{U}\boldsymbol{x}=y$ 得 $\bar{\boldsymbol{x}}$，并修正解 $\boldsymbol{x}^{(k+1)}=\boldsymbol{x}^{(k)}+\bar{\boldsymbol{x}}$ 。

第 5 步：如果 $\dfrac{\|\bar{\boldsymbol{x}}\|}{\|\boldsymbol{x}^{(k+1)}\|}<\varepsilon$，则结束，输出解 $\boldsymbol{x}^{(k+1)}$；否则，置 $k=k+1$，转入第 3 步继续计算。

5.6　MATLAB 主要程序

程序一　用高斯消元法解线性方程组 $AX=b$

```
function [RA, RB, n, X] =gaus (A, b)
% 输入的量：系数矩阵 A 和常系数向量 b;
% 输出的量：系数矩阵 A 和增广矩阵 B 的秩 RA, RB, 方程组中未知量的个数 n 和有关方程组解 X 及其解的信息。
 B= [A b]; n=length (b); RA=rank (A);
 RB=rank (B); zhica=RB-RA;
 if zhica>0
   disp ('请注意：因为 RA~=RB, 所以此方程组无解。')
   return
 end
 if RA==RB
   if RA==n
     disp ('请注意：因为 RA=RB=n, 所以此方程组有唯一解。')
     X=zeros (n, 1); C=zeros (1, n+1);
   for p=1: n-1
     for k=p+1: n
       m=B (k, p) /B (p, p); B (k, p: n+1) =B (k, p: n+1) -m* B (p, p: n+1);
     end
   end
     b=B (1: n, n+1); A=B (1: n, 1: n); X (n) =b (n) /A (n, n);
   for q=n-1: -1: 1
      X (q) = (b (q) -sum (A (q, q+1: n) *X (q+1: n) ) ) /A (q, q);
   end
```

```
  else
    disp ('请注意：因为 RA=RB<n，所以此方程组有无穷多解。')
  end
end
```

高斯消元法的 MATLAB 程序文件如下：

```
        clear;
         A = [0.101 2.304 3.555; -1.347 3.712 4.623; -2.835 1.072 
5.643];
        b= [1.183; 2.137; 3.035];
         [RA, RB, n, X] =gaus (A, b)
```

输出结果为：

```
请注意：因为 RA=RB=n，所以此方程组有唯一解。
RA=3
RB=3
n=3
X=-0.3982
    0.0138
    0.3351.
```

程序二　列主元高斯消元法

```
a=input ('请输入系数阵:');
b=input ('请输入常数项:');
n=length (b);
A= [a, b];
x=zeros (n, 1);% 初始值
for k=1: n-1
  if abs (A (k, k) ) <10^(-4);% 判断是否选主元素
    y=1
else
  y=0;
end
  if y;    % 选主元素
    for i=k+1: n
      if abs (A (i, k) ) >abs (A (k, k) )
        p=i;
      else p=k;
```

```
      end
    end
    if p ~ =k;
      for j=k: n+1;
        s=A (k, j);
        A (k, j) =A (p, j);% 交换系数
        A (p, j) =s;
      end
      t=b (k);
      b (k) =b (p);% 交换常数项
      b (p) =t;
    end
  end
for i=k+1: n
  m (i, k) =A (i, k) /A (k, k); % 第k次消元
  for j=k+1: n
    A (i, j) =A (i, j) -A (k, j) *m (i, k);
  end
  b (i) =b (i) -m (i, k) *b (k);
end
end
x (n) =b (n) /A (n, n); % 回代
for i=n-1: -1: 1;
  s=0;
  for j=i+1: n;
    s=s+A (i, j) *x (j);
  end
    x (i) = (b (i) -s) /A (i, i)
end
```

列主元高斯消元法的 MATLAB 程序文件如下：

```
请输入系数阵：[10^(-5), 1; 2, 1]
请输入常数项：[1; 2]
y=
    1
x=
   0.5000
   1.0000
```

X= (0.5, 1)

程序三　*LU* 分解法

```
function LUDecomposition (A, n);% A 为方阵, n 为 A 的阶数
L=eye (n);% 令 L 开始为方阵
for i=1: n-1
  for j=i+1: n
    L (j, i) =A (j, i) /A (i, i);
    A (j,:) =A (j,:) - (A (j, i) /A (i, i) ) *A (i,:);
  end
end
U=A;% U 为 A 高斯分解后的点运阵
```

LU 分解法的 MATLAB 程序文件如下:

```
A= [2 2 2;4 7 7;6 18 22];
LUDecomposition (A, 3)
```

输出结果为:

```
U=
    2  2  2
    0  3  3
    0  0  4
L=
    1  0  0
    2  1  0
    3  4  1
```

程序四　*LU* 分解法求解方程组

```
function LU (A, b)% A 为系数矩阵, b 为右端项矩阵
[m, n] =size (A); % 初始化矩阵 A, b, L 和 U
n=length (b);
L=eye (n, n);
U=zeros (n, n);
U (1, 1: n) =A (1, 1: n); % 开始进行 LU 分解
L (2: n, 1) =A (2: n, 1) /U (1, 1);
```

```
for k=2: n
U (k, k: n) =A (k, k: n) -L (k, 1: k-1) *U (1: k-1, k: n);
L (k+1: n, k) = (A (k+1: n, k) -L (k+1: n, 1: k-1) *U (1: k-1,
k) ) /U (k, k);
end
L  % 输出 L 矩阵
U  % 输出 U 矩阵
y=zeros (n, 1); % 开始解方程组 Ux=y
y (1) =b (1);
for k=2: n
y (k) =b (k) -L (k, 1: k-1) *y (1: k-1);
end
x=zeros (n, 1);
x (n) =y (n) /U (n, n);
for k=n-1: -1: 1
x (k) = (y (k) -U (k, k+1: n) *x (k+1: n) ) /U (k, k);
end
for k=1: n
fprintf ('x [%d] =%f\n', k, x (k) );
end
```

MATLAB 程序文件：

```
A= [0 3 4;1 -1 1;2 1 2];
b= [1;2;3];
LU (A, b)
```

输出结果：

```
L=
    1  0  0
    2  1  0
    3  4  1
U=
    2  2  2
    0  3  3
    0  0  4
x [1] =0.500000
x [2] =0.000000
x [3] =0.000000
```

程序五　追赶法解三对角线性方程组

```
function x=chase (a, b, c, f);% 求解线性方程组 Ax=f, 其中 A 是三对角阵
% a 是矩阵 A 的下对角线元素 a (1) =0
% b 是矩阵 A 的对角线元素
% c 是矩阵 A 的上对角线元素 c (N) =0
% f 是方程组的右端向量
N=length (f);
x=zeros (1, N); y=zeros (1, N);
d=zeros (1, N); u= zeros (1, N);% 预处理
d (1) =b (1);
fori=1: N-1
u (i) =c (i) /d (i);
d (i+1) =b (i+1) -a (i+1) *u (i);
end
% 追的过程
y (1) =f (1) /d (1);
fori=2: N
   y (i) = (f (i) -a (i) *y (i-1) ) /d (i);
end
% 赶的过程
x (N) =y (N);
fori=N-1: -1: 1
x (i) =y (i) -u (i) *x (i+1);
end
```

用追赶法求解方程组 $\begin{bmatrix} 2 & -1 & & \\ -1 & 3 & -2 & \\ & -1 & 2 & -1 \\ & & -3 & 5 \end{bmatrix}\begin{bmatrix} x1 \\ x2 \\ x3 \\ x4 \end{bmatrix}=\begin{bmatrix} 6 \\ 1 \\ 0 \\ 1 \end{bmatrix}$

程序文件如下:

```
a= [0, -1, -1, -3]; b= [2, 3, 2, 5]; c= [-1, -2, -1, 0];
f= [6, 1, 0, 1];
  x=chase (a, b, c, f)
```

输出结果为

```
x=
    5    4    3    2
```

习题 5

1. 用高斯消元法解以下方程组。

$$\begin{cases}2x_1+3x_2+4x_3=6\\3x_1+5x_2+2x_3=5\\4x_1+3x_2+30x_3=32\end{cases}$$

2. 用列主元高斯消元法解以下方程组。

$$\begin{pmatrix}-3 & 2 & 6\\10 & -7 & 0\\5 & -1 & 5\end{pmatrix}\begin{pmatrix}x_1\\x_2\\x_3\end{pmatrix}=\begin{pmatrix}4\\7\\6\end{pmatrix}$$

3. 下列矩阵能否分解为 $\boldsymbol{LU}$（其中，$\boldsymbol{L}$ 为单位下三角矩阵，$\boldsymbol{U}$ 为上三角矩阵）？若能分解，那么分解是否唯一？

$$\boldsymbol{A}=\begin{pmatrix}1 & 2 & 3\\2 & 4 & 1\\4 & 6 & 7\end{pmatrix},\ \boldsymbol{B}=\begin{pmatrix}1 & 1 & 1\\2 & 2 & 1\\3 & 3 & 1\end{pmatrix},\ \boldsymbol{C}=\begin{pmatrix}1 & 2 & 6\\2 & 5 & 15\\6 & 15 & 46\end{pmatrix}$$

4. 用杜里克尔分解法解以下方程组。

$$\begin{pmatrix}1 & 0 & 2 & 0\\0 & 1 & 0 & 1\\1 & 2 & 4 & 3\\0 & 1 & 0 & 3\end{pmatrix}\begin{pmatrix}x_1\\x_2\\x_3\\x_4\end{pmatrix}=\begin{pmatrix}5\\3\\17\\7\end{pmatrix}$$

5. 设线性方程组为

$$\begin{cases}7x_1+10x_2=1\\5x_1+7x_2=0.7\end{cases}$$

试求系数矩阵 $\boldsymbol{A}$ 的条件数 cond（$\boldsymbol{A}$）；若右端向量有扰动 $\delta\boldsymbol{b}=(0.01,\ -0.01)^{\mathrm{T}}$，试估计解的相对误差。

6. 用平方根法求解方程组

$$\begin{pmatrix}1 & 1 & 1 & \cdots & 1\\1 & 2 & 2 & \cdots & 2\\1 & 2 & 3 & \cdots & 3\\\vdots & \vdots & \vdots & \vdots & \vdots\\1 & 2 & 3 & \cdots & n\end{pmatrix}\begin{pmatrix}x_1\\x_2\\x_3\\\vdots\\x_n\end{pmatrix}=\begin{pmatrix}n\\n-1\\n-2\\\vdots\\1\end{pmatrix}$$

7. 用改进的平方根法解方程组

$$\begin{pmatrix}2 & -1 & 1\\-1 & -2 & 3\\1 & 3 & 1\end{pmatrix}\begin{pmatrix}x_1\\x_2\\x_3\end{pmatrix}=\begin{pmatrix}4\\5\\6\end{pmatrix}$$

8. 用追赶法解三对角方程组 $\boldsymbol{Ax}=\boldsymbol{b}$，其中

$$\boldsymbol{A}=\begin{pmatrix}2 & -1 & 0 & 0 & 0\\ -1 & 2 & -1 & 0 & 0\\ 0 & -1 & 2 & -1 & 0\\ 0 & 0 & -1 & 2 & -1\\ 0 & 0 & 0 & -1 & 2\end{pmatrix},\ \boldsymbol{b}=\begin{pmatrix}1\\0\\0\\0\\0\end{pmatrix}$$

9. 设 $\boldsymbol{A}\in\mathbf{R}^{n\times n}$ 为对称正定阵，定义

$$\|\boldsymbol{x}\|_A=(\boldsymbol{Ax},\ \boldsymbol{x})^{1/2}$$

试证明 $\|\boldsymbol{x}\|_A$ 为 $\mathbf{R}^n$ 上向量的一种范数。

10. 设 $\|\boldsymbol{A}\|_s$、$\|\boldsymbol{A}\|_t$ 为 $\mathbf{R}^{n\times n}$ 上任意两种矩阵算子范数，证明存在常数 c_1、$c_2>0$，使对一切 $\boldsymbol{A}\in\mathbf{R}^{n\times n}$ 满足

$$c_1\|\boldsymbol{A}\|_s\leqslant\|\boldsymbol{A}\|_t\leqslant c_2\|\boldsymbol{A}\|_s$$

11. 已知 $\boldsymbol{A}=\begin{pmatrix}0.6 & 0.5\\ 0.1 & 0.3\end{pmatrix}$，求 $\|\boldsymbol{A}\|_1$、$\|\boldsymbol{A}\|_\infty$、$\|\boldsymbol{A}\|_2$。

12. 设

$$\boldsymbol{A}=\begin{pmatrix}100 & 99\\ 99 & 98\end{pmatrix}$$

计算 $\boldsymbol{A}$ 的条件数 $\text{cond}(A)_v(v=2,\ \infty)$。

13. 设 $\boldsymbol{A}$、$\boldsymbol{B}\in\mathbf{R}^{n\times n}$，证明

$$\text{cond}(\boldsymbol{AB})\leqslant\text{cond}(\boldsymbol{A})\ \text{cond}(\boldsymbol{B})$$

14. 程序设计：分别设计用高斯消元法和列主元高斯消元法解以下线性方程组的 MATLAB 程序。

$$\begin{pmatrix}0.3\times10^{-15} & 59.14 & 3 & 1\\ 5.291 & -6.13 & -1 & 2\\ 11.2 & 9 & 5 & 2\\ 1 & 2 & 1 & 1\end{pmatrix}\begin{pmatrix}x_1\\x_2\\x_3\\x_4\end{pmatrix}=\begin{pmatrix}59.17\\46.78\\1\\2\end{pmatrix}$$

15. 程序设计：设计用 $\boldsymbol{LU}$ 分解法求解以下线性方程组的 MATLAB 程序。

$$\begin{pmatrix}0.001 & 2 & 3\\ -1 & 3.712 & 4.623\\ -2 & 1.072 & 5.643\end{pmatrix}\begin{pmatrix}x_1\\x_2\\x_3\end{pmatrix}=\begin{pmatrix}1\\2\\3\end{pmatrix}$$

16. 程序设计：设计用追赶法求以下方程组的 MATLAB 程序。

$$\begin{pmatrix}2 & -1 & 0 & 0\\ -1 & 3 & -2 & 0\\ 0 & -1 & 2 & -1\\ 0 & 0 & -3 & 5\end{pmatrix}\begin{pmatrix}x_1\\x_2\\x_3\\x_4\end{pmatrix}=\begin{pmatrix}6\\1\\0\\1\end{pmatrix}$$

第6章

线性方程组的迭代解法

对于阶数不高的方程组，直接解法（以下简称直接法）非常有效。在阶数较大、系数矩阵为稀疏矩阵的情况下，可以采用迭代解法（以下简称迭代法）求解线性方程组。用迭代法求解线性方程组的优点是方法简单，便于编制计算机程序，但必须选取合适的迭代格式及初始向量，以使迭代过程尽快地收敛。迭代法根据迭代格式的不同分成雅可比迭代法、高斯-赛德尔迭代法和超松弛法等几种。

视频28：迭代法的基本思想

对于给定的线性方程组 $\boldsymbol{x} = \boldsymbol{B}\boldsymbol{x} + \boldsymbol{f}$，设它有唯一解 $\boldsymbol{x}^*$，则

$$\boldsymbol{x}^* = \boldsymbol{B}\boldsymbol{x}^* + \boldsymbol{f}$$

又设 $\boldsymbol{x}^{(0)}$ 为任取的初始向量，按下述公式构造向量序列

$$\boldsymbol{x}^{(k+1)} = \boldsymbol{B}\boldsymbol{x}^{(k)} + \boldsymbol{f} \qquad (k = 0,\ 1,\ 2,\ \cdots)$$

这种逐步代入求近似解的方法称为迭代法（这里 $\boldsymbol{B}$、$\boldsymbol{f}$ 与 k 无关）。如果 $\lim\limits_{k\to\infty} x^{(k)}$ 存在（记为 $\boldsymbol{x}^*$），称此迭代法收敛，显然 $\boldsymbol{x}^*$ 就是方程组的解，否则称此迭代法发散。

迭代法求方程近似解的关键是讨论由式 $\boldsymbol{x}^* = \boldsymbol{B}\boldsymbol{x}^* + \boldsymbol{f}$ 式所构造出来的向量序列 $\{\boldsymbol{x}^{(k)}\}$ 是否收敛。为此，引入误差向量的概念，即

$$\boldsymbol{\varepsilon}^{(k+1)} = \boldsymbol{x}^{(k+1)} - \boldsymbol{x}^*$$

将式 $\boldsymbol{x}^{(k+1)}$ 与式 $\boldsymbol{x}^* = \boldsymbol{B}\boldsymbol{x}^* + \boldsymbol{f}$ 相减，可得

$$\boldsymbol{x}^{(k+1)} - \boldsymbol{x}^* = \boldsymbol{B}(\boldsymbol{x}^{(k)} - \boldsymbol{x}^*),\ \boldsymbol{\varepsilon}^{(k+1)} = \boldsymbol{B}\boldsymbol{\varepsilon}^{(k)} \qquad (k = 0,\ 1,\ 2,\ \cdots)$$

递推下去，得

$$\boldsymbol{\varepsilon}^{(k)} = \boldsymbol{B}\boldsymbol{\varepsilon}^{(k-1)} = \boldsymbol{B}^2\boldsymbol{x}^{(k-2)} = \cdots = \boldsymbol{B}^k\boldsymbol{x}^{(0)}$$

要考察 $\{\boldsymbol{x}^{(k)}\}$ 的收敛性，就要研究 $\boldsymbol{B}$ 在什么条件下有

$$\lim_{k\to\infty} \boldsymbol{\varepsilon}^{(k)} = 0$$

也就是要研究 $\boldsymbol{B}$ 在什么条件下有

$$\lim_{k\to\infty}\boldsymbol{B}^k=0$$

6.1 雅可比迭代法和高斯-赛德尔迭代法

6.1.1 雅可比迭代法

考虑非奇异线性代数方程组

视频29：雅可比迭代法

$$\boldsymbol{Ax}=\boldsymbol{b}$$

令

$$\boldsymbol{A}=\boldsymbol{D}-\boldsymbol{L}-\boldsymbol{U}$$

其中

$$\boldsymbol{A}=[a_{ij}],\ \boldsymbol{D}=\mathrm{diag}(a_{11},\ a_{22},\ \cdots,\ a_{nn})$$

$$\boldsymbol{L}=\begin{bmatrix}0 & & & & \\ -a_{21} & 0 & & & \\ -a_{31} & -a_{32} & 0 & & \\ \vdots & \vdots & \ddots & \ddots & \\ -a_{n1} & -a_{n2} & \cdots & -a_{n,\ n-1} & 0\end{bmatrix},\ \boldsymbol{U}=\begin{bmatrix}0 & -a_{12} & -a_{13} & \cdots & -a_{1n} \\ & 0 & -a_{23} & \cdots & -a_{2n} \\ & & \ddots & \ddots & \vdots \\ & & & 0 & -a_{n-1,\ n} \\ & & & & 0\end{bmatrix}$$

则可化为

$$\boldsymbol{x}=\boldsymbol{D}^{-1}(\boldsymbol{L}+\boldsymbol{U})\boldsymbol{x}+\boldsymbol{D}^{-1}\boldsymbol{b} \tag{6.1.1}$$

其中

$$\boldsymbol{B}=\boldsymbol{D}^{-1}(\boldsymbol{L}+\boldsymbol{U}),\ \boldsymbol{g}=\boldsymbol{D}^{-1}\boldsymbol{b}$$

若给定初始向量

$$\boldsymbol{x}_0=(x_1^{(0)},\ x_2^{(0)},\ \cdots,\ x_n^{(0)})^{\mathrm{T}}$$

并代入式（6.1.1）右边，又可得到一个向量 $\boldsymbol{x}_2$；以此类推，有

$$\boldsymbol{x}_k=\boldsymbol{B}\boldsymbol{x}_{k-1}+\boldsymbol{g}\qquad(k=1,\ 2,\ \cdots)$$

这就是所谓的雅可比迭代法。

下面是雅可比迭代法的向量表示形式。设有 n 阶方程组

$$\begin{cases}a_{11}x_1+a_{12}x_2+\cdots+a_{1n}x_n=b_1\\ a_{21}x_1+a_{22}x_2+\cdots+a_{2n}x_n=b_2\\ \quad\vdots\qquad\quad\vdots\qquad\qquad\quad\vdots\qquad\vdots\\ a_{n1}x_1+a_{n2}x_2+\cdots+a_{nn}x_n=b_n\end{cases} \tag{6.1.2}$$

若系数矩阵为非奇异矩阵，且 $a_{ii}\neq 0\,(i=1,\ 2,\ \cdots,\ n)$，将式（6.1.2）改写成

$$\begin{cases} x_1 = \dfrac{1}{a_{11}}(b_1 - a_{12}x_2 - a_{13}x_3 - \cdots - a_{1n}x_n) \\ x_2 = \dfrac{1}{a_{22}}(b_2 - a_{21}x_1 - a_{23}x_3 - \cdots - a_{2n}x_n) \\ \qquad \vdots \\ x_n = \dfrac{1}{a_{nn}}(b_n - a_{n1}x_1 - a_{n2}x_2 - \cdots - a_{n,n-1}x_{n-1}) \end{cases}$$

然后写成迭代格式，即

$$\begin{cases} x_1^{(k+1)} = \dfrac{1}{a_{11}}(b_1 - a_{12}x_2^{(k)} - a_{13}x_3^{(k)} - \cdots - a_{1n}x_n^{(k)}) \\ x_2^{(k+1)} = \dfrac{1}{a_{22}}(b_2 - a_{21}x_1^{(k)} - a_{23}x_3^{(k)} - \cdots - a_{2n}x_n^{(k)}) \\ \qquad \vdots \\ x_n^{(k+1)} = \dfrac{1}{a_{nn}}(b_n - a_{n1}x_1^{(k)} - a_{n2}x_2^{(k)} - \cdots - a_{n,n-1}x_{n-1}^{(k)}) \end{cases} \tag{6.1.3}$$

式（6.1.3）也可以简单地写为

$$x_i^{(k+1)} = \frac{1}{a_{ii}}\Big(b_i - \sum_{\substack{j=1 \\ j \neq i}}^{n} a_{ij}x_j^{(k)}\Big) \qquad (i = 1,\ 2,\ \cdots,\ n)$$

6.1.2　高斯-赛德尔迭代法

显然，如果迭代收敛，$\boldsymbol{x}_i^{(k+1)}$ 应该比 $\boldsymbol{x}_i^{(k)}$ 更接近于原方程的解 $\boldsymbol{x}_i^*$ ($i = 1$，2，…，n)，因此在迭代过程中及时地以 $\boldsymbol{x}_i^{(k+1)}$ 代替 $\boldsymbol{x}_i^{(k)}$ ($i = 1$，2，…，$n-1$)，可收到更好的效果。这样式（6.1.3）可写成

视频 30：高斯-赛德尔迭代法

$$\begin{cases} x_1^{(k+1)} = \dfrac{1}{a_{11}}(b_1 - a_{12}x_2^{(k)} - a_{13}x_3^{(k)} - \cdots a_{1n}x_n^{(k)}) \\ x_2^{(k+1)} = \dfrac{1}{a_{22}}(b_2 - a_{21}x_1^{(k+1)} - a_{23}x_3^{(k)} - \cdots a_{2n}x_n^{(k)}) \\ \qquad \vdots \\ x_n^{(k+1)} = \dfrac{1}{a_{nn}}(b_n - a_{n1}x_1^{(k+1)} - a_{n2}x_2^{(k+1)} - \cdots a_{n,n-1}x_{n-1}^{(k+1)}) \end{cases} \tag{6.1.4}$$

式（6.1.4）可简写成

$$x_i^{(k+1)} = \frac{1}{a_{ii}}\Big(b_i - \sum_{j=1}^{i-1} a_{ij}x_j^{(k+1)} - \sum_{j=i+1}^{n} a_{ij}x_j^{(k)}\Big) \qquad (i = 1,\ 2,\ \cdots,\ n)$$

此为高斯-赛德尔（以下简称 G-S）迭代格式。

G-S 迭代格式的矩阵表示为

$$\boldsymbol{B} = (\boldsymbol{D} - \boldsymbol{L})^{-1}\boldsymbol{U}$$

如果 $(\boldsymbol{D} - \boldsymbol{L})^{-1}$ 存在，则 G-S 迭代法可以改写成

$$\boldsymbol{x}_k = (\boldsymbol{D} - \boldsymbol{L})^{-1}\boldsymbol{U}\boldsymbol{x}_{k-1} + (\boldsymbol{D} - \boldsymbol{L})^{-1}\boldsymbol{b}$$

把 $\boldsymbol{B} = (\boldsymbol{D} - \boldsymbol{L})^{-1}\boldsymbol{U}$ 叫作 G-S 迭代法的迭代矩阵，而把 $(\boldsymbol{D} - \boldsymbol{L})^{-1}\boldsymbol{b}$ 叫作 G-S 迭代法的常数项。

例 6.1：用雅可比迭代法和 G-S 迭代法解以下线性方程组。

$$\begin{pmatrix} 9 & -1 & -1 \\ -1 & 8 & 0 \\ -1 & 0 & 9 \end{pmatrix}\begin{pmatrix} x_1 \\ x_2 \\ x_3 \end{pmatrix} = \begin{pmatrix} 7 \\ 7 \\ 8 \end{pmatrix}$$

解 依题意有 $\boldsymbol{D} = \mathrm{diag}(9, 8, 9)$，$\boldsymbol{D}^{-1} = \mathrm{diag}(1/9, 1/8, 1/9)$，于是可得

$$\boldsymbol{D}^{-1}(\boldsymbol{L} + \boldsymbol{U}) = \begin{pmatrix} 0 & 1/9 & 1/9 \\ 1/8 & 0 & 0 \\ 1/9 & 0 & 0 \end{pmatrix}, \quad \boldsymbol{D}^{-1}\boldsymbol{b} = \begin{pmatrix} 7/9 \\ 7/8 \\ 8/9 \end{pmatrix}$$

雅可比迭代法的迭代公式为：$\boldsymbol{x}^{(k+1)} = \begin{pmatrix} 0 & 1/9 & 1/9 \\ 1/8 & 0 & 0 \\ 1/9 & 0 & 0 \end{pmatrix} x^{(k)} + \begin{pmatrix} 7/9 \\ 7/8 \\ 7/9 \end{pmatrix}$。即

$$\begin{cases} x_1^{(k+1)} = \dfrac{1}{9}(x_2^{(k)} + x_3^{(k)} + 7) \\ x_2^{(k+1)} = \dfrac{1}{8}(x_1^{(k)} + 0 \cdot x_3^{(k)} + 7) \\ x_3^{(k+1)} = \dfrac{1}{9}(x_1^{(k)} + 0 \cdot x_2^{(k)} + 8) \end{cases}$$

取 $\boldsymbol{x}^{(0)} = (0, 0, 0)^{\mathrm{T}}$，由上述公式得到的逐次近似值如下表所示。

i	0	1	2	3	4
$x^{(i)}$	$\begin{pmatrix} 0 \\ 0 \\ 0 \end{pmatrix}$	$\begin{pmatrix} 0.7778 \\ 0.8750 \\ 0.8889 \end{pmatrix}$	$\begin{pmatrix} 0.9738 \\ 0.9722 \\ 0.9753 \end{pmatrix}$	$\begin{pmatrix} 0.9942 \\ 0.9967 \\ 0.9993 \end{pmatrix}$	$\begin{pmatrix} 0.9996 \\ 0.9993 \\ 0.9994 \end{pmatrix}$

由 G-S 迭代法可知

$$\begin{cases} x_1^{(k+1)} = \dfrac{1}{9}(x_2^{(k)} + x_3^{(k)} + 7) \\ x_2^{(k+1)} = \dfrac{1}{8}(x_1^{(k+1)} + 0 \cdot x_3^{(k)} + 7) \\ x_3^{(k+1)} = \dfrac{1}{9}(x_1^{(k+1)} + 0 \cdot x_2^{(k+1)} + 8) \end{cases}$$

迭代结果如下表所示。

k	0	1	2	3	4
$x^{(k)}$	$\begin{pmatrix}0\\0\\0\end{pmatrix}$	$\begin{pmatrix}0.7778\\0.9722\\0.9753\end{pmatrix}$	$\begin{pmatrix}0.9942\\0.9993\\0.9993\end{pmatrix}$	$\begin{pmatrix}0.9998\\1.0000\\1.0000\end{pmatrix}$	$\begin{pmatrix}1.000\\1.000\\1.000\end{pmatrix}$

对于例 6.1 中的方程组，使用这两种方法都是收敛的。但对有些方程组，可能一种方法收敛，一种方法发散。例如，方程组

$$\begin{pmatrix}1 & 2 & -2\\1 & 1 & 1\\2 & 2 & 1\end{pmatrix}\begin{pmatrix}x_1\\x_2\\x_3\end{pmatrix}=\begin{pmatrix}1\\1\\1\end{pmatrix}$$

能够说明解此方程组的雅可比迭代法收敛，而 G-S 迭代法发散。

6.2　迭代法的收敛性

定理 6.1　$\lim\limits_{k\to\infty}\boldsymbol{A}_k=\boldsymbol{A}$ 等价于 $\lim\limits_{k\to\infty}\|\boldsymbol{A}_k-\boldsymbol{A}\|=0$，其中 $\|\cdot\|$ 为矩阵的任意一种范数。

证明：显然有 $\lim\limits_{k\to\infty}\boldsymbol{A}_k=\boldsymbol{A}$ 等价于 $\lim\limits_{k\to\infty}\|\boldsymbol{A}_k-\boldsymbol{A}\|_\infty=0$，再利用矩阵范数的等价性，可证明定理对其他矩阵范数也成立。

定理 6.2　设 $\boldsymbol{B}\in\mathbf{R}^{n\times n}$，则 $\lim\limits_{k\to\infty}\boldsymbol{B}^k=0$ 的充要条件是 $\rho(\boldsymbol{B})<1$。

证明：由高等代数知识可知，存在非奇异矩阵 $\boldsymbol{P}$ 使得

$$\boldsymbol{P}^{-1}\boldsymbol{B}\boldsymbol{P}=\begin{pmatrix}J_1 & & & \\ & J_2 & & \\ & & \ddots & \\ & & & J_r\end{pmatrix}\equiv\boldsymbol{J}$$

其中，约当块为

$$\boldsymbol{J}_i=\begin{pmatrix}\lambda_i & 1 & & \\ & \lambda_i & \ddots & \\ & & \ddots & 1\\ & & & \lambda_i\end{pmatrix}_{n_i\times n_i}$$

且 $\sum\limits_{i=1}^{n}n_i=n$，显然有

$$\boldsymbol{B}=\boldsymbol{P}\boldsymbol{J}\boldsymbol{P}^{-1},\ \boldsymbol{B}^k=\boldsymbol{P}\boldsymbol{J}^k\boldsymbol{P}^{-1}$$

其中

$$J^k = \begin{pmatrix} J_1^k & & & \\ & J_2^k & & \\ & & \ddots & \\ & & & J_r^k \end{pmatrix}$$

于是 $\lim\limits_{k\to\infty} B^k = 0$ 等价于 $\lim\limits_{k\to\infty} J^k = 0$ 等价于 $\lim\limits_{k\to\infty} J_i^k = 0(i=1,2,\cdots,r)$，因此 $\lim\limits_{k\to\infty} J_i^k = 0$ 的充要条件是 $|\lambda_i| < 1(i=1,2,\cdots,r)$，故 $\lim\limits_{k\to\infty} J^k = 0$ 的充要条件是 $\rho(B) < 1$。

定理 6.3 设有方程组 $x = Bx + f$ 以及迭代法 $x^{(k+1)} = Bx^{(k)} + f$，对任意选取初始向量 $x^{(0)}$，迭代法收敛的充要条件是矩阵 B 的谱半径 $\rho(B) < 1$。(迭代法基本定理)

证明如下。

充分性：设 $\rho(B) < 1$，则矩阵 $A = I - B$ 的特征值均大于0，故 A 为非奇异矩阵。$Ax = f$ 有唯一解 x^*，且 $Ax^* = f$，即 $x^* = Bx^* + f$。误差向量为

$$\varepsilon^{(k)} = x^{(k)} - x^* = B(x^{(k-1)} - x^*) = B\varepsilon^{(k-1)} = \cdots = B^k\varepsilon^{(0)}$$

又 $\rho(B) < 1$，应用定理6.2，有 $\lim\limits_{k\to\infty} B^k = 0$。于是，对任意 $x^{(0)}$，有 $\lim\limits_{k\to\infty} \varepsilon^k = 0$，即 $\lim\limits_{k\to\infty} x^{(k)} = x^*$。

必要性：设对任意 $x^{(0)}$ 有

$$\lim_{k\to\infty} x^{(k)} = x^*$$

其中 $x^{(k+1)} = Bx^{(k)} + f$，显然，极限 x^* 是方程组 $x = Bx + f$ 的解，且对任意 $x^{(0)}$ 有

$$\varepsilon^{(k)} = x^{(k)} - x^* = B^k\varepsilon^{(0)} \to 0(k \to \infty)$$

由定理 6.2 知 $\lim\limits_{k\to\infty} B^k = 0$，即得 $\rho(B) < 1$。

判断迭代收敛时，需要计算 $\rho(B)$，一般情况下，这不太方便。由于 $\rho(B) \leqslant \|B\|$，在实际应用中，常常利用矩阵 B 的范数来判别迭代法的收敛性。

定理 6.4 （迭代法收敛的充分条件）设有方程组

$$x = Bx + f \qquad (B \in \mathbf{R}^{n\times n})$$

以及迭代法

$$x^{(k+1)} = Bx^{(k)} + f \qquad (k = 0, 1, 2, \cdots)$$

如果有 B 的某种范数 $\|B\| = q < 1$，则有如下情况。

(1) 迭代法收敛，即对任取 $x^{(0)}$ 有 $\lim\limits_{k\to\infty} x^{(k)} = x^*$ 且 $x^* = Bx^* + f$。

(2) $\|x^{(k+1)} - x^*\| \leqslant q^{k+1}\|x^{(0)} - x^*\|$。

(3) $\|x^{(k+1)} - x^*\| \leqslant \dfrac{q}{1-q}\|x^{(k+1)} - x^{(k)}\|$。

(4) $\|x^{(k+1)} - x^*\| \leqslant \dfrac{q^{k+1}}{1-q}\|x^{(1)} - x^{(0)}\|$。

证明过程如下。

(1) 由定理6.3可知，结论 (1) 是显然成立的。

（2）由关系式 $\boldsymbol{x}^{(k+1)}-\boldsymbol{x}^{*}=\boldsymbol{B}(\boldsymbol{x}^{(k)}-\boldsymbol{x}^{*})$，有 $\|\boldsymbol{x}^{(k+1)}-\boldsymbol{x}^{*}\|\leqslant q\|\boldsymbol{x}^{(k)}-\boldsymbol{x}^{*}\|\leqslant q^{2}\|\boldsymbol{x}^{(k-1)}-\boldsymbol{x}^{*}\|\leqslant\cdots\leqslant q^{k+1}\|\boldsymbol{x}^{(0)}-\boldsymbol{x}^{*}\|$。

（3）结论（3）的推导过程为 $\|\boldsymbol{x}^{(k+1)}-\boldsymbol{x}^{(k)}\|=\|\boldsymbol{x}^{*}-\boldsymbol{x}^{(k)}-(\boldsymbol{x}^{*}-\boldsymbol{x}^{(k+1)})\|\geqslant\|\boldsymbol{x}^{*}-\boldsymbol{x}^{(k)}\|-\|\boldsymbol{x}^{*}-\boldsymbol{x}^{(k+1)}\|\geqslant\|\boldsymbol{x}^{*}-\boldsymbol{x}^{(k)}\|-q\|\boldsymbol{x}^{*}-\boldsymbol{x}^{(k)}\|=(1-q)\|\boldsymbol{x}^{*}-\boldsymbol{x}^{(k)}\|$。即

$$\|\boldsymbol{x}^{*}-\boldsymbol{x}^{(k)}\|\leqslant\frac{1}{1-q}\|\boldsymbol{x}^{(k+1)}-\boldsymbol{x}^{(k)}\|\leqslant\frac{q}{1-q}\|\boldsymbol{x}^{(k)}-\boldsymbol{x}^{(k-1)}\|$$

显然 $\|\boldsymbol{x}^{(k+1)}-\boldsymbol{x}^{*}\|\leqslant\dfrac{q}{1-q}\|\boldsymbol{x}^{(k+1)}-\boldsymbol{x}^{(k)}\|$ 亦成立。

（4）结论（4）的推导过程为

$$\|\boldsymbol{x}^{(k+1)}-\boldsymbol{x}^{*}\|\leqslant\frac{q}{1-q}\|\boldsymbol{x}^{(k+1)}-\boldsymbol{x}^{(k)}\|\leqslant\frac{q^{2}}{1-q}\|\boldsymbol{x}^{(k)}-\boldsymbol{x}^{(k-1)}\|\leqslant\cdots\leqslant\frac{q^{k+1}}{1-q}\|\boldsymbol{x}^{(1)}-\boldsymbol{x}^{(0)}\|$$

在实际应用中常遇到一些线性代数方程组，其系数矩阵具有某些性质，如系数矩阵的对角元素占优，系数矩阵为对称正定矩阵等。充分利用这些性质往往可使判定迭代法收敛的问题变得简单。

定义 6.1　设 $\boldsymbol{A}=(a_{ij})_{n\times n}$，则有：

（1）如果 $\boldsymbol{A}$ 的元素满足 $|a_{ii}|>\sum\limits_{\substack{j=1\\j\neq i}}^{n}|a_{ij}|(i=1,2,\cdots,n)$，称 $\boldsymbol{A}$ 为严格对角占优矩阵；

（2）如果 $\boldsymbol{A}$ 的元素满足 $|a_{ii}|\geqslant\sum\limits_{\substack{j=1\\j\neq i}}^{n}|a_{ij}|(i=1,2,\cdots,n)$，且上式至少有一个不等式严格成立，称 $\boldsymbol{A}$ 为弱对角占优矩阵。

定义 6.2　设 $\boldsymbol{A}=(a_{ij})_{n\times n}(n\geqslant 2)$，如果存在置换矩阵 $\boldsymbol{P}$，使得

$$\boldsymbol{P}^{\mathrm{T}}\boldsymbol{A}\boldsymbol{P}=\begin{pmatrix}\boldsymbol{A}_{11} & \boldsymbol{A}_{12}\\ \boldsymbol{O} & \boldsymbol{A}_{22}\end{pmatrix}$$

其中，$\boldsymbol{A}_{11}$ 为 r 阶方阵，$\boldsymbol{A}_{22}$ 为 $n-r$ 阶方阵（$1\leqslant r<n$），则称 $\boldsymbol{A}$ 为可约矩阵；否则，称 $\boldsymbol{A}$ 为不可约矩阵。

定理 6.5　（对角占优定理）如果 $\boldsymbol{A}=(a_{ij})_{n\times n}$ 为严格对角占优矩阵或 $\boldsymbol{A}$ 为不可约弱对角占优矩阵，则 $\boldsymbol{A}$ 为非奇异矩阵。

证明：只就 $\boldsymbol{A}$ 为严格对角占优矩阵证明此定理。采用反证法，如果 $\det\boldsymbol{A}=0$，则 $\boldsymbol{A}\boldsymbol{x}=\boldsymbol{0}$ 有非零解，记为 $\boldsymbol{x}=(\boldsymbol{x}_1,\boldsymbol{x}_2,\cdots,\boldsymbol{x}_n)^{\mathrm{T}}$，则 $|\boldsymbol{x}_k|=\max\limits_{1\leqslant i\leqslant n}|\boldsymbol{x}_i|\neq 0$。

由齐次方程组第 k 个方程

$$\sum_{j=1}^{n}a_{kj}\boldsymbol{x}_j=0$$

则有

$$|a_{kk}\boldsymbol{x}_k|=\left|\sum_{\substack{j=1\\j\neq k}}^{n}a_{kj}\boldsymbol{x}_j\right|\leqslant\sum_{\substack{j=1\\j\neq k}}^{n}|a_{kj}||\boldsymbol{x}_j|\leqslant|\boldsymbol{x}_k|\sum_{\substack{j=1\\j\neq k}}^{n}|a_{kj}|$$

即 $|a_{kk}| \leqslant \sum\limits_{\substack{j=1\\j\neq k}}^{n} |a_{kj}|$，与假设矛盾，故 $\det \boldsymbol{A} \neq 0$，$\boldsymbol{A}$ 为非奇异矩阵。

定理 6.6 设 $\boldsymbol{Ax}=\boldsymbol{b}$，如果存在以下情况：

（1）$\boldsymbol{A}$ 为严格对角占优矩阵，则解 $\boldsymbol{Ax}=\boldsymbol{b}$ 的雅可比迭代法、高斯-赛德尔迭代法均收敛。

（2）$\boldsymbol{A}$ 为弱对角占优矩阵，且 $\boldsymbol{A}$ 为不可约矩阵，则解 $\boldsymbol{Ax}=\boldsymbol{b}$ 的雅可比迭代法、高斯-赛德尔迭代法均收敛。

证明：只证明结论（1），证明过程如下。

$\boldsymbol{A}$ 为严格对角占优矩阵，故

$$|a_{ii}| > \sum_{\substack{j=1\\j\neq i}}^{n} |a_{ij}|,\ 1 > \sum_{\substack{j=1\\j\neq i}}^{n} \left|\frac{a_{ij}}{a_{ii}}\right| \qquad (i=1,\ 2,\ \cdots,\ n)$$

因此 $\boldsymbol{A}$ 的主对角元素均为非零的，可以生成雅可比迭代式，即

$$\boldsymbol{x}^{(k+1)} = \boldsymbol{Bx}^{(k)} + \boldsymbol{f}$$

其中，$\boldsymbol{B}=\boldsymbol{D}^{-1}(\boldsymbol{L}+\boldsymbol{U})$，$\boldsymbol{f}=\boldsymbol{D}^{-1}\boldsymbol{b}$，则有

$$\|\boldsymbol{B}\|_{\infty} = \max_{1\leqslant i\leqslant n}\left|\frac{1}{a_{ii}}\sum_{\substack{j=1\\j\neq i}}^{n}(-a_{ij})\right| \leqslant \max_{1\leqslant i\leqslant n}\left\{\sum_{\substack{j=1\\j\neq i}}^{n}\left|\frac{a_{ij}}{a_{ii}}\right|\right\} < \max_{1\leqslant i\leqslant n}\{1\} = 1$$

从而 $\rho(\boldsymbol{B}) \leqslant \|\boldsymbol{B}\|_{\infty} < 1$，雅可比迭代法收敛。

同样，也可以生成高斯-赛德尔迭代式，即

$$\boldsymbol{x}^{(k+1)} = \boldsymbol{Bx}^{(k)} + \boldsymbol{f}$$

其中，$\boldsymbol{B}=(\boldsymbol{D}-\boldsymbol{L})^{-1}\boldsymbol{U}$，$\boldsymbol{f}=(\boldsymbol{D}-\boldsymbol{L})^{-1}\boldsymbol{b}$。

下面考察 $\boldsymbol{B}$ 的特征值情况。设 λ 为 $\boldsymbol{B}$ 的任一特征值，于是有

$$0=\det(\lambda\boldsymbol{I}-\boldsymbol{B})=\det(\lambda\boldsymbol{I}-(\boldsymbol{D}-\boldsymbol{L})^{-1}\boldsymbol{U})=\det((\boldsymbol{D}-\boldsymbol{L})^{-1})\det(\boldsymbol{\lambda}(\boldsymbol{D}-\boldsymbol{L})-\boldsymbol{U})$$

由于 $\det((\boldsymbol{D}-\boldsymbol{L})^{-1}) \neq 0$，因此

$$\det(\lambda(\boldsymbol{D}-\boldsymbol{L})-\boldsymbol{U})=0$$

记 $\lambda(\boldsymbol{D}-\boldsymbol{L})-\boldsymbol{U}=\begin{pmatrix}\lambda a_{11} & a_{12} & \cdots & a_{1n}\\ \lambda a_{21} & \lambda a_{22} & \cdots & a_{2n}\\ \vdots & \vdots & & \vdots\\ \lambda a_{n1} & \lambda a_{n2} & \cdots & a_{nn}\end{pmatrix} \overset{\triangle}{=} \boldsymbol{C}$

以下证明当 $|\lambda| \geqslant 1$ 时，$\det(\boldsymbol{C}) \neq 0$，于是便证明了 $\boldsymbol{B}$ 的任一特征值 $\boldsymbol{\lambda}$ 均满足 $|\boldsymbol{\lambda}| < 1$，从而 $\rho(\boldsymbol{B}) < 1$，高斯-赛德尔迭代法收敛。

事实上，当 $|\lambda| \geqslant 1$ 时，由 $\boldsymbol{A}$ 为严格对角占优矩阵，则有

$$\begin{aligned}|c_{ii}| = |\lambda a_{ii}| &> |\lambda|\left(\sum_{j=1}^{i-1}|a_{ij}| + \sum_{j=i+1}^{n}|a_{ij}|\right)\\ &> \sum_{j=1}^{i-1}|\lambda a_{ij}| + \sum_{j=i+1}^{n}|a_{ij}| = \sum_{\substack{j=1\\j\neq i}}^{n}|c_{ij}|\end{aligned}$$

即 $\boldsymbol{C}$ 矩阵为严格对角占优矩阵，故 $\det(\boldsymbol{C}) \neq 0$。

例 6.2：考察用雅可比迭代法和高斯-赛德尔迭代法解线性方程组 $\boldsymbol{Ax}=\boldsymbol{b}$ 的收敛性，其中

$$\boldsymbol{A}=\begin{pmatrix}1 & 2 & -2\\ 1 & 1 & 1\\ 2 & 2 & 1\end{pmatrix},\ \boldsymbol{b}=\begin{pmatrix}1\\1\\1\end{pmatrix}$$

解　雅可比迭代矩阵为

$$\boldsymbol{B}=\boldsymbol{D}^{-1}(\boldsymbol{L}+\boldsymbol{U})=\begin{pmatrix}0 & -\dfrac{a_{12}}{a_{11}} & -\dfrac{a_{13}}{a_{11}}\\ -\dfrac{a_{21}}{a_{22}} & 0 & -\dfrac{a_{23}}{a_{22}}\\ -\dfrac{a_{31}}{a_{33}} & -\dfrac{a_{32}}{a_{33}} & 0\end{pmatrix}=\begin{pmatrix}0 & -2 & 2\\ -1 & 0 & -1\\ -2 & -2 & 0\end{pmatrix}$$

求特征值可得 $|\lambda \boldsymbol{I}-\boldsymbol{B}|=\begin{vmatrix}\lambda & 2 & -2\\ 1 & \lambda & 1\\ 2 & 2 & \lambda\end{vmatrix}=\lambda^3=0$，$\lambda_1$，$\lambda_2$，$\lambda_3=0$，$\rho(B)=0<1$。所以，用雅可比迭代法求解时，迭代过程收敛。

高斯-赛德尔迭代矩阵为

$$\boldsymbol{G}_1=(\boldsymbol{D}-\boldsymbol{L})^{-1}\boldsymbol{U}=\begin{pmatrix}0 & -2 & 2\\ 0 & 2 & -3\\ 0 & 0 & 2\end{pmatrix}$$

求特征值可得 $|\lambda \boldsymbol{I}-\boldsymbol{G}_1|=\begin{vmatrix}\lambda & 2 & -2\\ 0 & \lambda-2 & 3\\ 0 & 0 & \lambda-2\end{vmatrix}=\lambda(\lambda-2)^2=0$，$\lambda_1=0$，$\lambda_2$，$\lambda_3=2$，$\rho(\boldsymbol{G}_1)=2>1$。所以，用高斯-赛德尔迭代法求解时，迭代过程发散。

6.3　超松弛法

使用迭代法的困难是计算量难以估计，有些方程组的迭代格式虽然收敛，但收敛速度慢而使计算量变得很大。

松弛法是一种线性加速方法。这种方法将前一步的结果 $x_i^{(k)}$ 与高斯-赛德尔迭代法的迭代值 $\widetilde{x}_i^{(k+1)}$ 适当进行线性组合，以构成一个收敛速度较快的近似解序列。改进后的迭代方案如下。

视频 31：SOR 迭代法

迭代方程为

$$\tilde{x}_i^{(k+1)} = \frac{1}{a_{ii}}\left(b_i - \sum_{j=1}^{i-1} a_{ij}x_j^{(k+1)} - \sum_{j=i+1}^{n} a_{ij}x_j^{(k)}\right)$$

加速方程为

$$x_i^{(k+1)} = (1-\omega)x_i^{(k)} + \omega\tilde{x}_i^{k+1} \qquad (i=1,\ 2,\ \cdots,\ n)$$

所以

$$x_i^{(k+1)} = (1-\omega)x_i^{(k)} + \frac{\omega}{a_{ii}}\left(b_i - \sum_{j=1}^{i-1} a_{ij}x_j^{(k+1)} - \sum_{j=i+1}^{n} a_{ij}x_j^{(k)}\right) \tag{6.3.1}$$

这种加速方法就是松弛法，其中系数 ω 称松弛因子。可以证明，要保证式（6.3.1）收敛必须要求 $0 < \omega < 2$。

松弛法矩阵形式的迭代格式为

$$\boldsymbol{x}^{(k+1)} = \boldsymbol{B}_\omega \boldsymbol{x}^{(k)} + \boldsymbol{F}_\omega$$

其中 $\boldsymbol{B}_\omega = (\boldsymbol{I} - \omega\boldsymbol{L})^{-1}((1-\omega)\boldsymbol{I} + \omega\boldsymbol{U})$，$\boldsymbol{F}_\omega = \omega(\boldsymbol{I} - \omega\boldsymbol{L})^{-1}\boldsymbol{b}$

当 $\omega=1$ 时，即为高斯-赛德尔迭代法，为使收敛速度加快，通常取 $\omega > 1$，即为超松弛法。

由于超松弛法的谱半径依赖于 ω，人们当然会问：能否适当选取 ω 使收敛速度最快？这就是选择最佳松弛因子的问题。

经过相关计算可知，随着 ω 从 0 逐渐增大，$\rho(\boldsymbol{L}_\omega)$ 会逐渐减小，直至

$$\omega = \omega_{\text{opt}} = \frac{2}{1+\sqrt{1-\rho(\boldsymbol{B})^2}} \qquad (\boldsymbol{B}\text{ 为雅可比迭代矩阵})$$

时，$\rho(\boldsymbol{L}_\omega)$ 达到极小，此时

$$\rho(\boldsymbol{L}_{\omega_{\text{opt}}}) = \frac{1-\sqrt{1-\rho(\boldsymbol{B})^2}}{1+\sqrt{1-\rho(\boldsymbol{B})^2}}$$

ω 再增大时，$\rho(\boldsymbol{L}_\omega)$ 也开始增大。因此，ω_{opt} 称为最佳松弛因子。

6.4 MATLAB 主要程序

程序一 雅可比迭代法

```
function [x, n] =jacobi (A, b, x0, eps, t)
if nargin==3;
    eps=1e-6;
    m=200;
elseif nargin<3
    error ('输入的数有误');
```

```
return;
elseif nargin==5
   m=t;
end
D=diag (diag (A) );
L=-tril (A, -1);
U=-triu (A, 1);
B=D \ (L+U);
f=D \ b;
x=B * x0 +f;
n=1;
while norm (x-x0) >=eps
    x0 =x;
    x=B * x0 +f;
    n=n+1;
    if (n>=m)
        disp ('可能不收敛');
        return;
    end;
end
```

雅可比迭代法的 MATLAB 程序文件如下：

```
A= [10, -1, -2; -1, 10, -2; -1, -1, 5];
b= [72, 83, 42]';
x0 = [0, 0, 0]';
eps=1e-8; t=1;
jacobi (A, b, x0, eps, t)
```

输出结果为：

```
可能不收敛
ans =
    9.7100
    10.7000
    11.5000
```

程序二　高斯-赛德尔迭代法

```
function [x, n] =gsdddy (A, b, x0, eps, t)
```

```
if nargin==3;
    eps=1e-6;
    m=200;
elseif nargin<3
    error ('输入有误');
    return;
elseif nargin==5
    m=t;
end
D=diag (diag (A) );
L=-tril (A, -1);
U=-triu (A, 1);
B= (D-L) \U;
f= (D-L) \b;
x=B*x0+f;
n=1;
while norm (x-x0) >=eps
    x0=x;
    x=B*x0+f;
    n=n+1;
    if (n>=m)
        disp ('迭代次数过多，可能不收敛');
        return;
    end;
end
```

高斯-赛德尔迭代法的 MATLAB 程序文件如下：

```
A= [10, -1, -2; -1, 10, -2; -1, -1, 5];
b= [72, 83, 42]';
x0= [0, 0, 0]';
eps=10-8; t=1;
gsdddy (A, b, x0, eps, t)
```

输出结果为：

```
迭代次数过多，可能不收敛
ans=
  10.4308
```

```
  11.6719
  12.8205
```

程序三　超松弛法

```
function [x, k] =Fsor (A, b, x0, w, tol)
max=300;
if (w<=0 | |w>=2)
   error;
   return;
end
D=diag (diag (A) );
L=-tril (A, -1);
U=-triu (A, 1);
B=inv (D-L*w) * ( (1-w) *D+w*U);
f=w*inv ( (D-L*w) ) *b;
x=B*x0+f;
k=1;
while norm (x-x0) >=tol
   x0=x;
   x=B*x0+f;
   k=k+1;
   if (k>=max)
      disp ('迭代次数过多，可能不收敛');
      return;
   end
end
```

超松弛法的 MATLAB 程序文件如下：

```
A= [10, -1, -2; -1, 10, -2; -1, -1, 5];
b= [72, 83, 42]';
x0= [0, 0, 0]';
w=1.5; tol=1;
Fsor (A, b, x0, w, tol)
```

输出结果为：

```
ans=
```

```
10.8686
12.0646
13.1505
```

习题6

1. 用雅可比迭代法解以下方程组，要求 $\| \boldsymbol{x}^{(k+1)} - \boldsymbol{x}^{(k)} \|_\infty < 0.005$。

$$\begin{cases} 10x_1 - 2x_2 - x_3 = 3 \\ -2x_1 + 10x_2 - x_3 = 15 \\ -x_1 - 2x_2 + 5x_3 = 10 \end{cases}$$

2. 设有一方程组

$$\begin{cases} 5x_1 + 2x_2 + x_3 = -12 \\ -x_1 + 4x_2 + 2x_3 = 20 \\ 2x_1 - 3x_2 + 10x_3 = 3 \end{cases}$$

（1）考察用雅可比迭代法，高斯-赛德尔迭代法解此方程组的收敛性；

（2）用雅可比迭代法，高斯-赛德尔迭代法解此方程组，要求当 $\| \boldsymbol{x}^{(k+1)} - \boldsymbol{x}^{(k)} \|_\infty < 10^{-4}$ 时迭代终止。

3. 设有一方程组

$$\begin{cases} a_{11}x_1 + a_{12}x_2 = b_1 \\ a_{21}x_1 + a_{22}x_2 = b_2 \end{cases} \qquad (a_{11},\ a_{12} \neq 0)$$

其迭代公式为

$$\begin{cases} x_1^{(k)} = \dfrac{1}{a_{11}}(b_1 - a_{12}x_2^{(k-1)}) \\ x_2^{(k)} = \dfrac{1}{a_{22}}(b_2 - a_{21}x_1^{(k-1)}) \end{cases} \qquad (k = 1, 2, \cdots)$$

求证：由上述迭代公式产生的向量序列 $\{\boldsymbol{x}^{(k)}\}$ 收敛的充要条件是 $r = \left| \dfrac{a_{12}a_{21}}{a_{11}a_{22}} \right| < 1$。

4. 线性方程组 $\boldsymbol{Ax} = \boldsymbol{b}$ 的系数矩阵为

$$\boldsymbol{A} = \begin{pmatrix} \alpha & 1 & 3 \\ 1 & \alpha & 2 \\ -3 & 2 & \alpha \end{pmatrix}$$

试求能使雅可比迭代法收敛的 α 的取值范围。

5. 设有一方程组

$$\begin{cases} x_1 - \frac{1}{4}x_3 - \frac{1}{4}x_4 = \frac{1}{2} \\ x_2 - \frac{1}{4}x_3 - \frac{1}{4}x_4 = \frac{1}{2} \\ -\frac{1}{4}x_1 - \frac{1}{4}x_2 + x_3 = \frac{1}{2} \\ -\frac{1}{4}x_1 - \frac{1}{4}x_2 + x_4 = \frac{1}{2} \end{cases}$$

（1）求解此方程组的雅可比迭代法的迭代矩阵 $\boldsymbol{B}_0$ 的谱半径；

（2）求解此方程组的高斯-赛德尔迭代法的迭代矩阵的谱半径；

（3）考察解此方程组的雅可比迭代法及高斯-赛德尔迭代法的收敛性。

6. 用超松弛法解以下方程组（分别取松弛因子 $\omega = 1.03, 1, 1.1$），精确解 $\boldsymbol{x}^* = \left(\frac{1}{2}, 1, \frac{1}{2}\right)^{\mathrm{T}}$，要求当 $\|\boldsymbol{x}^* - \boldsymbol{x}^{(k)}\|_\infty < 5 \times 10^{-6}$ 时迭代终止，并且对每一个 ω 值确定迭代次数。

$$\begin{cases} 4x_1 - x_2 = 1 \\ -x_1 + 4x_2 - x_3 = 4 \\ -x_2 + 4x_3 = -3 \end{cases}$$

7. 设有方程组 $\boldsymbol{Ax} = \boldsymbol{b}$，其中，$\boldsymbol{A}$ 为对称正定矩阵，迭代公式为

$$\boldsymbol{x}^{(k+1)} = \boldsymbol{x}^{(k)} + \omega(\boldsymbol{b} - \boldsymbol{A}x^{(k)}) \qquad (k = 0, 1, 2, \cdots)$$

试证明当 $0 < \omega < \frac{2}{\beta}$ 时，上述迭代法收敛（其中 $0 < \alpha \leqslant \lambda(\boldsymbol{A}) \leqslant \beta$）。

8. 证明矩阵

$$\boldsymbol{A} = \begin{pmatrix} 1 & a & a \\ a & 1 & a \\ a & a & 1 \end{pmatrix}$$

对于 $-\frac{1}{2} < a < 1$ 是正定的，而雅可比迭代法只对 $-\frac{1}{2} < a < \frac{1}{2}$ 是收敛的。

9. 程序设计：用雅可比迭代法求以下线性方程组的根，精确到 0.000 1。

$$\begin{cases} 27x_1 + 6x_2 - 1x_3 = 85 \\ 6x_1 + 15x_2 + 2x_3 = 72 \\ x_1 + x_2 + 54x_3 = 110 \end{cases}$$

10. 程序设计：用高斯-赛德尔迭代法求以下线性方程组的根，精确到 0.000 1。

$$\begin{cases} 10x_1 - x_2 + 2x_3 = 6 \\ -x_1 + 11x_2 - x_3 + 3x_4 = 25 \\ 2x_1 - x_2 + 10x_3 - x_4 = 11 \\ 3x_2 - x_3 + 8x_4 = 15 \end{cases}$$

11. 程序设计：用超松弛法解以下方程组（取 $\omega=0.9, 1, 1.1$），要求当 $\|\boldsymbol{x}^{(k+1)}-\boldsymbol{x}^{(k)}\|_{\infty}<10^{-4}$ 时迭代终止。

$$\begin{cases}5x_1+2x_2+x_3=-12\\-x_1+4x_2+2x_3=20\\2x_1-3x_2+10x_3=3\end{cases}$$

第7章

数值积分与数值微分

7.1 引言

7.1.1 数值积分的基本思想

视频32：数值积分公式

在很多实际问题中，经常需要计算积分才可以解决。根据积分基本理论，牛顿-莱布尼茨（Newton-Leibniz）公式是一个非常有效的工具。对于积分问题 $I=\int_a^b f(x)\mathrm{d}x$，只要找到原函数 $F(x)$，就可以使用牛顿-莱布尼茨公式，即

$$\int_a^b f(x)\mathrm{d}x = F(b) - F(a)$$

但是，在很多实际问题的求解过程中，遇到的很多被积函数 $f(x)$ 是找不到原函数 $F(x)$ 的，例如，$f(x)=\dfrac{\sin x}{x}$，e^{-x^2}，$\cos x^2$。

其次，即使有些被积函数可以找到原函数（形式复杂），再利用牛顿-莱布尼茨公式计算时，仍需要大量的数值计算，不如直接应用数值积分直接计算方便。例如

$$I=\int \frac{1}{1+x^4}\mathrm{d}x = \frac{1}{2\sqrt{2}}\left[\arctan\left(\sqrt{2}x-1\right)+\arctan\left(\sqrt{2}x+1\right)\right]+\frac{1}{4\sqrt{2}}\ln\frac{x^2+\sqrt{2}x+1}{x^2+\sqrt{2}x-1}+C$$

另外，当 $f(x)$ 仅仅是由工程中测量或者是数值计算给出的离散数据时，牛顿-莱布尼茨公式就不可以直接用了。因此，研究积分的数值计算方法是一个非常重要并且有用的课题。

根据上面的思路，求解数值积分问题应该尽量避免寻找原函数，而是看能否使用被积函数来求出积分的近似值。由积分中值定理可知，对于 $f(x)\in C[a,b]$，存在一点 $\xi\in[a,$

$b]$，使得 $\int_a^b f(x)\mathrm{d}x = f(\xi)(b-a)$，也就是说，$\int_a^b f(x)\mathrm{d}x$ 定积分所表示的曲边梯形面积可以变成计算底为 $(b-a)$ 而高为 $f(\xi)$ 的矩形面积。在这里 $f(\xi)$ 可以称为 $f(x)$ 在区间 $[a, b]$ 上的平均高度。但是，一般情况下 ξ 的位置是找不到的，那么 $f(\xi)$ 的值也是很难找到的。因此我们的目标就是构造一种特别的算法，能够将平均高度 $f(\xi)$ 的值表示出来从而得到积分的值。

如果将两端点函数值的算术平均取作平均高度 $f(\xi)$ 的近似值（见图 7.1.1），这样可以得到一类求积公式，即

$$T = \int_a^b f(x)\mathrm{d}x = (b-a)\frac{f(b)+f(a)}{2} \tag{7.1.1}$$

式（7.1.1）就是梯形公式。而如果改用中点 $c=(a+b)/2$ 的高度 $f(c)$ 的值来取代平均高度 $f(\xi)$ 的值，则可以得到中距型求积公式（矩形公式），即

$$R = \int_a^b f(x)\mathrm{d}x = (b-a)f\left(\frac{a+b}{2}\right) \tag{7.1.2}$$

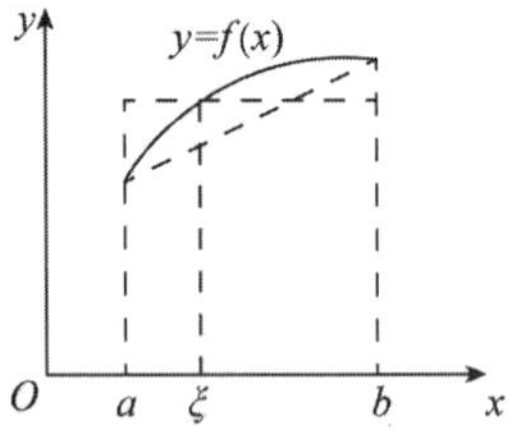

图 7.1.1　平均高度 $f(\xi)$ 的近似值

更一般地，还可以在区间 $[a, b]$ 上适当选取一些节点 x_k，然后利用 $f(x_k)$ 加权平均来表示平均高度 $f(\xi)$ 的近似值，可以构造出下列求积公式，即

$$\int_a^b f(x)\mathrm{d}x \approx \sum_{k=0}^{n} A_k f(x_k) \tag{7.1.3}$$

其中，x_k 称为求积节点；A_k 称为求积系数，也称为伴随节点 x_k 的权值，A_k 的取值不依赖于被积函数 $f(x)$ 的具体形式，仅仅与节点 x_k 的选取有关。这类以某些点处的函数值的线性组合来近似定积分的求积公式称为机械求积公式，其特点是避免了牛顿-莱布尼茨公式寻求原函数的困难，将积分求值问题归结为确定节点以及相应点权值的计算。

定义 7.1　对任意 $\varepsilon > 0$，若存在 $\delta > 0$，只要 $|f(x_k) - \tilde{f}_k| \leqslant \delta (k = 0, 1, \cdots, n)$，就有

$$|I_n(f) - I_n(\tilde{f})| = \left|\sum_{k=0}^{n} A_k [f(x_k) - \tilde{f}_k]\right| \leqslant \varepsilon$$

成立，则称求积公式（7.1.3）是稳定的。

定理 7.1　若求积公式（7.1.3）中系数 $A_k > 0 (k = 0, 1, \cdots, n)$，则求积公式是稳定的。

证明：对任意的 $\varepsilon > 0$，若取 $\delta = \dfrac{\varepsilon}{b-a}$，对 $k = 0, 1, \cdots, n$ 都有 $|f(x_k) - \tilde{f}_k| \leqslant \delta$，

则有

$$|I_n(f)-I_n(\tilde{f})|=\left|\sum_{k=0}^{n}A_k[f(x_k)-\tilde{f}_k]\right|\leqslant\sum_{k=0}^{n}|A_k||f(x_k)-\tilde{f}_k|\leqslant\delta\sum_{k=0}^{n}|A_k|$$

那么，对任何代数精度大于或等于 0 的求积公式有以下公式成立，即

$$\sum_{k=0}^{n}A_k=I_n(1)=\int_a^b 1\mathrm{d}x=b-a$$

可见 $A_k>0$ 时，有

$$|I_n(f)-I_n(\tilde{f})|\leqslant\delta\sum_{k=0}^{n}|A_k|=\delta\sum_{k=0}^{n}A_k=\delta(b-a)=\varepsilon$$

根据定义 7.1，知求积公式（7.1.3）是稳定的。

7.1.2　代数精度的概念

数值的机械求积方法是一类近似方法，为了保证精度，我们希望得到的求积公式对于“尽可能多”的函数都能准确成立，这就提出了所谓代数精度的概念。

视频 33：求积公式的代数精度

定义 7.2　给定的求积公式，对次数不大于 n 的代数多项式 $f(x)$ 均可精确成立，而对于 $f(x)=x^{n+1}$ 不能精确成立，称该求积公式具有 n 次代数精度。

定理 7.2　含有 $(m+1)$ 个节点 $x_k(k=0,1,\cdots,m)$ 的插值型求积公式的代数精度至少为 m。

一般地，如果求积公式（7.1.3）具有 n 次代数精度，要求求积公式对于 $f(x)=1,x,\cdots,x^n$ 都精确成立，也就是 $\sum_{k=0}^{m}A_k=b-a$，$\sum_{k=0}^{m}A_kx_k=\frac{1}{2}(b^2-a^2)$，…，$\sum_{k=0}^{m}A_kx_k^n$ 都精确相等，但是当 $f(x)=x^{n+1}$ 时不精确成立。

如果先选出求积节点 x_k，例如，以区间 $[a,b]$ 的等距分点作为求积节点，取 $n=m$，这时求解方程组

$$\begin{cases}\sum_{k=0}^{m}A_k=b-a\\ \sum_{k=0}^{m}A_kx_k=\frac{1}{2}(b^2-a^2)\\ \quad\vdots\\ \sum_{k=0}^{m}A_kx_k^n=\frac{1}{m+1}(b^{m+1}-a^{m+1})\end{cases}$$

得到至少具有 n 次代数精度的求积系数 A_k。求解这类求积公式的问题，实质上就是确定求积节点 x_k 和求积系数 A_k。

7.1.3　插值型的求积公式

对 $[a,b]$ 给定一组划分，$a\leqslant x_0<x_1<x_2<\cdots<x_n\leqslant b$，且已知被积函数 $f(x)$ 在这

些节点上的函数值，这样，我们很容易想到利用拉格朗日插值函数替代被积函数。作拉格朗日插值函数 $L_n(x)$，而 $L_n(x)$ 的原函数是很容易直接求出的。因此，取 $I_n=\int_a^b L_n(x)\mathrm{d}x$ 近似于 $I=\int_a^b f(x)\mathrm{d}x$ 的值，这样可以直接得到求积公式，即

$$I_n=\sum_{k=0}^{n}A_k f(x_k) \tag{7.1.4}$$

这个类型的求积公式称为插值型求积公式，公式中的求积系数 A_k，是通过插值基函数 $l_k(x)$ 积分求出的，即

$$A_k=\int_a^b l_k(x)\mathrm{d}x \tag{7.1.5}$$

根据插值余项，对于插值型求积公式（7.1.4），公式的余项为

$$R[f]=I-I_n=\int_a^b \frac{f^{(n+1)}(\xi)}{(n+1)!}\omega_n(x)\mathrm{d}x \tag{7.1.6}$$

其中，ξ 的选取跟变量 x 有关；$\omega_n(x)$ 为

$$\omega_n(x)=(x-x_0)(x-x_1)\cdots(x-x_n) \tag{7.1.7}$$

如果求积公式（7.1.5）是插值型的，按式（7.1.6），可以得到对于次数不大于 n 的多项式函数 $f(x)$，余项 $R[f]$ 都等于0，即对于次数不大于 n 的多项式函数，求积公式是精确成立的，也就是求积公式的代数精度至少为 n。反之，若求积公式（7.1.4）至少具有 n 次代数精度，那么它必定是插值型求积公式。事实上，式（7.1.4）对于插值基函数 $l_k(x)$ 是精确成立的，即

$$\int_a^b l_k(x)\mathrm{d}x=\sum_{j=0}^{n}A_j l_k(x_j)$$

由于 $l_k(x_j)=\delta_{kj}=\begin{cases}0, & k=j\\ 1, & k\neq j\end{cases}$，故上式右端等于 A_k，因此式（7.1.5）成立。

7.2 牛顿-科茨公式

7.2.1 科茨系数

视频 34：牛顿-科茨求积公式

将积分区间等分，并取等点为求积公式节点，这样构造出来的插值型求积公式就是本节要研究的牛顿-科茨公式。下面将区间 $[a, b]$ 等分，取步长 $h=\dfrac{b-a}{n}$，利用等分节点构造插值型求积公式，即

$$I_n=(b-a)\sum_{k=0}^{n}C_k^{(n)}f(x_k) \tag{7.2.1}$$

式（7.2.1）称为牛顿-科茨公式，其中，C_k^n 称为科茨（Cotes）系数。按式（7.1.5）引进变换

$$x=a+th$$

则有

$$\begin{aligned}\int_a^b f(x)\,\mathrm{d}x &\approx \int_a^b L_n(x)\,\mathrm{d}x \\ &= \int_a^b \sum_{k=0}^{n} l_k(x) f_k \mathrm{d}x \\ &= \sum_{k=0}^{n} \left(\int_a^b l_k(x)\,\mathrm{d}x\right) f_k = \sum_{k=0}^{n} \left(\int_a^b \prod_{j=0,\ j\neq k}^{n} \frac{x-x_j}{x_k-x_j}\mathrm{d}x\right) f_k \\ &= h\sum_{k=0}^{n} \left(\int_0^n \prod_{j=0,\ j\neq k}^{n} \frac{t-j}{k-j} dt\right) f_k \\ &= \frac{b-a}{n}\sum_{k=0}^{n} \frac{(-1)^{n-k}}{k!\ (n-k)!}\left(\int_0^n \prod_{j=0,\ j\neq k}^{n} (t-j)\,\mathrm{d}t\right) f_k \\ &= (b-a)\sum_{k=0}^{n} \frac{(-1)^{n-k}}{nk!\ (n-k)!}\left(\int_0^n \prod_{j=0,\ j\neq k}^{n} (t-j)\,\mathrm{d}t\right) f_k\end{aligned}$$

对比式（7.2.1），可得

$$C_k^{(n)} = \frac{h}{b-a}\int_0^n \prod_{j=0,\ j\neq k}^{n} \frac{t-j}{k-j}\mathrm{d}t = \frac{(-1)^{n-k}}{nk!\ (n-k)!}\int_0^n \prod_{j=0,\ j\neq k}^{n} (t-j)\,\mathrm{d}t \tag{7.2.2}$$

由于是多项式的积分，科茨系数的计算不会遇到实质性的困难。当 $n=1$ 时，有 $C_0^{(1)} = -\int_0^1 (t-1)\,\mathrm{d}t = \frac{1}{2}$，$C_1^{(1)} = \int_0^1 t\mathrm{d}t = \frac{1}{2}$。这时求积公式 $I = \int_a^b f(x)\,\mathrm{d}x = (b-a)\frac{f(b)+f(a)}{2}$，这就是梯形公式（7.1.1）。

当 $n=2$ 时，由式（7.2.2）可求科茨系数，即 $C_0^{(2)} = \frac{1}{4}\int_0^2 (t-1)(t-2)\,\mathrm{d}t = \frac{1}{6}$，$C_1^{(2)} = -\frac{1}{2}\int_0^2 t(t-2)\,\mathrm{d}t = \frac{2}{3}$，$C_2^{(2)} = \frac{1}{4}\int_0^2 t(t-1)\,\mathrm{d}t = \frac{1}{6}$。于是得到求积公式，即

$$I = \int_a^b f(x)\,\mathrm{d}x = \frac{b-a}{6}\left[f(a) + 4f\left(\frac{a+b}{2}\right) + f(b)\right] \tag{7.2.3}$$

式（7.2.3）称为辛普森（Simpson）公式。当 $n=4$ 时，利用式（7.2.2）求科茨系数，即 $C_0^{(4)} = \frac{7}{90}$，$C_1^{(4)} = \frac{12}{90}$，$C_2^{(4)} = \frac{12}{90}$，$C_3^{(4)} = \frac{32}{90}$，$C_4^{(4)} = \frac{7}{90}$，得

$$I = \int_a^b f(x)\,\mathrm{d}x = \frac{b-a}{90}[7f(x_0) + 32f(x_1) + 12f(x_2) + 32f(x_3) + 7f(x_4)] \tag{7.2.4}$$

这里，$x_t = a + th$，$h = \frac{b-a}{4}$，式（7.2.4）称为科茨公式。

需要指出的是，当 $n \geqslant 8$ 时，牛顿–科茨公式的稳定性得不到保证（证明略），因此在实际计算中不使用高阶的牛顿–科茨公式。

7.2.2　偶数阶求积公式的代数精度

从前面的内容已经知道插值型的求积公式，n 阶的牛顿–科茨公式至少具有 n 次的代数精度（定理 7.2）。插值型求积公式的代数精度能否更高呢？

考察辛普森公式（7.2.3），它是2阶牛顿–科茨公式，至少具有二次代数精度，那么紧接着，用$f(x)=x^3$代入辛普森公式检验，得

$$S=\frac{b-a}{6}\left[a^3+4\left(\frac{a+b}{2}\right)^3+b^3\right]=\frac{b^4-a^4}{4}$$

视频35：求积公式的截断误差

另直接求积得$I=\int_a^b x^3\mathrm{d}x=\frac{b^4-a^4}{4}$。这时有$S=I$，即辛普森公式至少对3次以内的多项式都精确成立。

$$\int_a^b x^4\mathrm{d}x=\frac{b^5-a^5}{5}\neq\frac{b-a}{6}\left(a^4+\frac{1}{4}(a+b)^4+b^4\right)$$

可知，辛普森对于$f(x)=x^4$是不精确的，因此辛普森公式具有3次代数精度。

一般地，有以下定理。

定理7.3 当阶数n为偶数时，牛顿–科茨公式（7.2.1）至少具有$(n+1)$次代数精度。(证明略)

下面讨论牛顿–科茨公式求积公式余项问题。

定理7.4 （积分中值定理）如果$f(x)\in C[a,b]$，且$g(x)$在$[a,b]$上保号、可积，则存在$\xi\in[a,b]$，使得$\int_a^b f(x)g(x)\mathrm{d}x=f(\xi)\int_a^b g(x)\mathrm{d}x$。特别地，如果有$g(x)=1$，则有$\int_a^b f(x)\mathrm{d}x=f(\xi)(b-a)$。

考察梯形公式，按余项公式（7.1.6）可知，余项为

$$R(T)=I-T=\int_a^b\frac{f''(\xi)}{2}(x-a)(x-b)\mathrm{d}x$$

函数$(x-a)(x-b)$在区间$[a,b]$上保号，应用定理7.4，(a,b)内存在一点ξ，使得

$$R(T)=\frac{f''(\xi)}{2}\int_a^b(x-a)(x-b)\mathrm{d}x$$

$$R(T)=\frac{f''(\xi)}{2}\left(\frac{1}{3}x^3-\frac{a+b}{2}x^2+abx\right)\Bigg|_a^b=-\frac{f''(\xi)}{12}(b-a)^3 \tag{7.2.5}$$

下面研究辛普森公式（7.2.3）的余项$R(S)=I-S$。由于辛普森公式只有3个节点，但是代数精度是3次的，那么可以设一个次数不大于3的插值多项式$P(x)$，满足

$$P(a)=f(a),\ P(b)=f(b),\ P\left(\frac{a+b}{2}\right)=f\left(\frac{a+b}{2}\right),\ P'\left(\frac{a+b}{2}\right)=f'\left(\frac{a+b}{2}\right) \tag{7.2.6}$$

并且对于辛普森公式，多项式$P(x)$精确满足

$$\int_a^b P(x)\mathrm{d}x=\frac{b-a}{6}\left[P(a)+4P\left(\frac{a+b}{2}\right)+P(b)\right]$$

且积分余项（也称辛普森误差公式）为

$$R(S)=I-S=\int_a^b[f(x)-P(x)]\mathrm{d}x$$

对于满足插值条件式（7.2.6）的多项式$P(x)$，其插值余项为

$$f(x)-P(x)=\frac{f^{(4)}(\xi)}{4!}(x-a)(x-c)^2(x-b)\text{，其中}c\frac{a+b}{2}$$

故有

$$R(S)=\int_a^b \frac{f^{(4)}(\xi)}{4!}(x-a)(x-c)^2(x-b)\,\mathrm{d}x \tag{7.2.7}$$

函数 $(x-a)(x-c)^2(x-b)$ 在 $[a, b]$ 上保号，利用积分中值定理7.4，有

$$R(S)=\frac{f^{(4)}(\xi)}{4!}\int_a^b (x-a)(x-c)^2(x-b)\,\mathrm{d}x=-\frac{(b-a)^5}{2\,880}f^{(4)}(\xi) \tag{7.2.8}$$

利用类似的方法以及积分中值定理，可以得到科茨公式（7.2.4）的积分余项为

$$R(C)=I-C=-\frac{(b-a)^6}{230\,999\,580}f^{(6)}(\xi) \tag{7.2.9}$$

7.2.3 复化求积法及其收敛性

在本章第二节中提到，在使用牛顿-科茨公式时，提高求积公式的阶数并不总能改善求积的精度，为了解决这类问题人们提出了复化求积法。其思路如下，根据前面对于积分公式误差的分析，如果积分区间（步长）越小，误差就越小。

视频36：复化求积公式

基于此，将区间 $[a, b]$ 划分 n 等份，取步长 $h=\frac{b-a}{n}$，节点为 $x_k=a+kh$，$k=0, 1, \cdots, n$。在每个划分后的小区间上用低阶牛顿-科茨公式求得每个小区间 $[x_k, x_{k+1}]$ 上的积分值 I_k，然后再把每一个区间上的积分结果加起来，用 $\sum\limits_{k=0}^{n-1} I_k$ 的值近似积分 I 的值，这就是复化求积法。

首先，研究复化梯形公式，在划分后的每个区间 $[x_k, x_{k+1}]$ 上应用梯形公式，即

$$I=\int_a^b f(x)\,\mathrm{d}x=\sum_{k=0}^{n-1}\int_{x_k}^{x_{k+1}} f(x)\,\mathrm{d}x \tag{7.2.10}$$

$$T_n=\sum_{k=0}^{n-1}\frac{h}{2}[f(x_k)+f(x_{k+1})]=\frac{h}{2}\left[f(a)+2\sum_{k=1}^{n-1}f(x_k)+f(b)\right] \tag{7.2.11}$$

根据式（7.2.5），积分余项（也称复化梯形误差公式）为

$$\begin{aligned}R(T_n)=I-T_n&=\sum_{k=0}^{n-1}\left[-\frac{h^3}{12}f''(\xi_k)\right]\\&=-\frac{(b-a)h^2}{12}\frac{1}{n}\sum_{k=0}^{n-1}[f''(\xi_k)]=-\frac{b-a}{12}h^2f''(\xi)\end{aligned} \tag{7.2.12}$$

其中，$\xi\in[a, b]$，由于 $f(x)\in C^2[a, b]$，而且误差阶是 h^2 阶，所以有

$$\lim_{n\to\infty} T_n=\int_a^b f(x)\,\mathrm{d}x$$

也就是说，复化梯形公式是收敛的。

下面考察复化辛普森公式，子区间 $[x_k, x_{k+1}]$ 的中点记为 $x_{k+\frac{1}{2}}$，在每个子区间上利用复化辛普森公式可得

$$S_n=\sum_{k=0}^{n-1}\frac{h}{6}[f(x_k)+4f(x_{k+\frac{1}{2}})+f(x_{k+1})]$$

$$= \frac{h}{6}\left[f(a) + 4\sum_{k=0}^{n-1} f(x_{k+\frac{1}{2}}) + 2\sum_{k=1}^{n-1} f(x_k) + f(b)\right] \tag{7.2.13}$$

$$R(S_n) = I - S_n = -\frac{b-a}{180}\left(\frac{h}{2}\right)^4 f^{(4)}(\xi) \qquad \xi \in [a, b] \tag{7.2.14}$$

与复化梯形公式类似，可以看出复化辛普森公式的误差阶是 h^4，显然复化辛普森公式是收敛的。

最后，如果每个子区间 $[x_k, x_{k+1}]$ 再分成4等份，内分点依次记为 $x_{k+\frac{1}{4}}$、$x_{k+\frac{1}{2}}$、$x_{k+\frac{3}{4}}$，则复化科茨公式为

$$C_n = \frac{h}{90}\left[7f(a) + 32\sum_{k=0}^{n-1} f(x_{k+\frac{1}{4}}) + 12\sum_{k=0}^{n-1} f(x_{k+\frac{1}{2}}) + 32\sum_{k=0}^{n-1} f(x_{k+\frac{3}{4}}) + 14\sum_{k=1}^{n-1} f(x_k) + 7f(b)\right] \tag{7.2.15}$$

根据式（7.2.8），以及类似于复化梯形公式的分析，可以得到复化科茨公式的余项（也称复化科茨误差公式）为

$$R(C_n) = I - C_n = -\frac{2(b-a)}{180}\left(\frac{h}{2}\right)^6 f^{(6)}(\xi) \qquad \xi \in [a, b] \tag{7.2.16}$$

复化科茨公式的误差阶是 h^6，复化科茨公式也是收敛的。对于其他的牛顿-科茨公式也可以用类似的方法加以复化。

定义 7.3 有一复化求积公式 I_n，若当 $h \to 0$ 时，有

$$\lim_{h\to 0} \frac{I - I_n}{h^P} = C \qquad (C \neq 0)$$

则称复化求积公式 I_n 是 P 阶收敛的。

例 7.1：根据下表，利用复化梯形公式和复化辛普森公式计算 $I = \int_0^1 \frac{\sin x}{x}dx$ 的近似值，并分别估计误差。

k	x_k	$f(x_k) = \frac{\sin x_k}{x_k}$	k	x_k	$f(x_k) = \frac{\sin x_k}{x_k}$
0	0	1	5	$\frac{5}{8}$	0.936 155 6
1	$\frac{1}{8}$	0.997 397 8	6	$\frac{3}{4}$	0.908 851 6
2	$\frac{1}{4}$	0.989 615 8	7	$\frac{7}{8}$	0.877 192 5
3	$\frac{3}{8}$	0.976 726 7	8	1	0.841 470 9
4	$\frac{1}{2}$	0.958 851 0			

解　由复化梯形公式可得

$$I \approx T_n = \frac{1}{16}[f(0) + f(1) + 2\sum_{k=1}^{7} f(\frac{k}{8})] = 0.945\ 691$$

由复化辛普森公式可得

$$I \approx S_n = \frac{1}{24}\left[f(0) + f(1) + 2\sum_{k=1}^{3} f(\frac{k}{4}) + 4\sum_{k=1}^{4} f(\frac{2k-1}{8})\right] = 0.946\ 084$$

与准确值 $I = 0.946\ 083\ 1\cdots$ 比较，显然用复化辛普森公式计算的精度要比复化梯形公式高。

为了利用余项公式估计误差，要求 $f(x) = \frac{\sin x}{x}$ 的高阶导数，由于

$$f(x) = \frac{\sin x}{x} = \int_0^1 \cos(xt)\,\mathrm{d}t$$

所以有

$$f^{(k)}(x) = \int_0^1 \frac{\mathrm{d}k}{\mathrm{d}x^k}\cos(xt)\,\mathrm{d}t = \int_0^1 t^k \cos\left(xt + \frac{k\pi}{2}\right)\mathrm{d}t$$

于是

$$\max_{0\leqslant x\leqslant 1} |f^{(k)}(x)| = \int_0^1 \left| t^k \cos\left(xt + \frac{k\pi}{2}\right)\right| \mathrm{d}t \leqslant \int_0^1 t^k \mathrm{d}t = \frac{1}{k+1}$$

由复化梯形误差公式得

$$|R_8(f)| = |I - T_8| \leqslant \frac{h^2}{12}\max_{0\leqslant x\leqslant 1}|f''(x)| \leqslant \frac{1}{12}\left(\frac{1}{8}\right)^2 \frac{1}{3} = 0.000\ 434$$

由复化辛普森误差公式得

$$|R_4(f)| = |I - S_4| \leqslant \frac{1}{180}\left(\frac{1}{8}\right)^4 \frac{1}{5} = 0.271 \times 10^{-6}$$

例 7.2：用复化求积公式计算下列积分，试问当要求计算结果有 4 位有效数字时，n 应取多大？

$$I = \int_0^1 \mathrm{e}^{-x}\mathrm{d}x$$

解　当 $0 \leqslant x \leqslant 1$ 时，有

$$0.3 \leqslant \mathrm{e}^{-1} \leqslant \mathrm{e}^{x} \leqslant 1$$

于是

$$0.3 < \int_0^1 \mathrm{e}^{-x}\mathrm{d}x < 1$$

要求计算结果有 4 位有效数字，即要求误差不超过 $\frac{1}{2} \times 10^{-4}$。又

$$|f^{(k)}(x)| = \mathrm{e}^{-x} \leqslant 1 \qquad x \in [0,\ 1]$$

则由式（7.2.12）得

$$|R(T_n)| = \frac{1}{12}h^2|f''(\xi)| \leqslant \frac{h^2}{12} = \frac{1}{2} \times 10^{-4}$$

即 $n^2 \geqslant \frac{1}{6} \times 10^4$，开方得 $n \geqslant 40.8$。因此若用复化梯形公式，$n=41$ 才能达到精度。

若用复化辛普森公式，由式（7.2.14）可得

$$|R(S_n)| = \frac{1}{180}\left(\frac{h}{2}\right)^4|f^{(4)}(\xi)| \leqslant \frac{h^4}{180 \times 16} = \frac{1}{180 \times 16}\left(\frac{1}{n}\right)^4 \leqslant \frac{1}{2} \times 10^{-4}$$

即为 $n \geqslant 1.62$，故取 $n=2$ 就可以达到所需要的精度。

7.3 龙贝格算法

7.3.1 梯形法的递推化

在上一节中已经介绍，复化求积公式的截断误差随着步长的缩小而减少，若被积函数的高阶导数容易估计时，由事先给定的精度可以提前确定步长，不过一般情况下这样做是很困难的。在实际计算时，我们总是尝试从某个步长出发计算近似值，如果精度不够就将步长逐次分半来提高近似值，直至所求得的近似值满足精度要求为止。

下面来探讨梯形法的计算规律。将被积区间 $[a, b]$ 等分为 n 等份，等分后共有 $(n+1)$ 个节点。接下来，如果将求积区间再二分一次，则节点将增至 $(2n+1)$ 个，考虑二分前后的两个积分值，可以观察到每个子区间 $[x_k, x_{k+1}]$ 经过再次二分只增加了一个节点 $x_{k+\frac{1}{2}} = \frac{1}{2}(x_k + x_{k+1})$，使用复化梯形公式求得该子区间上的近似值为 $\frac{h}{4}[f(x_k) + 2f(x_{k+\frac{1}{2}}) + f(x_{k+1})]$。

注意，这里步长 $h = \frac{b-a}{n}$ 是二分前的步长，将每个子区间上所得到的积分值相加得

$$T_{2n} = \frac{h}{4}\sum_{k=0}^{n-1}[f(x_k) + f(x_{k+1})] + \frac{h}{2}\sum_{k=0}^{n-1}f(x_{k+\frac{1}{2}})$$

也就是

$$T_{2n} = \frac{1}{2}T_n + \frac{h}{2}\sum_{k=0}^{n-1}f(x_{k+\frac{1}{2}}) \tag{7.3.1}$$

这表明，将步长由 h 缩小成 $\frac{h}{2}$ 时，T_{2n} 的值等于 T_n 的一半再加上新增加节点处的函数值乘以二分后的步长。

7.3.2　龙贝格公式

视频37：龙贝格求积算法

从上一小节的分析中，我们可以看到复化梯形公式算法简单，但精度较差，收敛的速度慢。那么，如何提高收敛速度，自然成为大家极为关心的问题。

由复化梯形误差公式（7.2.12）可以看到，T_n 的截断误差大体上与 h^2 成正比，因此进一步将步长二分之后，可得

$$\frac{I - T_{2n}}{I - T_n} = \frac{-\frac{b-a}{12}\frac{h^2}{4}f''(\xi)}{-\frac{b-a}{12}h^2 f''(\xi)} \approx \frac{1}{4}$$

将上式移项整理可得

$$I - T_{2n} \approx \frac{1}{3}(T_{2n} - T_n) \tag{7.3.2}$$

也就是说，二分后的误差约为二分前误差的 1/3。还可以得到

$$I = \frac{4}{3}T_{2n} - \frac{1}{3}T_n \tag{7.3.3}$$

由式（7.3.1）可得

$$\begin{aligned}
I &= \frac{4}{3}T_{2n} - \frac{1}{3}T_n \\
&= \frac{4}{3} \times \left(\frac{1}{2}T_n + \frac{h}{2}\sum_{k=0}^{n-1} f(x_{k+\frac{1}{2}})\right) - \frac{1}{3}T_n \\
&= \frac{1}{3}T_n + \frac{2h}{3}\sum_{k=0}^{n-1} f(x_{k+\frac{1}{2}}) \\
&= \frac{1}{3}\sum_{k=0}^{n-1}\frac{h}{2}[f(x_k) + f(x_{k+1})] + \frac{2h}{3}\sum_{k=0}^{n-1} f(x_{k+\frac{1}{2}}) \\
&= \sum_{k=0}^{n-1}\frac{h}{6}[f(x_k) + 4f(x_{k+\frac{1}{2}}) + f(x_{k+1})]
\end{aligned}$$

即

$$S_n = \frac{4}{3}T_{2n} - \frac{1}{3}T_n \tag{7.3.4}$$

再考查复化辛普森公式，按复化辛普森误差公式（7.2.14），若将步长减小 1/2，其误差将减至原来的 1/16，即

$$\frac{I - S_{2n}}{I - S_n} \approx \frac{1}{16},\ I \approx \frac{16}{15}S_{2n} - \frac{1}{15}S_n \tag{7.3.5}$$

不难验证，上式右端的 I 其实是 C_n，也就是说，用复化辛普森公式二分前的 S_n 与二分后的 S_{2n} 按式（7.3.5）进行组合，可以得到复化科茨公式，即

$$C_n \approx \frac{16}{15}S_{2n} - \frac{1}{15}S_n \tag{7.3.6}$$

重复同样的方法，利用复化科茨误差公式可以导出龙贝格公式，即

$$R_n \approx \frac{64}{63}C_{2n} - \frac{1}{63}C_n \tag{7.3.7}$$

在二分步长的过程中利用式（7.3.4）、式（7.3.6）和式（7.3.7），可以将误差较大的复化梯形公式的近似值 T_n 逐步变换成精度较高的积分值（复化辛普森公式的值 S_n，复化科茨公式的值 C_n 以及龙贝格公式的值 R_n）。

例 7.3：利用龙贝格公式计算积分值 $I = \int_0^1 \frac{\sin x}{x}\mathrm{d}x$，$I = 0.946\,083\,1$。

解 先对区间 [0，1] 使用梯形公式，计算得

$$T_1 = \frac{1}{2}[f(0) + f(1)] = 0.920\,735\,5$$

再将区间二等分，之后利用递推公式（7.3.1），可以得到

$$T_2 = \frac{1}{2}T_1 + \frac{1}{2}f\left(\frac{1}{2}\right) = 0.939\,793\,3$$

一直不断二分，计算结果如下表所示（k 表示二分次数，$n = 2^k$ 是等分的区间数，$k = 0$，1，2，3）。

k	T_2^k	S_2^{k-1}	C_2^{k-2}	R_2^{k-2}
0	0.920 735 5			
1	0.939 793 3	0.946 145 9		
2	0.944 513 5	0.946 086 9	0.946 083 0	
3	0.945 690 9	0.946 083 3	0.946 083 1	0.946 083 1

7.4 高斯点和高斯公式

视频 38：高斯型求积公式

等距节点的插值型求积公式，虽然计算简单、使用方便，但是这种节点等距的限制却造成了不能有效提高求积公式的代数精度的问题。试想如果对划分的节点不加等距的限制，并选择合适的求积系数，很有可能会提高求积公式的精度。接下来要学习的高斯公式也正是研究对于机械求积公式

$$\int_a^b f(x)\,\mathrm{d}x = \sum_{k=0}^{n} A_k f(x_k) \tag{7.4.1}$$

在节点数固定时，适当地选取节点 $\{x_k\}$ 以及求积系数 $\{A_k\}$，使得求积公式具有最高精度。观察机械求积公式，可以看到公式中含有 $(2n+2)$ 个待定参数 x_k、$A_k(k = 0, 1, \cdots, n)$，选择适当的参数，有可能使得求积公式的代数精度提高到 $(2n+1)$ 次，这种类型的求积公式称为高斯公式。

7.4.1 高斯点

定义 7.4 如果求积公式（7.4.1）具有（$2n+1$）次代数精度，则称其节点 x_k（$k=0$，1，…，n）为高斯点，相应的求积公式称为高斯公式。

定理 7.5 插值型求积公式的节点 x_k（$a \leqslant x_0 < x_1 < \cdots < x_n \leqslant b$）是高斯点的充要条件是：以这些节点为零点的多项式

$$\omega_{n+1}(x)=(x-x_0)(x-x_1)\cdots(x-x_n)$$

与任何次数不超过 n 的多项式 $P(x)$ 都正交，即

$$\int_a^b P(x)\omega_{n+1}(x)\,\mathrm{d}x=0 \tag{7.4.2}$$

证明如下。

（1）必要性。设存在多项式 $P(x)\in H_n$，则 $P(x)\omega_{n+1}(x)\in H_{2n+1}$。因此，如果 x_0，x_1，…，x_n 是高斯点，则 $f(x)=P(x)\omega_{n+1}(x)$ 对于求积公式（7.4.2）精确成立，也就是

$$\int_a^b P(x)\omega_{n+1}(x)\,\mathrm{d}x=\sum_{k=0}^{n}A_kP(x_k)\omega_{n+1}(x_k)=0$$

故式（7.4.2）成立。

（2）充分性。对于 $\forall f(x)\in H_{2n+1}$，用 $\omega_{n+1}(x)$ 除 $f(x)$，结果为 $P(x)$，余项为 $q(x)$，即 $f(x)=P(x)\omega_{n+1}(x)+q(x)$，其中 $P(x)$，$q(x)\in H_n$，由式（7.4.2）可知

$$\int_a^b f(x)\,\mathrm{d}x=\int_a^b q(x)\,\mathrm{d}x \tag{7.4.3}$$

由于所给求积公式（7.4.1）是插值型的，前面已经知道对于插值型多项式，$q(x)\in H_n$ 是精确成立的，也就是

$$\int_a^b f(x)\,\mathrm{d}x=\sum_{k=0}^{n}A_kq(x_k)$$

又因为 $\omega_{n+1}(x_k)=0(k=0,1,\cdots,n)$，可知 $q(x_k)=f(x_k)(k=0,1,\cdots,n)$，从而由式（7.4.3）有

$$\int_a^b f(x)\,\mathrm{d}x=\int_a^b q(x)\,\mathrm{d}x=\sum_{k=0}^{n}A_kf(x_k)$$

可见，对一切次数不超过 $(2n+1)$ 的多项式求积公式（7.4.1）都精确成立，因此 $x_k(k=0,1,\cdots,n)$ 为高斯点。证毕。

接下来，考虑高斯公式的余项。设 $H(x)$ 为在节点 $x_k(k=0,1,\cdots,n)$ 处 $f(x)$ 的 $(2n+1)$ 次埃尔米特插值多项式，满足以下插值条件

$$H_{2n+1}(x_k)=f(x_k),\ H'_{2n+1}(x_k)=f'(x_k)\qquad (k=0,1,\cdots,n)$$

由埃尔米特余项公式

$$f(x)-H(x)=\frac{f^{(2n+2)}(\xi)}{(2n+2)!}\omega_{n+1}^2(x)$$

有

$$
\begin{aligned}
R(f) &= \int_a^b f(x)\,\mathrm{d}x - \sum_{k=0}^{n} A_k f(x_k) \\
&= \int_a^b f(x)\,\mathrm{d}x - \sum_{k=0}^{n} A_k H(x_k) \\
&= \int_a^b f(x)\,\mathrm{d}x - \int_a^b H(x)\,\mathrm{d}x \\
&= \int_a^b [f(x) - H(x)]\,\mathrm{d}x \\
&= \int_a^b \frac{f^{(2n+2)}(\xi)}{(2n+2)!}\omega_{n+1}^2(x)\,\mathrm{d}x
\end{aligned} \tag{7.4.4}
$$

定理 7.6 高斯公式的求积系数 $A_k(k=0, 1, \cdots, n)$ 全是正的。

证明：设高斯点 $x_k(k=0, 1, \cdots, n)$ 构造的高斯公式具有 $(2n+1)$ 次代数精度，因此对于多项式 $l_k^2(x) = \left(\prod\limits_{\substack{j=0\\ j\neq k}}^{n} \frac{x - x_j}{x_k - x_j}\right)^2 (k=0, 1, \cdots, n)$，求积公式都精确成立，即

$$
\int_a^b l_k^2(x)\,\mathrm{d}x = \sum_{j=0}^{n} A_j l_k^2(x_j) = A_k \qquad (k=0, 1, \cdots, n)
$$

所以高斯公式是稳定的。

7.4.2 高斯公式

下面通过高斯点的寻找，来构造高斯公式。为不失一般性，取区间为 $[-1, 1]$。因为于任意区间 $[a, b]$，取 $x = \frac{b-a}{2}t + \frac{b+a}{2}$ 时，$\int_a^b f(x)\,\mathrm{d}x = \frac{b-a}{2}\int_{-1}^{1} f\left(\frac{b-a}{2}t + \frac{a+b}{2}\right)\mathrm{d}t$，所以，研究 $[-1, 1]$ 区间完全不失一般性。

研究 $[-1, 1]$ 区间上的高斯公式，即

$$
\int_{-1}^{1} f(x)\,\mathrm{d}x \approx \sum_{k=0}^{n} A_k f(x_k) \tag{7.4.5}
$$

取 $[-1, 1]$ 上的正交多项式 $P_{n+1}(x)$，多项式的零点就是式（7.4.5）的高斯点，构造出来的公式称为高斯公式。

在区间 $[-1, 1]$ 上，将 $\{1, x, x^2, \cdots, x^n\}$ 正交化得到一组正交多项式，称为勒让德（Legendre）多项式。$P_0(x)=1$，$P_n(x) = \frac{1}{2^n n!}\frac{\mathrm{d}^n}{\mathrm{d}x^n}\{(x^2-1)^n\}$ $(n=1, 2, \cdots)$ 为勒让德多项式的一般表达式。

下面以勒让德多项式为例构造高斯公式——高斯-勒让德公式。取 $P_1(x)=x$，$x=0$ 为多项式的零点，将零点作为高斯点构造求积公式，即

$$
\int_{-1}^{1} f(x)\,\mathrm{d}x \approx A_0 f(0)
$$

令它对 $f(x)=1$ 精确成立，可得 $A_0=2$。这样构造出的求积公式为一点高斯-勒让德公式，

也是我们熟知的中矩形公式。再取 $P_2(x) = \frac{1}{2}(3x^2 - 1)$，多项式有两个零点 $\pm\frac{1}{\sqrt{3}}$，利用这两个点作为高斯点构造求积公式，即

$$\int_{-1}^{1} f(x)\,\mathrm{d}x \approx A_0 f\left(-\frac{1}{\sqrt{3}}\right) + A_1 f\left(\frac{1}{\sqrt{3}}\right)$$

上式对于 $f(x) = 1$、x 都精确成立，代入可得方程组

$$A_0 + A_1 = 2$$

$$A_0\left(-\frac{1}{\sqrt{3}}\right) + A_1\left(\frac{1}{\sqrt{3}}\right) = 0$$

解出 $A_0 = A_1 = 1$，则有

$$\int_{-1}^{1} f(x)\,\mathrm{d}x \approx f\left(-\frac{1}{\sqrt{3}}\right) + f\left(\frac{1}{\sqrt{3}}\right)$$

7.5　数值微分

7.5.1　中点方法

在微分学中，求函数 $f(x)$ 的 $f'(x)$ 一般是容易的，但如果函数 $f(x)$ 是用表格形式给出，$f'(x)$ 就不那么容易求得了，这种情况下，对列表函数求导数通常使用数值微分。

视频 39：
数值微分

按照数学分析的定义，导数 $f'(a)$ 是差商 $\frac{f(a+h) - f(a)}{h}$ 当 $h \to 0$ 时的极限。如果对精度要求不高，可以用差商近似代替导数，就是最简单的数值微分公式，它有以下 3 种形式。

（1）向前差商，其表达式为

$$f'(x_0) \approx \frac{f(x_0 + h) - f(x_0)}{h} \tag{7.5.1}$$

（2）向后差商，其表达式为

$$f'(x_0) \approx \frac{f(x_0) - f(x_0 - h)}{h} \tag{7.5.2}$$

（3）中心差商，其表达式为

$$f'(x_0) \approx \frac{f(x_0 + h) - f(x_0 - h)}{2h} \tag{7.5.3}$$

从几何图形上看，这 3 个差商分别表示弦 AB、AC 和 BC 的斜率。将这 3 条弦的斜率与过 A 点的切线斜率相比较，从图 7.5.1 可以看出，BC 的斜率更接近于 A 点的斜率 $f'(x_0)$，即

$$G(h) = \frac{f(x_0 + h) - f(x_0 - h)}{2h} \tag{7.5.4}$$

式（7.5.4）称为求 $f'(x_0)$ 的中点公式。从精度上来看，求导数使用中点公式更好一些。

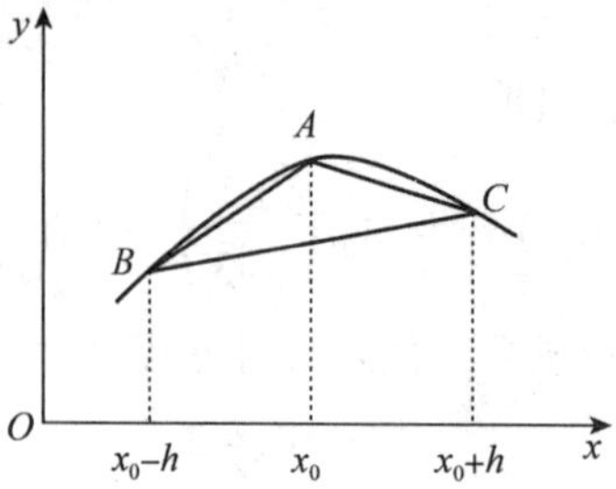

图 7.5.1 差商

上述 3 种数值微分方法，全都是将导数的计算变成计算函数 f 在若干点上的函数值的组合。这类求数值微分方法称为机械求导法。

从上面的分析中，可知要利用中点公式（7.5.4）计算 $f'(x_0)$ 的近似值，必须选取合适的步长来使得结果更加精确。将 $f(x_0 \pm h)$ 在 $x = x_0$ 处作泰勒展开，可得

$$f(x_0 \pm h) = f(x_0) \pm hf'(x_0) + \frac{h^2}{2!}f''(x_0) \pm \frac{h^3}{3!}f'''(x_0) + \frac{h^4}{4!}f^{(4)}(x_0) \pm \frac{h^5}{5!}f^{(5)}(x_0) + \cdots$$

代入式（7.5.4）中有

$$G(h) = f'(x_0) + \frac{h^2}{3!}f'''(x_0) + \frac{h^4}{5!}f^{(5)}(x_0) + \cdots$$

根据上式，得截断误差为 $O(h^2)$，所以 步长 h 越小，计算结果越精确。

又考虑到步长 h 很小时，$f(x_0 + h)$ 与 $f(x_0 - h)$ 很接近，两个值相减可能会造成很大的舍入误差（参见本书 1.2 节），因而步长 h 不宜取得太小。

7.5.2 实用的五点公式

对于列表函数 $y = f(x)$（见表 7.5.1），可以用插值法作插值多项式 $y = P_n(x)$ 来近似表示列表函数关系 $y = f(x)$。多项式求导是容易的，可以用 $P'_n(x)$ 的值近似表示 $f'(x)$ 的值，也就是

$$f'(x) \approx P'_n(x) \tag{7.5.5}$$

式（7.5.5）称为插值型求导公式。

表 7.5.1 列表函数

x	$x_0,\ x_1,\ x_2,\ \cdots,\ x_n$
$y = f(x)$	$y_0,\ y_1,\ y_2,\ \cdots,\ y_n$

需要指出的是，即使 $f(x)$ 与插值函数 $P_n(x)$ 的误差很小，节点处导数的值依然可能差别很大，因此在使用插值型求导公式（7.5.5）时需要特别注意误差的分析。

根据插值余项，插值型求导公式（7.5.5）的余项为

$$f'(x) - P'_n(x) = \left(\frac{f^{(n+1)}(\xi)}{(n+1)!}\omega_{n+1}(x)\right)' = \frac{f^{(n+1)}(\xi)}{(n+1)!}\omega'_{n+1}(x) + \frac{\omega_{n+1}(x)}{(n+1)!}\frac{\mathrm{d}}{\mathrm{d}x}f^{(n+1)}(\xi) \tag{7.5.6}$$

其中，$\omega_{n+1}(x)=\left(\prod_{k=0}^{n}x-x_i\right)^2$。

在式（7.5.6）中，ξ 是依赖于 x 的未知函数，第二项 $\dfrac{\omega_{n+1}(x)}{(n+1)!}\dfrac{\mathrm{d}}{\mathrm{d}x}f^{(n+1)}(\xi)$ 无法作出判定。因此，对于任意点 x，$f'(x)-P'_n(x)$ 的误差是无法估计的。但是，如果限定在节点 x_k 上的导数值，那么式（7.5.6）第二项中 $\omega_{n+1}(x_k)=0$，这时余项公式变为

$$f'(x_k)-P'_n(x_k)=\frac{f^{(n+1)}(\xi)}{(n+1)!}\omega'_{n+1}(x_k) \tag{7.5.7}$$

下面介绍的公式都只考虑节点处的导数值，并且假设所给的节点都是等距的。

1. 两点公式

考虑两个节点 x_0、x_1，步长为 h，作线性插值函数，即

$$P_1(x)=\frac{x-x_1}{x_0-x_1}f(x_0)+\frac{x-x_0}{x_1-x_0}f(x_1)$$

对上式两端求导，有

$$P'_1(x)=\frac{1}{h}[-f(x_0)+f(x_1)]$$

因此，节点处导数有下列公式，即

$$P'_1(x_0)=\frac{1}{h}[f(x_1)-f(x_0)],\ P'_1(x_1)=\frac{1}{h}[f(x_1)-f(x_0)] \tag{7.5.8}$$

利用余项公式（7.5.7）得，带余项的两点公式分别为

$$f'(x_0)=\frac{1}{h}[f(x_1)-f(x_0)]-\frac{h}{2}f''(\xi)$$

$$f'(x_1)=\frac{1}{h}[f(x_1)-f(x_0)]+\frac{h}{2}f''(\xi)$$

2. 三点公式

考虑 3 个节点 x_0，$x_1=x_0+h$，$x_2=x_0+2h$，作二次插值函数，即

$$P_2(x)=\frac{(x-x_1)(x-x_2)}{(x_0-x_1)(x_0-x_2)}f(x_0)+\frac{(x-x_0)(x-x_2)}{(x_1-x_0)(x_1-x_2)}f(x_1)+\frac{(x-x_0)(x-x_1)}{(x_2-x_0)(x_2-x_1)}f(x_2)$$

令 $x=x_0+th$，代入上式可得

$$P_2(x_0+th)=\frac{1}{2}(t-1)(t-2)f(x_0)-t(t-2)f(x_1)+\frac{1}{2}t(t-1)f(x_2)$$

两端对 t 求导，有

$$P'_2(x_0+th)=\frac{1}{2h}[(2t-3)f(x_0)-(4t-4)f(x_1)+(2t-1)f(x_2)] \tag{7.5.9}$$

对上式分别取 $t=0$，1，2，得到以下 3 个三点公式，分别为

$$P'_2(x_0)=\frac{1}{2h}[-3f(x_0)+4f(x_1)-f(x_2)]$$

$$P'_2(x_1)=\frac{1}{2h}[-f(x_0)+f(x_2)]$$

$$P'_2(x_2)=\frac{1}{2h}[f(x_0)-4f(x_1)+3f(x_2)]$$

根据余项公式（7.5.7）得带余项的三点公式为

$$f'(x_0)=\frac{1}{2h}[-3f(x_0)+4f(x_1)-f(x_2)]+\frac{h^2}{3}f'''(\xi)$$

$$f'(x_1)=\frac{1}{2h}[-f(x_0)+f(x_2)]-\frac{h^2}{6}f'''(\xi)$$

$$f'(x_2)=\frac{1}{2h}[f(x_0)-4f(x_1)+3f(x_2)]+\frac{h^2}{3}f'''(\xi)$$

另外，用插值多项式函数 $P_n(x)$ 近似表示函数$f(x)$，还可以得出高阶数值微分公式，即

$$f^{(k)}(x)\approx P_n^{(k)}(x)\qquad(k=1,2,\cdots)$$

例如，对式（7.5.9）再求导一次，有

$$P''_2(x_0+th)=\frac{1}{h^2}[f(x_0)-2f(x_1)+f(x_2)]$$

从而就得到

$$P''_2(x_1)=\frac{1}{h^2}[f(x_1-h)-2f(x_1)+f(x_1+h)]\tag{7.5.10}$$

则带余项的二阶三点公式为

$$f''(x_1)=\frac{1}{h^2}[f(x_1-h)-2f(x_1)+f(x_1+h)]-\frac{h^2}{12}f^{(4)}(\xi)$$

3. 五点公式

设$f(x)$ 为区间 $[a, b]$ 上的函数，在等距节点 $a=x_0<x_1<x_2<x_3<x_4=b$ 处的函数值为$f(x_k)(k=0, 1, 2, 3, 4)$，且 $x_{k+1}-x_k=h$ 。在区间 $[a, b]$ 上作$f(x)$ 的4次拉格朗日插值函数$P_4(x)$，将 $x=x_0+th$，$t\in[0, 4]$，$x_k=x_0+kh$ 代入$P_4(x)$，并将方程两端对t求两次导数，再分别把$t=0, 1, 2, 3, 4$ 代入求导后的公式，即可得到 $x_k(k=0, 1, 2, 3, 4)$ 节点一阶导数和二阶导数的五点数值微分公式。一阶五点公式分别为

$$P'(x_0)=\frac{1}{12h}[-25f(x_0)+48f(x_1)-36f(x_2)+16f(x_3)-3f(x_4)]$$

$$P'(x_1)=\frac{1}{12h}[-3f(x_0)-10f(x_1)+18f(x_2)-6f(x_3)+f(x_4)]$$

$$P'(x_2)=\frac{1}{12h}[f(x_0)-8f(x_1)+8f(x_3)-f(x_4)],$$

$$P'(x_3)=\frac{1}{12h}[-f(x_0)+6f(x_1)-18f(x_2)+10f(x_3)+3f(x_4)]$$

$$P'(x_4)=\frac{1}{12h}[3f(x_0)-16f(x_1)+36f(x_2)-48f(x_3)+25f(x_4)]$$

因此，带余项的五点公式分别为

$$f'(x_0)=\frac{1}{12h}[-25f(x_0)+48f(x_1)-36f(x_2)+16f(x_3)-3f(x_4)]+\frac{h^4}{5}f^{(5)}(\xi)$$

$$f'(x_1)=\frac{1}{12h}[-3f(x_0)-10f(x_1)+18f(x_2)-6f(x_3)+f(x_4)]-\frac{h^4}{20}f^{(5)}(\xi)$$

$$f'(x_2)=\frac{1}{12h}[f(x_0)-8f(x_1)+8f(x_3)-f(x_4)]+\frac{h^4}{30}f^{(5)}(\xi)$$

$$f'(x_3)=\frac{1}{12h}[-f(x_0)+6f(x_1)-18f(x_2)+10f(x_3)+3f(x_4)]-\frac{h^4}{20}f^{(5)}(\xi)$$

$$f'(x_4)=\frac{1}{12h}[3f(x_0)-16f(x_1)+36f(x_2)-48f(x_3)+25f(x_4)]+\frac{h^4}{5}f^{(5)}(\xi)$$

二阶五点公式分别为

$$P''(x_0)=\frac{1}{12h^2}[35f(x_0)-104f(x_1)+114f(x_2)-56f(x_3)+11f(x_4)]$$

$$P''(x_1)=\frac{1}{12h^2}[11f(x_0)-20f(x_1)+6f(x_2)+4f(x_3)-f(x_4)]$$

$$P''(x_2)=\frac{1}{12h^2}[-f(x_0)+16f(x_1)-30f(x_2)+16f(x_3)-f(x_4)]$$

$$P''(x_3)=\frac{1}{12h^2}[-f(x_0)+4f(x_1)+6f(x_2)-20f(x_3)+11f(x_4)]$$

$$P''(x_4)=\frac{1}{12h^2}[11f(x_0)-56f(x_1)+114f(x_2)-104f(x_3)+35f(x_4)]$$

对于给定的一份数据表格，用五点公式求节点上的一阶导数和二阶导数值，一般精度都可以达到要求。5 个相邻节点的选择方法：一般是在所求节点的两侧各取 2 个节点，如果一侧的节点少于 2 个，则可以取另一侧的节点。

例 7.4：用三点公式和五点公式分别求 $f(x)=\frac{1}{(1+x)^2}$ 在 $x=1.0$，1.1，1.2 处的导数值，并估计误差。$f(x)$ 的值由下表给出。

x	1.0	1.1	1.2	1.3	1.4
$f(x)$	0.250 0	0.226 8	0.206 6	0.189 0	0.173 6

解　用三点公式求得的导数值分别为

$$f'(1.0)=\frac{1}{2\times 0.1}\times[-3f(1.0)+4f(1.1)-f(1.2)]=-0.247$$

$$f'(1.1)=\frac{1}{2\times 0.1}\times[-f(1.0)+f(1.2)]=-0.217$$

$$f'(1.2)=\frac{1}{2\times 0.1}\times[-f(1.1)+f(1.3)]=-0.189$$

$$f'(x)=-2\times(1+x)^{-3}$$

$$f''(x)=6\times(1+x)^{-4}$$

$$f'''(x)=-24\times(1+x)^{-5}$$

三点公式下 $f'(1.0)$、$f'(1.1)$、$f'(1.2)$ 的误差分别如下。

$f'(1.0)$ 的误差为

$$|R_1|=\left|\frac{h^2}{3}f'''(\xi)\right|\leqslant\frac{0.1^2}{3}\times24\times(1+1.2)^{-5}=1.55\times10^{-3}$$

$f'(1.1)$ 的误差为

$$|R_2|=\left|-\frac{h^2}{6}f'''(\xi)\right|\leqslant\frac{0.1^2}{6}\times24\times(1+1.2)^{-5}=7.8\times10^{-4}$$

$f'(1.2)$ 的误差为

$$|R_2|=\left|\frac{h^2}{3}f'''(\xi)\right|\leqslant6.2\times10^{-4}$$

用五点公式求得的导数值分别为

$$f'(1.0)=\frac{1}{12\times0.1}\times[-25f(1.0)+48f(1.1)-36f(1.2)+16f(1.3)-3f(1.4)]=-0.2483$$

$$f'(1.1)=\frac{1}{12\times0.1}\times[-3f(1.0)-10f(1.1)+18f(1.2)-6f(1.3)+f(1.4)]=-0.2163$$

$$f'(1.2)=\frac{1}{12\times0.1}\times[f(1.0)-8f(1.1)+8f(1.3)-f(1.4)]=-0.1883$$

五点公式下 $f'(1.0)$、$f'(1.1)$、$f'(1.2)$ 的误差分别为

$$|R_1|\leqslant1.7\times10^{-3}$$

$$|R_2|\leqslant3.4\times10^{-4}$$

$$|R_3|\leqslant4.7\times10^{-4}$$

7.6　MATLAB 主要程序

对于解析函数，MATLAB 软件提供了相应的符号指令求解函数的不定积分和定积分，如表 7.6.1 所示。

表 7.6.1　求解函数不定积分和定积分的 MATLAB 符号指令

符号指令	含义
int (f, t)	函数 f 对符号变量 t 求不定积分
int (f, x, a, b)	函数 f 对符号变量 x 求从 a 到 b 的定积分
dblquad (@ (x, y) f (x, y), x1, x2, y1, y2)	计算二重积分
quad2d (@ (x, y) f (x, y), a, b, y1 (x), y2 (x)	计算二重积分，其中 y1 (x)、y2 (x) 为 y 的上下限函数

除了符号函数外，MATLAB 还提供几个数值积分函数计算积分，分别对应数值积分中常

用的梯形公式、自适应辛普森算法，其使用格式分别为：

```
trapz (x)
```

采用梯形公式计算积分（$h=1$），x 为 $f_k(k=0, 1, \cdots, n)$。梯形公式是矩形公式取左端点和右端点积分后除以 2。

```
quad ('fun', a, b, tol)
```

采用自适应辛普森算法计算积分，其中 fun 为被积函数；tol 是可选项，表示绝对误差；a、b 积分的上、下限。

程序一　梯形公式、辛普森公式

分别利用梯形公式、辛普森公式计算 $\int_0^1 \frac{\ln(1+x)}{(2-x)^2}dx$，并与其精确值比较。

先对积分作符号运算，然后将其计算结果转换为数值型，再将其与这两种方法求得的数值解比较，MATLAB 程序为：

```
syms x
y0=simple (int ((log (1+x) ) /(2-x) ^2, 0, 1) );    % 符号积分得到其精确值
vpa (y0, 8)                        % 按一定精度显示定积分的精确值
x= [0: 0.01: 1];
y1=log (1+x) ./(2-x) .^2;
y1=trapz (x, y1);
vpa (y1, 8)
y2=quad ('log (1+x) ./(2-x) .^2', 0, 1);
vpa (y2, 8)
err1=vpa (abs (y1-y0), 8)
err2=vpa (abs (y2-y0), 8)
```

输出结果：

```
ans=0.23104906
ans=0.23106270
ans=0.23104907
err1=0.1364e-4
err2=.1e-7
```

由输出结果中两者的误差可见，辛普森公式较准确，梯形公式较差，但也能精确到小数点后 5 位数。

程序二　龙贝格公式

使用龙贝格公式，对于 $\int_0^{48}\sqrt{1+(\cos x)^2}\,dx$ 计算下列各近似值：

(1) 确定 $R_{1,1}$、$R_{2,1}$、$R_{3,1}$、$R_{4,1}$、$R_{5,1}$；

(2) 确定 $R_{2,2}$、$R_{3,3}$、$R_{4,4}$、$R_{5,5}$；

(3) 确定 $R_{6,1}$、$R_{6,2}$、$R_{6,3}$、$R_{6,4}$、$R_{6,5}$、$R_{6,6}$；

(4) 确定 $R_{7,7}$、$R_{8,8}$、$R_{9,9}$、$R_{10,10}$。

MATLAB 程序为：

```
n=5;
a=0;
b=48;
h (1, 1) =b-a;
fa=sqrt (1+ (cos (a) ) ^2);
fb=sqrt (1+ (cos (b) ) ^2);
r (1, 1) =h (1, 1) /2* (fa+fb);
disp ('R11, R21, R31, R41, R51 分别为');
disp (r (1, 1) );
for i=2: n
    h (i, 1) = (b-a) /(2^(i-1) );
    sum=0;
    for k=1: 2^(i-2)
        x=a+ (2*k-1) *h (i, 1);
       sum=sum+sqrt (1+ (cos (x) ) .^2);
    end
    r (i, 1) =0.5* (r (i-1, 1) +h (i-1, 1) *sum);
    disp (r (i, 1) );
end
disp ('R22, R33, R44, R55 分别为');
for k=2: n
    for j=2: k
       r (k, j) =r (k, j-1) + (r (k, j-1) -r (k-1, j-1) ) /(4^(j
-1) -1);
    end
```

```
    disp (r (k, k) );
end
disp ('R61, R62, R63, R64, R65, R66 分别为');
n=6;
for i=2: n
    h (i, 1) = (b-a) /(2^(i-1) );
    sum=0;
    for k=1: 2^(i-2)
        x=a+ (2*k-1) *h (i, 1);
        sum=sum+sqrt (1+ (cos (x) ) .^2);
    end
    r (i, 1) =0.5* (r (i-1, 1) +h (i-1, 1) *sum);
end
for k=2: n
    for j=2: k
        r (k, j) =r (k, j-1) + (r (k, j-1) -r (k-1, j-1) ) /(4^(j
-1) -1);
    end
end
for i=1: n
    disp (r (6, i) );
end
disp ('R77, R88, R99, R10, 10 分别为');
n=10;
for i=2: n
    h (i, 1) = (b-a) /(2^(i-1) );
    sum=0;
    for k=1: 2^(i-2)
        x=a+ (2*k-1) *h (i, 1);
        sum=sum+sqrt (1+ (cos (x) ) .^2);
    end
    r (i, 1) =0.5* (r (i-1, 1) +h (i-1, 1) *sum);
end
for k=2: n
    for j=2: k
```

```
        r(k,j)=r(k,j-1)+(r(k,j-1)-r(k-1,j-1))/(4^(j
-1)-1);
      end
   end
   for i=7:10
      disp(r(i,i));
      end
```

输出结果为：

R11，R21，R31，R41，R51 分别为

62.4374 57.2886 56.4438 56.2631 56.2188

R22，R33，R44，R55 分别为

55.5723 56.2015 56.2056 56.2041

R61，R62，R63，R64，R65，R66 分别为

58.3627 59.0773 59.2689 59.3175 59.3297 59.3328

R77，R88，R99，R10，10 分别为

58.4221 58.4707 58.4705 58.4705

习题 7

1. 试确定机械求积公式 $\int_{-h}^{h} f(x)\,\mathrm{d}x \approx af(-h) + bf(0) + cf(h)$，使它的代数精度尽可能高。

2. 试确定求积公式 $\int_{0}^{1} f(x)\,\mathrm{d}x \approx A_0 f(0) + A_1 f(1) + B_0 f'(0)$ 的系数 A_0、A_1 及 B_0，使得它的代数精度尽可能高，并求出代数精度。

3. 判断数值积分公式 $\int_{0}^{3} f(x)\,\mathrm{d}x \approx \frac{3}{2}[f(1) + f(2)]$ 是否为插值型求积公式，并求出该公式的代数精度。

4. 用梯形公式求解 $\int_{0}^{1} \frac{x}{4 + x^2}\mathrm{d}x$，$n = 8$。

5. 用辛普森公式求解 $\int_{1}^{9} \sqrt{x}\,\mathrm{d}x$，$n = 4$。

6. 使用复化梯形公式计算积分 $I = \int_{0}^{1} \mathrm{e}^x\,\mathrm{d}x$，需要将区间 [0，1] 等分多少份，可以使得截断误差不超过 10^{-6}？

7. 用复化梯形公式求解 $\int_{1}^{2} \frac{1}{x}\mathrm{d}x$，$n = 4$，并估计误差。

8. 已知高斯公式 $\int_{-1}^{1} f(x)\,dx \approx f(0.577\,35) + f(-0.577\,35)$，将 [0，1] 区间二等分，用高斯公式求解积分 $\int_{0}^{1} \sqrt{x}\,dx$ 。

9. 用龙贝格公式求解积分 $\frac{2}{\pi}\int_{0}^{1} e^{-x}\,dx$ ，要求计算误差不超过 10^{-5}。

10. 对于函数 $f(x) = e^{x}$，已知点 2.5、2.6、2.7、2.8、2.9 处的函数值，用两点公式求 $x = 2.7$ 处的一阶导数值，三点公式求 $x = 2.7$ 处的二阶导数值。

11. 程序设计：分别利用梯形公式、辛普森公式计算 $\int_{0}^{1} e^{-x^2}\,dx$，并与精确值比较。

12. 程序设计：用龙贝格公式计算 $\int_{0}^{15} \frac{1}{1+2x}\,dx$，取精度为 10^{-7}，估计误差。

第 8 章

常微分方程的数值解法

8.1 引言

在许多科学和工程实际中，常常需要求常微分方程的定解，即求解满足给定初值条件的微分方程。这类问题中最简单的数学形式是求函数满足一阶微分方程的初值问题，即

$$\begin{cases} y' = f(x, y) \\ y(x_0) = y_0 \end{cases} \tag{8.1.1}$$

假定 $f(x, y)$ 满足解的唯一定理的条件，即要求 $f(x, y)$ 适当光滑，从而保证上面的初值问题的解 $y = y(x)$ 存在并且唯一。

在大多数实际问题中，建模得到的微分方程太复杂，以致不能准确求出解析表达式；即使求出解，也常常由于计算量太大而不实用。此处有两种办法可以逼近原方程的解：第一种办法是将原微分方程化简为可以准确求解的方程，然后使用化简后方程的解逼近原方程的解；第二种办法，即本章要探讨的办法，就是使用逼近原问题的解的方法，这是最经常采用的办法，因为这种方法给出了更精确的结果和实际的误差信息。

在讨论常微分方程初值问题的数值求解方法之前，需要介绍常微分方程理论的一些定义和结论。通过观察自然现象所获得的初值问题一般仅是对实际情况的近似，所以我们需要知道当初始条件发生小的变化是否对应地引起解的小变化。这一点也很重要，原因是当使用数值方法时，引入了舍入误差。

定义 8.1 函数 $f(x, y)$ 在集合 $D \subset \mathbf{R}^2$ 上关于变量 y 满足利普希茨（Lipschitz）条件：存在一个常数 $L > 0$ 使得

$$|f(x, y_1) - f(x, y_2)| \leqslant L|y_1 - y_2|$$

对所有 (x, y_1)，$(x, y_2) \in D$ 都成立，常数 L 称为 f 的利普希茨常数。

定理 8.1 假设 $D = \{(x, y) \mid x_0 \leqslant x \leqslant a, -\infty < y < +\infty\}$，且 $f(x, y)$ 在 D 上关于变

量 y 满足利普希茨条件，则式（8.1.1）有唯一解 $y(x)$ 。

在某种程度上我们已经考虑了初值问题何时具有唯一解的问题，现在将转到本节前面提出的另一个问题：如何确定一个特定的问题是否具有这样的性质，即在初始条件发生小的变化（或摄动）对应地引起解的小变化？首先需要给出一个切实可行的定义来表达这个概念。

定义 8.2　将初值问题式（8.1.1）称为一个适定的问题，如果：

（1）问题存在一个唯一的解 $y(x)$；

（2）对任意 $\varepsilon > 0$，存在一个正常数 $k(\varepsilon)$，使得只要当 $|\varepsilon_0| < \varepsilon$，$\delta(x)$ 是连续的，且在 $[x_0, a]$ 上 $|\delta(x)| < \varepsilon$ 时，就有

$$z' = f(x, z) + \delta(x),\ x_0 \leqslant x \leqslant a,\ z(x_0) = \alpha + \varepsilon_0$$

存在唯一解 $z(x)$，且

$$|z(x) - y(x)| < k(\varepsilon)\varepsilon$$

对一切 $x_0 \leqslant x \leqslant a$ 成立。

定理 8.2　假设 $D = \{(x, y) \mid x_0 \leqslant x \leqslant a,\ -\infty < y < +\infty\}$，且 $f(x, y)$ 在 D 上关于变量 y 满足利普希茨条件，则初值问题式（8.1.1）是适定的。

所谓数值解法，就是对于适定问题的解 $y(x)$ 存在的区间上一系列的点 x_n，不妨假定

$$x_0 < x_1 < x_2 < \cdots < x_n < \cdots$$

逐个求出 $y(x_n)$ 的近似解 y_n，则称 y_n 为给定的微分方程初值问题的数值解。相邻两个节点的间距 $h_n = x_n - x_{n-1}$ 称为步长。一般假定 $h_n = h$，即节点间是等距的。

上面给定的初值问题的数值解法有个基本的特点，称作“步进式”，即求解的过程是按照节点的排列次序一步步地向前推进。描述这类算法，只需在 $y_0, y_1, \cdots, y_n$ 已知的前提下，给出计算 y_{n+1} 的递推公式。

8.2　欧拉法

8.2.1　欧拉法

视频40：欧拉法

给定初值问题式（8.1.1），其中 $f(x, y)$ 为 x、y 的已知函数，y_0 是给定的常数。欧拉（Euler）法是解初值问题式（8.1.1）最简单的数值解法。由于它的精确度不高，实际计算中已不被采用，然而它在某种程度上却反映了数值解法构造的基本思想。

这种方法是借助于几何直观得到的。由于表示解的曲线 $y = y(x)$ 通过点 (x_0, y_0)，并且在该点处以 $f(x_0, y_0)$ 为切线斜率，于是设想在 $x = x_0$ 附近，曲线可以用该点处的切线近似代替，切线方程为

$$y = y_0 + f(x_0, y_0)(x - x_0)$$

也就是说，$x = x_1$ 时，$y(x_1)$ 可用 $y_0 + hf(x_0, y_0)$ 近似代替，记这个值为 y_1，即

$$y_1 = y_0 + hf(x_0, y_0)$$

于是给出了一种当 $x = x_1$ 时，获得函数值 $y(x_1)$ 的近似值 y_1 的方法。重复上面的做法，在 $x = x_2$ 处，就可以得到 $y(x_2)$ 的近似值，即

$$y_2 = y_1 + hf(x_1, y_1)$$

以此类推，当 y_n 已知时，则

$$y_{n+1} = y_n + hf(x_n, y_n) \tag{8.2.1}$$

这就是著名的欧拉（Euler）法的计算格式。

由于欧拉法是用一条折线近似地代替曲线 $y(x)$，所以欧拉法也叫欧拉折线法。当在计算 y_{n+1} 时，如果一种计算格式仅仅用到它前一步的信息 y_n，则称它为单步法。可见，欧拉法是单步法。

8.2.2 改进的欧拉法

将初值问题式（8.1.1）在区间 $[x_0, x_1]$ 上积分，便得到

$$y(x_1) - y(x_0) = \int_{x_0}^{x_1} f(x, y(x))\,\mathrm{d}x \tag{8.2.2}$$

可以用数值积分法计算式（8.2.2）中右端的积分的近似值。例如，使用矩形公式则有

$$y(x_1) \approx y_0 + hf(x_0, y_0)$$

上式右端就是用欧拉法得到的 y_1，即

$$y_1 = y_0 + hf(x_0, y_0)$$

一般地，有

$$y_{n+1} = y_n + hf(x_n, y_n)$$

这就是欧拉公式（8.2.1）。

由此可见，欧拉法也可以看成用矩形公式近似计算某个相应的积分而得到的。欧拉法之所以精确度不高，正是由于它采用矩形公式来计算定积分。

倘若使用较为精确的梯形公式来计算式（8.2.2）中右端的积分，即

$$\int_{x_2}^{x_1} f(x, y(x)) \approx \frac{h}{2}[f(x_0, y_0) + f(x_1, y(x_1))]$$

$$\approx \frac{h}{2}[f(x_0, y_0) + f(x_1, y_1)]$$

将它代入式（8.2.2）的右端，便得到 $y(x_1)$ 的近似值 y_1，即

$$y_1 = y_0 + \frac{h}{2}[f(x_0, y_0) + f(x_1, y_1)]$$

用同样的方法可以得到 y_2，y_3，…。一般地，有

$$y_{n+1} = y_n + \frac{h}{2}[f(x_n, y_n) + f(x_{n+1}, y_{n+1})] \tag{8.2.3}$$

这就是改进的欧拉法的计算格式（改进的欧拉格式、改进的欧拉公式）。值得注意的是，欧

拉法与改进的欧拉法在计算上有一个明显的区别，欧拉法中 y_{n+1} 是由已知的或已经算出的量来表达的，得到它不需要解方程，这类方法通常称为显式方法；而在改进的欧拉法中，未知数 y_{n+1} 也隐含在方程右端之中，对于每一个 y_{n+1} 的值都需要通过解方程才能得到，这类方法通常称为隐式方法。在多数情况下，要从隐式格式（8.2.3）中解出 y_{n+1} 是很困难的。因此，通常采用如下的迭代方法来求解：先用欧拉法算出一个结果，作为式（8.2.3）的初值进行迭代，其计算格式为

$$\begin{cases} y_{n+1}^{(0)} = y_n + hf(x_n,\ y_n) \\ y_{n+1}^{(k+1)} = y_n + \dfrac{h}{2}[f(x_n,\ y_n) + f(x_{n+1},\ y_{n+1}^{(k)})] \end{cases} \quad (k = 0,\ 1,\ 2,\ \cdots)$$

由

$$\begin{aligned} |y_{n+1}^{(k+1)} - y_{n+1}^{(k)}| &= \frac{h}{2}|f(x_{n+1},\ y_{n+1}^{(k)}) - f(x_{n+1},\ y_{n+1}^{(k-1)})| \\ &\leqslant \frac{h}{2}L|y_{n+1}^{(k+1)} - y_{n+1}^{(k)}| \end{aligned}$$

可知，当 $\dfrac{h}{2}L < 1$ 时，迭代格式收敛。也就是说，只要 h 取得充分小，就可以保证迭代序列

$$y_{n+1}^{(0)},\ y_{n+1}^{(1)},\ \cdots,\ y_{n+1}^{(k)},\ \cdots$$

收敛，而且 h 越小，收敛得越快。

容易看出，改进的欧拉法的精度虽然提高了，然而每一步的计算量却增加了很多，每迭代一次，都要重新计算函数值，而且迭代需要反复进行若干次。为了简化算法，通常只迭代一次（预估校正法）。具体地讲，先用欧拉法求得一个初步的近似值 $\tilde{y}_{n+1}$（称为预估值），再将它代入式（8.2.3）中作一次校正，这样处理时，计算格式为

视频 41：梯形法和欧拉预估-校正公式

$$\begin{cases} \tilde{y}_{n+1} = y_n + hf(x_n,\ y_n) \\ y_{n+1} = y_n + \dfrac{h}{2}[f(x_n,\ y_n) + f(x_{n+1},\ \tilde{y}_{n+1})] \end{cases} \tag{8.2.4}$$

式（8.2.4）称为预估校正格式。可用其中的第一个公式计算预估值，再代入第二个公式作校正。

例 8.1：用欧拉法和预估校正法求解初值问题

$$\begin{cases} \dfrac{\mathrm{d}y}{\mathrm{d}x} = y - \dfrac{2x}{y} \quad (0 < x \leqslant 1) \\ y(0) = 1 \end{cases}$$

取步长 $h = 0.1$。

解　分别使用欧拉法与预估校正法计算，具体形式分别如下。

欧拉法

$$y_{n+1} = y_n + h(y_n - \frac{2x_n}{y_n})$$

预估校正法：

$$\begin{cases}\tilde{y}_{n+1} = y_n + h(y_n - \dfrac{2x_n}{y_n}) \\ y_{n+1} = y_n + \dfrac{h}{2}[(y_n - \dfrac{2x_n}{y_n}) + (\tilde{y}_{n+1} - \dfrac{2x_{n+1}}{\tilde{y}_{n=1}})]\end{cases}$$

计算结果如下表所示。

x_n	欧拉法 y_n	预估校正法 y_n	准确值 $y(x_n)$	x_n	欧拉法 y_n	预估校正法 y_n	准确值 $y(x_n)$
0.1	1.100 0	1.095 9	1.095 4	0.6	1.509 0	1.486 0	1.483 2
0.2	1.191 8	1.184 1	1.183 2	0.7	1.580 3	1.552 5	1.549 2
0.3	1.277 4	1.266 2	1.264 9	0.8	1.649 8	1.615 3	1.612 5
0.4	1.358 2	1.343 4	1.341 6	0.9	1.717 8	1.678 2	1.673 3
0.5	1.435 1	1.416 4	1.414 2	1.0	1.784 8	1.737 9	1.732 1

上面给出的初值问题有解析解 $y = \sqrt{1 + 2x}$，按该式算出的准确值 $y(x_n)$ 与近似值一起列于上表中，通过比较看出欧拉法的精度是较低的。

8.3 泰勒展开法

利用泰勒（Taylor）展开法可以得到初值问题式（8.1.1）的任意高精度的计算格式。

视频42：泰勒展开法

8.3.1 泰勒展开法

设初值问题式（8.1.1）有解 $y(x)$，且 $y(x)$、$f(x, y)$ 足够光滑，则 $y(x_{n+1}) = y(x_n + h)$ 在点 x_n 处的泰勒展开式为

$$y(x_n + h) = y(x_n) + hy'(x_n) + \frac{h^2}{2}y''(x_n) + \cdots + \frac{h^m}{m!}y^{(m)}(x_n) + O(h^{m+1}) \quad (8.3.1)$$

其中

$$O(h^{m+1}) = \frac{h^{m+1}}{(m+1)!}y^{(m+1)}(\xi) \qquad (x_n < \xi < x_{n+1})$$

由于 $y(x)$ 足够光滑，则当 $h \to 0$ 时，$O(h^{m+1}) \to 0$，式（8.3.1）中 $y(x)$ 的各阶导数可由初值问题式（8.1.1）中的函数 $f(x, y)$ 来表达，即

$$y' = f$$

$$y'' = \frac{\partial f}{\partial x} + \frac{\partial f}{\partial y}y' = \frac{\partial f}{\partial x} + f\frac{\partial f}{\partial y}$$

$$y''' = \frac{\partial^2 f}{\partial x^2} + 2f\frac{\partial^2 f}{\partial x \partial y} + \frac{\partial f}{\partial y}\left[\frac{\partial f}{\partial x} + f\frac{\partial f}{\partial y}\right]$$

在式（8.3.1）右端截取（$m+1$）项，即舍去余项 $O(h^{m+1})$，则算得 $y(x_n+h)$ 的近似值 y_{n+1}，即

$$y_{n+1}=y_n+hy'_n+\frac{h^2}{2!}y''_n+\cdots+\frac{h^m}{m!}y_n^{(m)} \qquad (8.3.2)$$

式（8.3.2）称为 m 阶的泰勒公式。

8.3.2　局部截断误差及其“阶”

应用数值方法的目标是用最有效的方法确定精确的近似解，所以需要一个比较不同近似方法的有效性工具，其中一个工具就是方法的局部截断误差。

定义 8.3　计算数值方法的精度时，若假定第 n 步的结果是精确的，即 $y_n=y(x_n)$，在这一前提下，来估计第（$n+1$）步计算结果的误差，即 $y(x_{n+1})-y_{n+1}$，这一误差称为局部截断误差。

例如，m 阶的泰勒公式（8.3.2）的第（$n+1$）步的局部截断误差为

$$y(x_{n+1})-y_{n+1}=O(h^{m+1}) \qquad (8.3.3)$$

这个局部截断误差被称为是（$m+1$）阶的，即当 $h\to 0$ 时，$O(h^{m+1})$ 是关于 h 的（$m+1$）阶无穷小。

定义 8.4　如果一种方法的局部截断误差是（$m+1$）阶的，则称该方法是 m 阶方法。

根据定义 8.4 可知 m 阶泰勒公式（8.3.2）是 m 阶方法，当 $m=1$ 时，式（8.3.2）变为

$$y_{n+1}=y_n+hy'_n=y_n+hf(x_n,\ y_n)$$

这正是欧拉格式，由此可知欧拉格式是一阶方法。其局部截断误差为 $O(h^2)$，即为 2 阶的。

对于方法的“阶”和局部截断误差的“阶”，可以这样来理解：如果式（8.2.2）的局部截断误差是（$m+1$）阶的，这说明公式的前 m 步的计算结果都是精确的，即式（8.2.2）右端关于 m 次的泰勒多项式与左端的 $y(x_n+h)$ 在 x_n 处的泰勒级数的次数不超过 m 次的项重合。因此，称此方法为 m 阶方法。

例 8.2：证明改进的欧拉格式

$$y_{n+1}=y_n+\frac{h}{2}[f(x_n,\ y_n)+f(x_{n+1},\ y_{n+1})]$$

是 2 阶方法。

证明　设 $y(x)$ 是初值问题式（8.1.1）的精确解，即有 $y'(x_n)=f(x_n,\ y_n)$，由改进的欧拉格式有

$$y(x_n+h)=y(x_n)+\frac{h}{2}[y'(x_n)+y'(x_n+h)]+R_n \qquad (8.3.4)$$

将左端的 $y(x_n+h)$ 与右端的 $y'(x_n+h)$ 在 x_n 处作泰勒展开，有

$$y(x_n+h)=y(x_n)+hy'(x_n)+\frac{h^2}{2}y''(x_n)+\frac{h^3}{6}y'''(x_n)+\cdots$$

$$y'(x_n+h)=y'(x_n)+hy''(x_n)+\frac{h^2}{2}y'''(x_n)+\cdots$$

将它们代入式（8.3.4），并将右端稍加整理，有

$$y(x_n)+hy'(x_n)+\frac{h^2}{2}y''(x_n)+\frac{h^3}{6}y'''(x_n)+\cdots=y(x_n)+hy'(x_n)+\frac{h^2}{2}y''(x_n)+\frac{h^3}{4}y'''(x_n)+\cdots$$

由此可见，该式两端的前3项，即 h 的次数不超过2的项完全重合，而从 h 的3次方的项开始不重合了。于是，由定义8.4可知，改进的欧拉格式是2阶方法，而其局部截断误差 $R_n=O(h^3)$ 是3阶的。

例8.3：用泰勒展开法求解例8.2中的初值问题。

解 直接求导数，有

$$y'=y-\frac{2x}{y}$$

$$y''=y'-\frac{2}{y^2}(y-xy')$$

$$y'''=y''+\frac{2}{y^2}(xy''+2y')-\frac{4xy'^2}{y^3}$$

$$y^{(4)}=y'''+\frac{2}{y^2}(xy'''+3y'')-\frac{12y'}{y^3}(xy''+y')+\frac{12xy'^3}{y^4}$$

利用4阶泰勒公式，取步长 $h=0.1$，部分计算结果列于下表中。

x_n	y_n	$y(x_n)$
0.1	1.095 4	1.095 4
0.2	1.183 2	1.183 2
0.3	1.264 9	1.264 9

上表中 $y(x_n)$ 表示准确值，与 y_n 比较，可见用4阶泰勒公式得到的数值解是令人非常满意的。

8.4 龙格-库塔法（R-K法）

龙格-库塔法（Runge-Kutta，简称R-K法）是一种构造高精度计算公式的方法。在上一节中，利用泰勒展开法确实可以得到高精度的计算公式，然而此方法每提高一阶，都会增加很大的计算导数的工作量；而利用R-K法，则可以有效地避开导数的计算，采用另外一种构造计算公式的途径。

视频43：龙格-库塔法

8.4.1 R-K法的基本思想

首先，利用微分中值定理以及式（8.1.1）可得

$$\frac{y(x_{n+1}) - y(x_n)}{h} = y'(\xi) = f(\xi, y(\xi)) \quad (x_n < \xi < x_{n+1})$$

这里$f(\xi, y(\xi))$称为式（8.1.1）的积分曲线$y(x)$在区间$[x_n, x_{n+1}]$上的平均斜率。由此可知，只要对此平均斜率提供一种算法，就可以得到一个相应的计算公式。下面观察欧拉格式和改进的欧拉格式，可分别写成

$$\begin{cases} \dfrac{y_{n+1} - y_n}{h} = f(x_n, y_n) \\ \dfrac{y_{n+1} - y_n}{h} = \dfrac{1}{2}[f(x_n, y_n) + f(x_{n+1}, y_{n+1})] \end{cases}$$

前一式是用x_n点处的斜率$f(x_n, y_n)$来代替上面所说的平均斜率，后一式则是用x_n、x_{n+1}两点上斜率的平均值来代替平均斜率。已知欧拉格式是 1 阶方法，而改进的欧拉格式是 2 阶方法。由此看来，如果在区间$[x_n, x_{n+1}]$内多预报几个点的斜率值，然后取它们的加权平均斜率，就可以构造出更高阶的计算公式来。因此，R-K 法的关键就在于选择哪些点上的斜率值，以及如何构造它们的线性组合。

8.4.2　*N* 级 R-K 公式

欧拉格式与改进的欧拉格式可以改写成下面的形式，即

$$\begin{cases} y_{n+1} = y_n + K \\ K = hf(x_n, y_n) \end{cases}$$

$$\begin{cases} y_{n+1} = y_n + \dfrac{1}{2}K_1 + \dfrac{1}{2}K_2 \\ K_1 = hf(x_n, y_n) \\ K_2 = hf(x_{n+1}, y_{n+1}) \end{cases}$$

显然，若在区间$[x_n, x_{n+1}]$内取N个不同的点，记积分曲线$y(x)$在这N个点上的斜率分别为K_1，K_2，…，K_N，于是可以设

$$y(x_n + h) = y(x_n) + \sum_{i=1}^{N} C_i K_i + O(h^{m+1}) \tag{8.4.1}$$

舍去误差项，便得到

$$\begin{cases} y_{n+1} = y_n + \sum\limits_{i=1}^{N} C_i K_i \\ K_1 = hf(x_n, y_n) \\ K_i = hf(x_n + a_i h_i, y_n + \sum\limits_{j=1}^{i-1} b_{ij} K_j) \quad (i = 2, 3, \cdots, N) \end{cases} \tag{8.4.2}$$

这就是所谓的N级m阶的 R-K 公式。其中a_i、b_{ij}、C_i都是待定系数，并且有

$$a_i = \sum_{j=1}^{i-1} b_{ij} \quad (i = 2, 3, \cdots, N) \tag{8.4.3}$$

系数 a_i、b_{ij}、C_i 可用比较系数的待定系数方法求得。即将式（8.4.1）中的 $y(x_n)$ 和各 K_i 都在 x_n 处展开成泰勒级数，然后令两端关于 h 的不超过 m 次的同次项的系数相等，便可求得这些待定系数。

以 $N=2$ 为例，说明待定系数的求法。当 $N=2$ 时，根据式（8.4.1）有

$$y(x_n+h)=y(x_n)+C_1K_1+C_2K_2+O(h^{m+1}) \tag{8.4.4}$$

将式（8.4.4）中的 K_1、K_2 和 $y(x_n+h)$ 分别在 x_n 处作泰勒展开，有

$$y(x_n+h)=y(x_n)+hy'(x_n)+\frac{h^2}{2}y''(x_n)+O(h^3)$$

$$K_1=hf(x_n,\ y_n)=hy'(x_n)$$

$$\begin{aligned}K_2&=hf[x_n+a_2h,\ y(x_n)+b_{21}hf(x_n,\ y(x_n))]\\&=h[f(x_n,\ y(x_n))+ha_2f'_x(x_n,\ y(x_n))+\\&\quad hb_{21}f(x_n,\ y(x_n))\cdot f'_y(x_n,\ y(x_n))+O(h^2)]\\&=hf+h^2a_2(f'_x+f'_y\cdot f)+O(h^3)\\&=hy'(x_n)+h^2a_2y''(x_n)+O(h^3)\end{aligned}$$

要注意这里用到了二元函数的泰勒展开式。将上面的 3 个展开式代入式（8.4.4）中，并令两端 h 的次数不超过 $m=2$ 的项的系数相等，于是得到

$$\begin{cases}C_1+C_2=1\\C_2a_2=\dfrac{1}{2}\end{cases}$$

若取 $C_2=\frac{1}{2}$，则可算得 $C_1=\frac{1}{2}$，$a_2=b_{21}=1$。这时由式（8.4.2）得

$$y_{n+1}=y_n+\frac{h}{2}[f(x_n,\ y_n)+f(x_n+h,\ y_n+hf(x_n,\ y_n))]$$

上式称为修正的梯形公式。若取 $C_2=1$，则可算得 $C_1=0$，$a_2=b_{21}=\frac{1}{2}$。由式（8.4.2）得

$$y_{n+1}=y_n+hf\left(x_n+\frac{h}{2},\ y_n+\frac{h}{2}f(x_n,\ y_n)\right)$$

上式称为修正的中矩形公式。

以上两个公式，都是在 $N=2$ 及 $m=2$ 的前提下构造出来的。因此，它们都是 2 级 2 阶的 R-K 公式。注意，上面求待定系数的方程组中，有一个自由参数，故 2 级 2 阶的 R-K 公式有无穷多个。但是，在这些 2 级 R-K 公式中，不可能存在高于 2 阶的方法。下面将给出 N 级 R-K 公式可以达到的最高阶数，即

$$m=\begin{cases}N & (\text{当 } N=1,\ 2,\ 3,\ 4 \text{ 时})\\N-1 & (\text{当 } N=5,\ 6,\ 7 \text{ 时})\\<N-2 & (\text{当 } N\geqslant 8 \text{ 时})\end{cases}$$

例 8.4：证明梯形公式 $y_{n+1}=y_n+\frac{h}{2}[f(x_n,\ y_n)+f(x_{n+1},\ y_{n+1})]$ 是 2 阶方法，并给出其局部截断误差的主项系数。

解　证明如下：

将梯形公式写成

$$y_{n+1}=y_n+\frac{h}{2}[y'(x_n)+y'(x_{n+1})]$$

假定 $y_n=y(x_n)$，则在 x_n 处 $y'(x_{n+1})$ 的泰勒展开式为

$$y'(x_{n+1})=y'(x_n)+hy''(x_n)+\frac{h^2}{2}y'''(x_n)+O(h^3)$$

于是 $y_{n+1}=y(x_n)+hy'(x_n)+\frac{h^2}{2}y''(x_n)+\frac{h^3}{4}y'''(x_n)+O(h^4)$。另一方面，根据泰勒展开法有

$$y(x_{n+1})=y(x_n)+hy'(x_n)+\frac{h^2}{2}y''(x_n)+\frac{h^3}{3!}y'''(x_n)+O(h^4)$$

因此有

$$y(x_{n+1})-y_{n+1}=(\frac{1}{3!}-\frac{1}{4})h^3y'''(x_n)+O(h^4)=-\frac{1}{2}\times\frac{h^3}{3!}y'''(x_n)+O(h^4)$$

所以梯形公式是 2 阶方法，且其主项系数为 $-\frac{1}{2}$。

8.4.3　4 级 4 阶经典 R-K 公式

依照 2 级 2 阶 R-K 公式的构造过程，我们可以得到更高级高阶的 R-K 公式，其中最常见的就是 4 级 4 阶经典 R-K 公式（又称 4 阶 R-K 法），其形式为

$$\begin{cases}y_{n+1}=y_n+\frac{1}{6}(K_1+2K_2+2K_3+K_4)\\K_1=hf(x_n,\ y_n)\\K_2=hf(x_n+\frac{1}{2}h,\ y_n+\frac{1}{2}K_1)\\K_3=hf(x_n+\frac{1}{2}h,\ y_n+\frac{1}{2}K_2)\\K_4=hf(x_n+h,\ y_n+K_3)\end{cases}\tag{8.4.5}$$

例 8.5　用 4 级 4 阶经典 R-K 公式求解 8.2.2 节中给出的初值问题（取 $h=0.2$）。

解　具体的计算公式如下：

$$\begin{cases} y_{n+1} = y_n + \dfrac{1}{6}(K_1 + 2K_2 + 2K_3 + K_4) \\ K_1 = 0.2\left(y_n - \dfrac{2x_n}{y_n}\right) \\ K_2 = 0.2\left(y_n + \dfrac{K_1}{2} - \dfrac{2(x_n + 0.1)}{y_n + \dfrac{K_1}{2}}\right) \\ K_3 = 0.2\left(y_n + \dfrac{K_2}{2} - \dfrac{2(x_n + 0.1)}{y_n + \dfrac{K_2}{2}}\right) \\ K_4 = 0.2\left(y_n + K_3 - \dfrac{2(x_n + 0.2)}{y_n + K_3}\right) \qquad (n = 0, 1, \cdots, 5) \end{cases}$$

计算结果如下表所示。

n	x_n	y_n（2 级 2 阶 R-K 公式）	y_n（4 级 4 阶经典 R-K 公式）	$y(x_n)$（精确值）
0	0	1	1	1
1	0.2	1.184 096	1.183 292	1.183 216
2	0.4	1.343 360	1.341 667	1.341 64
3	0.6	1.485 965	1.483 281	1.483 240
4	0.8	1.616 474	1.612 513	1.612 452
5	1.0	1.737 869	1.732 140	1.732 051

将 8.2.2 节中例题所得的表格与上表的结果相比较可以发现，尽管这里步长变大了，但计算的精度却很高，从而也可以看出选择方法的重要意义。

8.5 线性多步法

本章中之前所讨论的方法，欧拉法、改进的欧拉法、R-K 法均是单步法，即只需知道前面一个值 y_n 就可以计算出 y_{n+1}。单步法可以自成系统直接进行计算，因为初始条件中有一个已知的 y_0，由 y_0 可以计算 y_1，$y_1 \to y_2$，$y_2 \to y_3$，…，不必借助于其他方法，单步法是自开始的。但是，如果格式简单（例如欧拉法），则只有 1 阶精度。若想提高精度，则公式的构造、推导计算就很复杂，例如 R-K 法。

使用多于一个在以前的网格点处的近似值 y_n，y_{n-1}，…，y_{n-k+1} 来确定下一个点的近似值的方法称为多步法。

定义 8.5 求解初值问题式（8.1.1）的 k 步线性多步法（这里 k 是大于 1 的一个整数）是求近似值 y_{n+1} 由下列方程表示的差分方程，即

$$y_{n+1}=a_{k-1}y_n+a_{k-2}y_{n-1}+\cdots+a_0y_{n-k+1}+ \\ h[b_kf(x_{n+1},\ y_{n+1})+b_{k-1}f(x_n,\ y_n)+\cdots+b_0f(x_{n-k+1},\ y_{n-k+1})] \tag{8.5.1}$$

其中，a_0，a_1，…，a_{k-1} 和 b_0，b_1，…，b_k 是常数。当 $b_k=0$ 时，方法称为显式方法；当 $b_k\neq 0$ 时，方法称为隐式方法。

因为初始条件只有一个，所以运用线性多步法要借助高阶的单步法来开始。例如，已知 y_0，用单步法的 4 阶 R-K 法计算 y_1，再计算 y_2，再由 y_2 计算 y_3；此时有 y_0、y_1、y_2、y_3，接着运用 4 阶的 4 步线性多步法，由 y_0、y_1、y_2、y_3 计算 y_4；再由 y_1、y_2、y_3、y_4 计算 y_5；之后由 y_2、y_3、y_4、y_5 计算 y_6；一直进行下去，可以用多步方法，并且始终达到 4 阶精度。由此可知多步法相对比较简单，只需用这 4 个点的函数值进行线性组合，而且每步中后 3 个函数值下一步还可使用。下面重点介绍亚当斯（Adams）方法。

8.5.1　显式亚当斯方法

考虑微分方程初值问题式（8.1.1），将其在 $[x_k,\ x_{k+1}]$ 上积分，可得

$$y(x_{k+1})=y(x_k)+\int_{x_k}^{x_{k+1}}f(x,\ y(x_k))\,\mathrm{d}x \tag{8.5.2}$$

若已知 y_{k-3}、y_{k-2}、y_{k-1}、y_k 来计算 y_{k+1}，简记 $f_k=f(x_k,\ y_k)$，用 x_{k-3}、x_{k-2}、x_{k-1}、x_k 的拉格朗日插值多项式 $P(x)=l_0f_k+l_1f_{k-1}+l_2f_{k-2}+l_3f_{k-3}$ 代替 f，则式（8.5.2）变成

$$y(x_{k+1})=y(x_k)+\int_{x_k}^{x_{k+1}}P(x)\,\mathrm{d}x+O(h^5)$$

其中

$$\int_{x_k}^{x_{k+1}}P(x)\,\mathrm{d}x=\left(\int_{x_k}^{x_{k+1}}l_0(x)\,\mathrm{d}x\right)f_k+\left(\int_{x_k}^{x_{k+1}}l_1(x)\,\mathrm{d}x\right)f_{k-1}+ \\ \left(\int_{x_k}^{x_{k+1}}l_2(x)\,\mathrm{d}x\right)f_{k-2}+\left(\int_{x_k}^{x_{k+1}}l_3(x)\,\mathrm{d}x\right)f_{k-3}$$

截掉 $O(h^5)$ 部分，用等距步长 h，容易算出上式的积分，由此得到的方法就是 4 阶显式亚当斯方法，即

$$y_{k+1}=y_k+\frac{h}{24}\times[-9f_{k-3}+37f_{k-2}-59f_{k-1}+55f_k]$$

以上可以看到该方法的局部截断误差是 $O(h^5)$，因而其是 4 阶精度的。

例 8.6：利用 4 阶显式亚当斯方法计算 8.2.2 节中的例题，取 $h=0.2$。

解　首先用 4 阶 R-K 法起步，计算出 $y_1=1.183\,229\,3$，$y_2=1.341\,680\,3$，$y_3=1.483\,283\,8$；接下来不必采用 4 阶 R-K 法，而开始使用 4 阶显式亚当斯方法。

（1）求 y_4，其计算过程为

$$f_0 = y_0 - \frac{2x_0}{y_0} = 1$$

$$f_1 = y_1 - \frac{2x_1}{y_1} = 0.845\ 171\ 4$$

$$f_2 = y_2 - \frac{2x_2}{y_2} = 0.745\ 413$$

$$f_3 = y_3 - \frac{2x_3}{y_3} = 0.674\ 268$$

$$y_4 = y_3 + \frac{h}{24}[-9f_0 + 37f_1 - 59f_2 + 55f_3] = 1.611\ 423\ 1$$

（2）求 y_5，只要补算 $f_4 = y_4 - \frac{2x_4}{y_4} = 0.618\ 511\ 5$，则有

$$y_5 = y_4 + \frac{h}{24}[-9f_1 + 37f_2 - 59f_3 + 55f_4] = 1.729\ 840\ 3$$

（3）求 y_6，只要补算 $f_5 = y_5 - \frac{2x_5}{y_5} = 0.573\ 664\ 2$，则有

$$y_6 = y_5 + \frac{h}{24}[-9f_2 + 37f_3 - 59f_4 + 55f_5] = 1.880\ 661\ 6$$

用 4 阶显式亚当斯方法求出的误差如下表所示，精确解为 $y = \sqrt{2x + 1}$。

x_k	y_k	$y(x_k)$	e_k
0.8	1.611 423 1	1.612 451 5	1.02×10^{-3}
1.0	1.729 840 3	1.732 050 8	2.21×10^{-3}
1.2	1.840 661 6	1.843 908 9	3.24×10^{-3}

8.5.2 隐式亚当斯方法

用 x_{k-2}、x_{k-1}、x_k、x_{k+1} 作为插值节点，由于 x_{k+1} 也是插值节点，必带来 f_{k+1}，从而导致是隐式格式。即

$$P(x) = l_{-2}(x)f_{k-2} + l_{-1}(x)f_{k-1} + l_0(x)f_k + l_1(x)f_{k+1}$$

用插值多项式 $P(x)$ 来代替积分中的 $f(x, y(x))$ 得

$$y(x_{k+1}) = y(x_k) + \int_{x_k}^{x_{k+1}} P(x)\mathrm{d}x + O(h^5)$$

截掉 $O(h^5)$，得近似公式为

$$y_{k+1} = y_k + A_{-2}f_{k-2} + A_{-1}f_{k-1} + A_0 f_k + A_1 f_{k+1}$$

其中，$A_i = \int_{x_k}^{x_{k+1}} l_i(x)\mathrm{d}x$，经过简单计算可得

$$A_{-2} = \frac{h}{24},\ A_{-1} = -\frac{5}{24}h,\ A_0 = \frac{19}{24}h,\ A_1 = \frac{9}{24}h$$

从而得到4阶隐式亚当斯方法，即

$$y_{k+1}=y_k+\frac{h}{24}(f_{k-2}-5f_{k-1}+19f_k+9f_{k+1})$$

因 $f_{k+1}=f(x_{k+1},\ y_{k+1})$，而 y_{k+1} 是未知的，故这是隐式格式。

隐式格式的解法——预测-校正法：用显式格式作为预测值，再用隐式格式来校正。其中预测值为

$$\bar{y}_{k+1}=y_k+\frac{h}{24}(-9f_{k-3}+37f_{k-2}-59f_{k-1}+55f_k)$$

校正值为

$$y_{k+1}=y_k+\frac{h}{24}(f_{k-2}-5f_{k-1}+19f_k+9f(x_{k+1},\ \bar{y}_{k+1}))$$

8.6　收敛性与稳定性

视频44：数值方法的误差估计、收敛性和稳定性

8.6.1　单步法的收敛性

本节只讨论单步法的收敛性。初值问题式（8.1.1）的单步法总可写为如下形式，即

$$y_{n+1}=y_n+hf(x_n,\ y_n,\ h),\ y_0=y(x_0) \tag{8.6.1}$$

注意局部误差为

$$H(x,\ h)=y(x)+hf(x,\ y(x),\ h)-y(x+h) \tag{8.6.2}$$

记

$$d_n(h)=H(x_n,\ h) \tag{8.6.3}$$

如果式（8.6.1）是 p 阶方法，即

$$H(x,\ h)=O(h^{p+1}) \tag{8.6.4}$$

则存在与 h 和 n 都无关的非负常数 h_0 和正数 E，对所有 $x_0\leqslant x\leqslant a$，使 $0\leqslant h\leqslant h_0$ 时有

$$|d_n(h)|\leqslant Eh^{p+1} \tag{8.6.5}$$

关于式（8.6.1），有下述收敛性定义和定理。

定义8.6　如果对于区域 $D=\{(x,\ y)\mid x_0\leqslant x\leqslant a,\ -\infty<y<+\infty\}$，$f(x,\ y)$ 关于 y 满足利普希茨条件并且对 x 是连续的，对每一个确定的 $x\in[x_0,\ a]$，令 $h=\dfrac{x-x_0}{n}$，且记 $x_i=x_0+ih$，$i=0,\ 1,\ 2,\ \cdots,\ n$，相应的序列 y_i 由式（8.6.1）确定。进而，当 $n\to+\infty$ 时，对 $x_0\leqslant x\leqslant a$ 的 x，y_n 一致趋于初值问题的解 $y(x)$，则称式（8.6.1）是收敛的。

定理8.3　如果 $f(x,\ y,\ h)$ 在 $x_0\leqslant x\leqslant a$，$0\leqslant h\leqslant h_0$，$-\infty<y<+\infty$ 上连续，并且在该区域上关于 y 满足利普希茨条件，即

$$|f(x,\ y,\ h)-f(x,\ \bar{y},\ h)|\leqslant L|y-\bar{y}| \tag{8.6.6}$$

其中，L 为正常数，且由式（8.6.3）得到的 $d_n(h)$ 满足不等式（8.6.5），则由式（8.6.1）得到的 y_{k+1} 有估计式，即

$$|y(x_{k+1})-y_{k+1})|\leqslant \frac{Eh^p}{L}\{\exp[L(a-x_0)]-1\} \tag{8.6.7}$$

其中，$h=\dfrac{x_{n+1}-x_0}{n+1}\leqslant h_0$。

例 8.7：应用定理 8.3 来讨论 4 阶 R-K 法的收敛性。

解 设函数 $f(x, y)$ 在区域 $x_0\leqslant x\leqslant a$，$-\infty<y<+\infty$ 上关于 y 满足利普希茨条件。记

$$K_1(x, y, h)=f(x, y)$$

$$K_2(x, y, h)=f\left(x+\frac{h}{2}, y+\frac{h}{2}K_1(x, y, h)\right)$$

$$K_3(x, y, h)=f\left(x+\frac{h}{2}, y+\frac{h}{2}K_2(x, y, h)\right)$$

$$K_4(x, y, h)=f(x+h, y+hK_3(x, y, h))$$

则此时与式（8.6.1）相对应的 $f(x, y, h)$ 可以写成

$$f(x, y, h)=\frac{1}{6}[K_1(x, y, h)+2K_2(x, y, h)+2K_3(x, y, h)+K_4(x, y, h)]$$

由 $K_1(x, y, h)=f(x, y)$ 知，$K_1(x, y, h)$ 显然满足不等式

$$|K_1(x, y, h)-K_1(x, \bar{y}, h)|\leqslant L|y-\bar{y}| \tag{8.6.8}$$

利用不等式（8.6.8）推导可得

$$|K_2(x, y, h)-K_2(x, \bar{y}, h)|\leqslant L\left|y-\bar{y}+\frac{h}{2}K_1(x, y, h)-\frac{h}{2}K_1(x, \bar{y}, h)\right|\leqslant L\left(1+\frac{1}{2}hL\right)|y-\bar{y}|$$

同理，可得下述不等式，即

$$|K_3(x, y, h)-K_3(x, \bar{y}, h)|\leqslant L\left[\left(1+\frac{1}{2}hL\right)+\frac{1}{4}(hL)^2\right]|y-\bar{y}|$$

$$|K_4(x, y, h)-K_4(x, \bar{y}, h)|\leqslant L\left[1+hL+\frac{1}{2}(hL)^2+\frac{1}{4}(hL)^3\right]|y-\bar{y}|$$

于是，对于函数 $f(x, y, h)$ 有

$$|f(x, y, h)-f(x, \bar{y}, h)|\leqslant L\left[1+\frac{1}{2}h_0L+\frac{1}{6}(h_0L)^2+\frac{1}{24}(h_0L)^3\right]|y-\bar{y}|$$

因此，函数 $f(x, y, h)$ 关于 y 满足利普希茨条件且关于 h 是连续的。根据定理 8.3 可知，4 阶 R-K 法是收敛的。

8.6.2 稳定性

收敛性考虑的是差分方程的精确解与微分方程的精确解之间的误差。但是在计算机上求

差分方程的解时，由于计算机字长的限制，不可避免地会产生舍入误差。另外，方程中的系数和初值等由于测量条件等限制，也会产生数据误差。而稳定性研究的就是舍入误差和数据误差对差分方程计算结果的影响，即计算过程中某一步的“差之毫厘”会不会导致后面结果的“失之千里”。根据误差来源和误差衡量标准的不同，可以定义形形色色的稳定性。一般说来，隐式方法的稳定性好于同类型的显式方法（例如欧拉法与改进的欧拉法）。另外，为了保证稳定性，常常要求步长 h 足够小。

对于常微分方程数值解来说，最简单常用的是关于初值的稳定性。以单步法为例，某差分方法关于初值稳定，如果对同一个微分方程和所有足够小的 h，存在常数 C，使得从不同初值 u_0 和 v_0 出发的两个差分解 $\{u_n\}$ 和 $\{v_n\}$ 之间的误差满足

$$\max_{1\leqslant n\leqslant N}|u_n - v_n| \leqslant C|u_0 - v_0| \tag{8.6.9}$$

其中，$N = T/h$（T 表示所考虑函数的定义区间长度）。

由于任意一对 u_n、v_n 都可以看作是初值，关于初值的稳定性其实是考察如下问题：假设某一步计算有误差，而其后的计算不再有误差，那么这一步的误差对以后结果的影响如何。本章讨论的所有差分方法都是关于初值稳定的，不加区别地说，差分方法稳定时，通常指的是关于初值稳定。

不难证明，如果一个差分方法是稳定且相容的（即其局部截断误差至少是 2 阶的），则一定收敛，即

$$|u(t_n) - u_n| \to 0 \qquad (n \to \infty) \tag{8.6.10}$$

在差分解的实际计算中，每一步都难以避免舍入误差。因而，我们进一步考察差分方法的所谓绝对稳定性，即每一步的舍入误差积累起来是否会对后面的运算结果产生太坏的影响。考察某一个差分方法对非线性常微分方程的绝对稳定性是十分困难的事情。通常的做法是只考虑典型的常微分方程（称为试验方程或模型方程），即

$$y' = \lambda y \qquad (\mathrm{Re}\,\lambda < 0) \tag{8.6.11}$$

其中 λ 是常数，也可以是复数。可以认为这个模型方程的精确解和差分解的性质代表了非线性常微分方程 $y' = f(x, y)$ 在某一个局部的真解和差分解的性质。记 $\bar{h} = h\lambda$，关于某一个差分方法的绝对稳定性的典型结果是：给出一个区间 (α, β)，使得对于所有的 $\bar{h} \in (\alpha, \beta)$，求解式（8.6.11）的这个差分方法都是绝对稳定的。区间 (α, β) 被称为这个差分方法的绝对稳定域，绝对稳定域越大，h 的取值范围就越大，λ 的允许取值就越多，所代表的非线性常微分方程也就越多。

先考察欧拉法的稳定性。式（8.6.11）的欧拉格式为

$$y_{n+1} = (1 + \lambda h)y_n \tag{8.6.12}$$

设在 y_n 上有一误差值 δ_n，由 δ_n 的传播使值 y_{n+1} 产生误差值 δ_{n+1}，则

$$\delta_{n+1} = (1 + \lambda h)\delta_n$$

要使式（8.6.12）是稳定的，只要

$$|1 + \lambda h| \leqslant 1 \tag{8.6.13}$$

成立。由于 λ 可以是复数，所以满足式（8.6.13）的 λh 值位于复平面中以（-1，0）为圆心、1 为半径的圆上，如图 8.6.1 所示，所以欧拉法的绝对稳定区域是圆域。

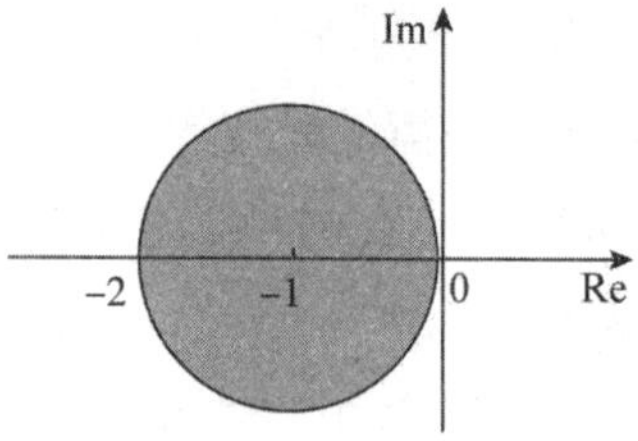

图 8.6.1 欧拉法的绝对稳定区域

如果取 λ 为实数，选定 h 使式（8.6.13）成立，即选定的 λ 满足

$$0 < h \leqslant -\frac{2}{\lambda} \tag{8.6.14}$$

这表明欧拉法是条件稳定的。

再考虑隐式欧拉法。式（8.6.11）的隐式欧拉格式为

$$y_{n+1} = y_n + \lambda h y_{n+1} \tag{8.6.15}$$

所以有

$$y_{n+1} = \frac{1}{1 - \lambda h} y_n \tag{8.6.16}$$

要使隐式欧拉格式（8.6.15）是稳定的，只要满足

$$\left| \frac{1}{1 - \lambda h} \right| \leqslant 1$$

或

$$|1 - \lambda h| \geqslant 1 \tag{8.6.17}$$

这时 λh 值位于复平面中以（1，0）为圆心、1 为半径的圆的外部及圆周上。所以隐式欧拉法的稳定区域是圆域的外部。如果 λ 为实数，这时 $\lambda < 0$，则式（8.6.17）对于任何 $h > 0$ 都成立，所以可以说隐式欧拉格式是无条件稳定的。

对于 4 阶 R-K 法，式（8.6.11）采用 4 阶 R-K 法可以写为

$$y_{n+1} = \left(1 + \lambda h + \frac{(\lambda h)^2}{2} + \frac{(\lambda h)^3}{6} + \frac{(\lambda h)^4}{24}\right) y_n \tag{8.6.18}$$

所以 λh 值在复平面上的绝对稳定区域是由不等式

$$\left| 1 + \lambda h + \frac{(\lambda h)^2}{2} + \frac{(\lambda h)^3}{6} + \frac{(\lambda h)^4}{24} \right| \leqslant 1 \tag{8.6.19}$$

所确定，即由曲线

$$1 + \lambda h + \frac{(\lambda h)^2}{2} + \frac{(\lambda h)^3}{6} + \frac{(\lambda h)^4}{24} = e^{i\theta}$$

所围成的区域。表 8.6.1 给出几个常用的常微分方程差分方法的绝对稳定区域。

表 8.5　常微分方程差分方法的绝对稳定区域

差分方法	欧拉法	隐式欧拉法	改进的欧拉法	4 阶 R-K 法
绝对稳定区域	(−2, 0)	(−∞, 0)	(−6, 0)	(−2.78, 0)

8.7　MATLAB 主要程序

程序一　改进的欧拉法

```
function [] =GJOL (h, x0, y0, X, Y)
formatlong
h=input ('h=');
x0=input ('x0=');
y0=input ('y0=');
disp ('输入的范围是');
X=input ('X=');
Y=input ('Y=');
n=round ( (Y-X) /h);
i=1; x1=0; yp=0; yc=0;
for i=1: 1: n
    x1=x0+h;
    yp=y0+h* (-x0* (y0) ^2);% yp=y0+h* (y0-2*x0/y0);%
    yc=y0+h* (-x1* (yp) ^2);% yc=y0+h* (yp-2*x1/yp);%
    y1= (yp+yc) /2; x0=x1; y0=y1;
    y=2/ (1+x0^2);% y=sqrt (1+2*x0);%
    fprintf ('1/2á¹û=% .3f,% .8f,% .8f \n', x1, y1, y);
end
end
```

程序二　4 阶 R-K 法

```
function [] =LGKT (h, x0, y0, X, Y)
formatlong
h=input ('h=');
x0=input ('x0=');
```

```
    y0=input ('y0=');
    disp ('输入的范围是');
    X=input ('X='); Y=input ('Y=');
    n=round ( (Y-X) /h);
    i=1; x1=0; k1=0; k2=0; k3=0; k4=0;
    for i=1: 1: n
       x1=x0+h;
    k1=-x0*y0^2;% k1=y0-2*x0/y0;%
    k2= (- (x0+h/2) * (y0+h/2*k1) ^2);% k2= (y0+h/2*k1) -2* (x0+h/
2) /(y0+h/2*k1);%
    k3= (- (x0+h/2) * (y0+h/2*k2) ^2);% k3= (y0+h/2*k2) -2* (x0+h/
2) /(y0+h/2*k2);%
    k4= (- (x1) * (y0+h*k3) ^2);% k4= (y0+h*k3) -2* (x1) /(y0+h*
k3);%
    y1=y0+h/6* (k1+2*k2+2*k3+k4);% y1=y0+h/6* (k1+2*k2+2*k3+
k4);%
    x0=x1; y0=y1;
    y=2/(1+x0^2);% y=sqrt (1+2*x0);%
    fprintf ('1/2á¹û==% .3f,% .7f,% .7f \n', x1, y1, y);
    end
    end
```

程序三　例题

用欧拉法、改进的欧拉法、4 阶 R-K 法求解以下微分方程及其精确解：

$$\begin{cases} y' = \dfrac{y^2 - 2x}{y} \\ y(0) = 1 \end{cases}$$

以下的 MATLAB 程序中 $y1$、$y2$、$y3$ 分别为采用欧拉法、改进的欧拉法、4 阶 R-K 法的解，$y4$ 为精确解。具体的 MATLAB 程序为：

```
    h=0.1;
x=0: h: 1;
y1=zeros (size (x) );
y1 (1) =1;
y2=zeros (size (x) );
y2 (1) =1;
y3=zeros (size (x) );
```

```
y3 (1) =1;
y4=zeros (size (x) ); y4 (1) =1;
for i1=2: length (x)
    y1 (i1) =y1 (i1-1) +h* (y1 (i1-1) -2*x (i1-1) /y1 (i1-1) );
    k1=y2 (i1-1) -2*x (i1-1) /y2 (i1-1);
    k2=y2 (i1-1) +h*k1-2*x (i1) /(y2 (i1-1) +h*k1);
    y2 (i1) =y2 (i1-1) +h* (k1+k2) /2;
    k1=y2 (i1-1) -2*x (i1-1) /y2 (i1-1);
    k2=y2 (i1-1) +h*k1/2-2* (x (i1-1) +h/2) /(y2 (i1-1) +h*k1/2);
    k3=y2 (i1-1) +h*k2/2-2* (x (i1-1) +h/2) /(y2 (i1-1) +h*k2/2);
    k4=y2 (i1-1) +h*k3-2* (x (i1-1) +h) /(y2 (i1-1) +h*k3);
    y3 (i1) =y3 (i1-1) + (k1+2*k2+2*k3+k4) *h/6;

end
y4=sqrt (1+2*x);
% plot (x, y1, x, y2, x, y3, x, y4)
% legend ('y1','y2','y3','y4')

plot (x, y4-y1, x, y4-y2, x, y4-y3)
legend ('y1','y2','y3')
y4=zeros (size (x) ); y4 (1) =1;
```

运行结果如下图所示。

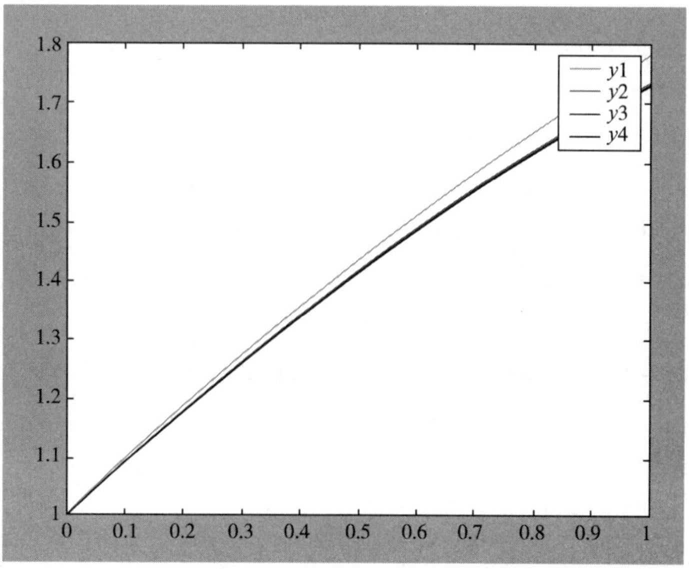

程序四 4 阶显式亚当斯方法

function [k, X, Y, wucha, P] =Adams4x (funfcn, x0, b, y0, h)

% funfcn 是函数 f (x, y), x0 和 y0 是 y (x_0) = y_0 的初值, b 是自变量 x 的最大值, h 为步长

```
x=x0; y=y0; p=128; n=fix ( (b-x0) /h);
if n<5
return;
end
X=zeros (p, 1);
Y=zeros (p, length (y) ); f=zeros (p, 1);
k=1; X (k) =x; Y (k,:) =y';
for k=2: 4
c1=1/6; c2=2/6; c3=2/6;
c4=1/6; a2=1/2; a3=1/2;
a4=1; b21=1/2; b31=0;
b32=1/2; b41=0; b42=0; b43=1;
x1=x+a2*h; x2=x+a3*h;
x3=x+a4*h; k1=feval (funfcn, x, y);
y1=y+b21*h*k1; x=x+h;
k2=feval (funfcn, x1, y1);
y2=y+b31*h*k1+b32*h*k2;
k3=feval (funfcn, x2, y2);
y3=y+b41*h*k1+b42*h*k2+b43*h*k3;
k4=feval (funfcn, x3, y3);
y=y+h* (c1*k1+c2*k2+c3*k3+c4*k4); X (k) =x; Y (k,:) =y;
end
X; Y; f (1: 4) =feval (funfcn, X (1: 4), Y (1: 4) );
for k=4: n
f (k) =feval (funfcn, X (k), Y (k) );
X (k+1) =X (1) +h*k;
Y (k+1) =Y (k) + (h/24) * ( (f (k-3: k) )'* [-9 37 -59 55]');
f (k+1) =feval (funfcn, X (k+1), Y (k+1) ); f (k) =f (k+1); k=k
+1;
```

```
end
for k=2: n+1
wucha (k) =norm (Y (k) -Y (k-1) ); k=k+1;
end
X=X (1: n+1); Y=Y (1: n+1,:); n=1: n+1;
wucha=wucha (1: n,:); P= [n', X, Y, wucha'];
```

编写并保存 funfcn. m 的 M 文件如下：

```
function f=funfcn (x, y)
f=1- (2. *x. *y) ./(1+x..^2);
```

在 MATLAB 工作窗口输入：

```
x0=0; b=2; y0=0; h=1/15;
[k, X, Y, wucha, P] =Adams4x (@ funfcn, x0, b, y0, h)
```

输出结果为：

```
k=32
X=      0
    0.0667
    0.1333
    0.2000
    0.2667
    0.3333
    0.4000
    0.4667
    0.5333
    0.6000
    0.6667
    0.7333
    0.8000
    0.8667
    0.9333
    1.0000
    1.0667
    1.1333
    1.2000
    1.2667
    1.3333
```

```
    1.4000
    1.4667
    1.5333
    1.6000
    1.6667
    1.7333
    1.8000
    1.8667
    1.9333
    2.0000
Y =
         0
    0.0665
    0.1318
    0.1949
    0.2548
    0.3196
    0.3762
    0.4292
    0.4777
    0.5214
    0.5607
    0.5957
    0.6270
    0.6550
    0.6802
    0.7031
    0.7240
    0.7434
    0.7616
    0.7788
    0.7954
    0.8114
    0.8270
    0.8425
```

```
    0.8578
    0.8730
    0.8883
    0.9036
    0.9190
    0.9345
    0.9502
wucha =
  Columns 1 through 9
         0    0.0665    0.0653    0.0631    0.0600    0.0647
0.0566    0.0530    0.0484
  Columns 10 through 18
    0.0438    0.0392    0.0350    0.0313    0.0280    0.0252
0.0229    0.0209    0.0194
  Columns 19 through 27
    0.0182    0.0172    0.0165    0.0160    0.0157    0.0154
0.0153    0.0152    0.0153

  Columns 28 through 31
    0.0153    0.0154    0.0155    0.0157
P =
    1.0000         0         0         0
    2.0000    0.0667    0.0665    0.0665
    3.0000    0.1333    0.1318    0.0653
    4.0000    0.2000    0.1949    0.0631
    5.0000    0.2667    0.2548    0.0600
    6.0000    0.3333    0.3196    0.0647
    7.0000    0.4000    0.3762    0.0566
    8.0000    0.4667    0.4292    0.0530
    9.0000    0.5333    0.4777    0.0484
   10.0000    0.6000    0.5214    0.0438
   11.0000    0.6667    0.5607    0.0392
   12.0000    0.7333    0.5957    0.0350
   13.0000    0.8000    0.6270    0.0313
   14.0000    0.8667    0.6550    0.0280
```

15.0000	0.9333	0.6802	0.0252
16.0000	1.0000	0.7031	0.0229
17.0000	1.0667	0.7240	0.0209
18.0000	1.1333	0.7434	0.0194
19.0000	1.2000	0.7616	0.0182
20.0000	1.2667	0.7788	0.0172
21.0000	1.3333	0.7954	0.0165
22.0000	1.4000	0.8114	0.0160
23.0000	1.4667	0.8270	0.0157
24.0000	1.5333	0.8425	0.0154
25.0000	1.6000	0.8578	0.0153
26.0000	1.6667	0.8730	0.0152
27.0000	1.7333	0.8883	0.0153
28.0000	1.8000	0.9036	0.0153
29.0000	1.8667	0.9190	0.0154
30.0000	1.9333	0.9345	0.0155
31.0000	2.0000	0.9502	0.0157

习题8

1. 用欧拉公式计算初值问题

$$\begin{cases} y' = x^2 + 100y^2 \\ y(0) = 0 \end{cases}$$

的解 $y(x)$ 在 $x = 0.3$ 时的近似值（取步长 $h = 0.1$，小数点后保留 4 位数字）。

2. 用梯形公式求解初值问题

$$\begin{cases} y' = 8 - 3y(1 \leqslant x \leqslant 2) \\ y(1) = 2 \end{cases}$$

取 $h = 0.2$ 计算，要求小数点后保留 5 位数字。

3. 用改进的欧拉公式计算积分 $\int_0^x e^{-t^2} dt$ 在 $x = 0.5$、0.75、1 时的近似值（小数点后保留 6 位数字）。

4. 用 4 阶 R-K 法求解下列初值问题（取 $h = 0.2$）。

(1) $\begin{cases} y' = x + y, \ 0 < x < 1 \\ y(0) = 1 \end{cases}$

(2) $\begin{cases} y' = 3y/(1 + x), \ 0 < x < 1 \\ y(0) = 1 \end{cases}$

5. 分别用 2 阶显式和隐式亚当斯方法解以下初值问题

$$\begin{cases} y' = 1 - y \\ y(0) = 0 \end{cases}$$

取 $h = 0.2$，$y_0 = 0$，$y_1 = 0.181$，计算 $y(1.0)$ 并与准确解 $y = 1 - e^{-x}$ 相比较。

6. 证明隐式欧拉法是 1 阶方法；而改进的欧拉法 $y_{n+1} = y_{n-1} + 2hf$ 是 2 阶方法，并给出其局部截断误差的主项系数。

7. 证明梯形公式 $y_{n+1} = y_n + \frac{h}{2}[f(x_n, y_n) + f(x_{n+1}, y_{n+1})]$ 是 2 阶方法，并给出其局部截断误差的主项系数。

8. 证明解 $y' = f(x, y)$，$y(x_0) = y_0$ 的下列计算格式

$$y_{n+1} = \frac{1}{2}(y_n + y_{n-1}) + \frac{h}{4}(4y'_{n+1} - y'_n + 3y'_{n-1})$$

是 2 阶的，并求出局部截断误差的主项系数。

9. 程序设计：用改进的欧拉法、R-K 法求初值问题 $y' = y - \frac{2x}{y}$、$y(0) = 1$ 的数值解（$0 \leqslant x \leqslant 1$，步长 $h = 0.1$），并与精确解比较。

10. 程序设计：用 4 阶显式亚当斯方法求解初值问题 $y' = x + y$、$y(0) = 1$ 的数值解（$0 \leqslant x \leqslant 1$，步长 $h = \frac{1}{15}$），并与精确解比较。

第 9 章

矩阵特征值和特征向量的计算

9.1 引言

矩阵特征值问题具有广泛的应用背景。动力系统和力学结构系统中的振动问题、电力系统的静态稳定分析、物理学中的某些临界值的确定等，都可归结为求解矩阵特征值和特征向量的问题。在本章中，我们将探究 n 阶实矩阵 $\boldsymbol{A}\in\mathbf{R}^{n\times n}$ 的特征值与特征向量的数值解法。

定义 9.1 已知 n 阶实矩阵 $\boldsymbol{A}=(a_{ij})\in\mathbf{R}^{n\times n}$，如果存在常数 λ 和非零向量 $\boldsymbol{x}$，使

$$\boldsymbol{Ax}=\lambda\boldsymbol{x} \text{ 或 } (\boldsymbol{A}-\lambda\boldsymbol{I})\boldsymbol{x}=0 \tag{9.1.1}$$

那么，称 λ 为 $\boldsymbol{A}$ 的特征值，$\boldsymbol{x}$ 为 $\boldsymbol{A}$ 的相应于 λ 的特征向量。多项式

$$p_n(\lambda)=\det(\boldsymbol{A}-\lambda\boldsymbol{I})=\begin{pmatrix} a_{11}-\lambda & a_{12} & \cdots & a_{1n} \\ a_{21} & a_{22}-\lambda & \cdots & a_{2n} \\ \vdots & \vdots & & \vdots \\ a_{n1} & a_{n2} & \cdots & a_{nn}-\lambda \end{pmatrix} \tag{9.1.2}$$

称为特征多项式。其中

$$\det(\boldsymbol{A}-\lambda\boldsymbol{I})=0 \tag{9.1.3}$$

称为特征方程。

式（9.1.3）即 $p_n(\lambda)=a_n\lambda^n+a_{n-1}\lambda^{n-1}+a_{n-2}\lambda^{n-2}+\cdots+a_0=0$，是以 λ 为未知量的一元 n 次代数方程，$p_n(\lambda)=\det(\boldsymbol{A}-\lambda\boldsymbol{I})$ 是 λ 的 n 次多项式。显然，$\boldsymbol{A}$ 的特征值就是特征方程（9.1.3）的根。特征方程（9.1.3）在复数范围内恒有解，其个数为方程的次数（重根按重数计算），因此 n 阶矩阵 $\boldsymbol{A}$ 在复数范围内有 n 个特征值。除特殊情况［如 $n=2$，3 或 $\boldsymbol{A}$ 为上（下）三角矩阵］外，一般不通过直接求解特征方程（9.1.3）来求矩阵 $\boldsymbol{A}$ 的特征值，特别是当矩阵 $\boldsymbol{A}$ 的阶数较高时，原因是这样的算法往往存在不稳定性。在计算上常用的方法是幂

法与反幂法、QR 算法，以及求实对称矩阵全部特征值和特征向量的雅可比方法。本章将介绍求解矩阵特征值与特征向量的这几种基本方法，为此，首先将一些特征值和特征向量的性质列在此处。

定理 9.1　设 n 阶矩阵 $\boldsymbol{A}=(a_{ij})_{n\times n}$ 的特征值为 $\lambda_1, \lambda_2, \cdots, \lambda_n$，那么有：

(1) $\lambda_1+\lambda_2+\cdots+\lambda_n=a_{11}+a_{22}+\cdots+a_{nn}$；

(2) $\lambda_1\lambda_2\cdots\lambda_n=\det\boldsymbol{A}$。

定理 9.2　如果 λ 是矩阵 $\boldsymbol{A}$ 的特征值，那么有：

(1) λ^k 是 A^k 的特征值，其中 k 是正整数；

(2) 当 $\boldsymbol{A}$ 是非奇异矩阵时，$\dfrac{1}{\lambda}$ 是 $\boldsymbol{A}^{-1}$ 的特征值；

(3) $p_n(\lambda)$ 是 $p_n(A)$ 的特征值，其中，$p_n(x)$ 是多项式 $p_n(x)=a_0+a_1x+a_2x^2+\cdots+a_nx^n$。

定义 9.2　设 $\boldsymbol{A}$、$\boldsymbol{B}$ 都是 n 阶矩阵。若有 n 阶非奇异矩阵 $\boldsymbol{P}$，使得 $\boldsymbol{P}^{-1}\boldsymbol{AP}=\boldsymbol{B}$，则称矩阵 $\boldsymbol{A}$ 与 $\boldsymbol{B}$ 相似，$\boldsymbol{P}^{-1}\boldsymbol{AP}$ 称为对 $\boldsymbol{A}$ 进行相似变换，$\boldsymbol{P}$ 称为相似变换矩阵。

定理 9.3　若矩阵 $\boldsymbol{A}$ 与 $\boldsymbol{B}$ 相似，则 $\boldsymbol{A}$ 与 $\boldsymbol{B}$ 的特征值相同。

定理 9.4　若 $\boldsymbol{A}$ 是 n 阶正交矩阵，则有：

(1) $\boldsymbol{A}^{-1}=\boldsymbol{A}^{\mathrm{T}}$，且 $\det\boldsymbol{A}=1$ 或 -1；

(2) 若 $\boldsymbol{y}=\boldsymbol{Ax}$，则 $\|\boldsymbol{y}\|_2=\|\boldsymbol{x}\|_2$，即 $\boldsymbol{x}^{\mathrm{T}}\cdot\boldsymbol{x}=\boldsymbol{y}^{\mathrm{T}}\cdot\boldsymbol{y}$。

定理 9.5　设 $\boldsymbol{A}$ 是任意 n 阶实对称矩阵，则：

(1) $\boldsymbol{A}$ 的特征值都是实数；

(2) $\boldsymbol{A}$ 有 n 个线性无关的特征向量。

定理 9.6　设 $\boldsymbol{A}$ 是任意 n 阶实对称矩阵，则必存在 n 阶正交矩阵 $\boldsymbol{P}$，使得 $\boldsymbol{P}^{-1}\boldsymbol{AP}=\boldsymbol{P}^{T}\boldsymbol{AP}=\boldsymbol{\Lambda}$，其中，$\boldsymbol{\Lambda}=\mathrm{diag}(\lambda_1, \lambda_2, \cdots, \lambda_n)$ 是以 $\boldsymbol{A}$ 的 n 个特征值 $\lambda_1, \lambda_2, \cdots, \lambda_n$ 为对角元素的对角矩阵。

定理 9.7（舒尔定理）　设 $\boldsymbol{A}$ 是任意矩阵，存在一个非奇异矩阵 $\boldsymbol{U}$，使得

$$\boldsymbol{T}=\boldsymbol{U}^{-1}\boldsymbol{AU}$$

其中，$\boldsymbol{T}$ 是一个上三角矩阵，其对角元素包含 $\boldsymbol{A}$ 的特征值。

定理 9.8（盖尔圆盘定理）　矩阵 $\boldsymbol{A}=(a_{ij})_{n\times n}$ 的任意一个特征值至少位于复平面上的几个圆盘

$$D_i=\left\{z\,\middle|\,|z-a_{ii}|\leqslant\sum_{j=1,\ j\neq i}^{n}|a_{ij}|\right\}\qquad(i=1,\ 2,\ \cdots,\ n)$$

中的一个圆盘上。

9.2 幂法与反幂法

9.2.1 幂法及其加速

幂法是计算矩阵按模最大的特征值（又称为主特征值）及其相应特征向量的一种迭代方法。对此方法稍加修改，也可用来确定其他特征值。幂法具有一个优越特性：它不仅可以求特征值，而且可以求相应的特征向量。实际上，幂法经常用来求通过其他方法确定的特征值的特征向量。下面将探讨幂法的具体过程。

视频45：幂法

假设矩阵 $\boldsymbol{A} \in \mathbf{R}^{n\times n}$ 的 n 个特征值满足

$$|\lambda_1| > |\lambda_2| \geqslant |\lambda_3| \geqslant \cdots \geqslant |\lambda_n| \geqslant 0 \tag{9.2.1}$$

且有相应的 n 个线性无关的特征向量 $\boldsymbol{x}_1$，$\boldsymbol{x}_2$，…，$\boldsymbol{x}_n$，则 $\boldsymbol{x}_1$，$\boldsymbol{x}_2$，…，$\boldsymbol{x}_n$ 构成 n 维向量空间 $\mathbf{R}^n$ 的一组基，因此 $\mathbf{R}^n = \left\{z \middle| z = \sum\limits_{i=1}^{n} \alpha_i \boldsymbol{x}_i,\ \alpha_i \in \mathbf{R},\ i = 1, 2, \cdots, n\right\}$。

在 $\mathbf{R}^n$ 中选取某个满足 $\alpha_1 \neq 0$ 的非零向量

$$\boldsymbol{z}_0 = \sum_{i=1}^{n} \alpha_i \boldsymbol{x}_i$$

用矩阵 $\boldsymbol{A}$ 同时左乘上式两边，得

$$\boldsymbol{A}\boldsymbol{z}_0 = \sum_{i=1}^{n} \alpha_i \boldsymbol{A}\boldsymbol{x}_i = \sum_{i=1}^{n} \alpha_i \lambda_i \boldsymbol{x}_i$$

再用矩阵 $\boldsymbol{A}$ 左乘上式两边，得

$$\boldsymbol{A}^2\boldsymbol{z}_0 = \sum_{i=1}^{n} \alpha_i \lambda_i^2 \boldsymbol{x}_i$$

这样继续下去，有

$$\boldsymbol{A}^k\boldsymbol{z}_0 = \sum_{i=1}^{n} \alpha_i \lambda_i^k \boldsymbol{x}_i \quad (k = 1, 2, \cdots) \tag{9.2.2}$$

记 $\boldsymbol{z}_k = \boldsymbol{A}\boldsymbol{z}_{k-1} = \boldsymbol{A}^k\boldsymbol{z}_0$，$k = 1, 2, \cdots$，则由式（9.2.2）得

$$\boldsymbol{z}_k = \boldsymbol{A}^k\boldsymbol{z}_0 = \sum_{i=1}^{n} \alpha_i \lambda_i^k \boldsymbol{x}_i = \lambda_1^k \left[\alpha_1 \boldsymbol{x}_1 + \sum_{i=2}^{n} \alpha_i \left(\frac{\lambda_i}{\lambda_1}\right)^k \boldsymbol{x}_i\right] \quad (k = 1, 2, \cdots) \tag{9.2.3}$$

根据式（9.2.1），并结合式（9.2.3），得

$$\lim_{k\to\infty} \frac{\boldsymbol{z}_k}{\lambda_1^k} = \alpha_1 \boldsymbol{x}_1 \tag{9.2.4}$$

于是对充分大的 k 有

$$\boldsymbol{z}_k \approx \lambda_1^k \alpha_1 \boldsymbol{x}_1 \tag{9.2.5}$$

式（9.2.4）表明随着 k 的增大，序列 $\{\boldsymbol{z}_k/\lambda_1^k\}$ 越来越接近 $\boldsymbol{A}$ 的对应于特征值 λ_1 的特征

向量 $\boldsymbol{x}_1$ 的 α_1 倍，由此可确定对应于 λ_1 的特征向量 $\boldsymbol{x}_1$。当 k 充分大时，可得 $\boldsymbol{x}_1$ 的近似值。

事实上，由式（9.2.3）可知

$$\left\|\frac{\boldsymbol{z}_k}{\lambda_1^k}\right\| \leqslant |\alpha_1| \|\boldsymbol{x}_1\| + |\alpha_2| \left|\frac{\lambda_2}{\lambda_1}\right|^k \|\boldsymbol{x}_2\| + |\alpha_3| \left|\frac{\lambda_3}{\lambda_1}\right|^k \|\boldsymbol{x}_3\| + \cdots + |\alpha_n| \left|\frac{\lambda_n}{\lambda_1}\right|^k \|\boldsymbol{x}_n\| \tag{9.2.6}$$

再由式（9.2.1）得

$$1 > \left|\frac{\lambda_2}{\lambda_1}\right| \geqslant \left|\frac{\lambda_3}{\lambda_1}\right| \geqslant \cdots \geqslant \left|\frac{\lambda_n}{\lambda_1}\right| \tag{9.2.7}$$

结合式（9.2.6）和式（9.2.7）可知，序列 $\{\boldsymbol{z}_k/\lambda_1^k\}$ 的收敛速度取决于比值 $|\lambda_2/\lambda_1|$。

下面计算 λ_1。由式（9.2.3）知

$$\boldsymbol{z}_{k+1} = \boldsymbol{A}\boldsymbol{z}_k = \boldsymbol{A}^{k+1}\boldsymbol{z}_0 = \lambda_1^{k+1}\left[\alpha_1\boldsymbol{x}_1 + \sum_{i=2}^{n}\alpha_i\left(\frac{\lambda_i}{\lambda_1}\right)^{k+1}\boldsymbol{x}_i\right],$$

当 k 充分大时，$\boldsymbol{z}_{k+1} \approx \lambda_1^{k+1}\alpha_1\boldsymbol{x}_1$。结合式（9.2.5），得

$$\boldsymbol{z}_{k+1} \approx \lambda_1\boldsymbol{z}_k$$

这表明两个相邻向量大体上为一个常数倍的关系，这个倍数就是 $\boldsymbol{A}$ 的主特征值 λ_1。记 $\boldsymbol{z}_k = (z_k^{(1)}, z_k^{(2)}, \cdots, z_k^{(n)})^{\mathrm{T}}$，则有

$$\lim_{k\to\infty}\frac{z_{k+1}^{(j)}}{z_k^{(j)}} = \lambda_1 \qquad (j = 1, 2, \cdots, n) \tag{9.2.8}$$

即两个相邻的迭代向量所有对应分量的比值收敛到 λ_1。

定义 9.3　上述由已知非零向量 z_0 及矩阵 $\boldsymbol{A}$ 的乘幂 A^k 构造向量序列 $\{\boldsymbol{z}_k\}$ 来计算 $\boldsymbol{A}$ 的主特征值 λ_1 及相应特征向量的方法称为幂法，其收敛速度由比值 $\gamma = |\lambda_2/\lambda_1|$ 来确定，γ 越小，收敛速度越快。

由幂法的迭代过程式（9.2.3）容易看出，如果 $|\lambda_1| > 1$（或 $|\lambda_1| < 1$），那么迭代向量 $\boldsymbol{z}_k$ 的各个非零的分量将随着 $k\to\infty$ 而趋于无穷（或趋于零），这样在计算机上实现时就可能上溢（或下溢）。为了克服这个缺点，需将每步迭代向量进行规范化。记

$$\boldsymbol{y}_k = \boldsymbol{A}\boldsymbol{z}_{k-1} = (y_k^{(1)}, y_k^{(2)}, \cdots, y_k^{(n)})^{\mathrm{T}}$$

若存在 $\boldsymbol{y}_k$ 的某个分量 $y_k^{(j_0)}$，满足 $|y_k^{(j_0)}| = \max\limits_{1\leqslant j\leqslant n}|y_k^{(j)}|$，则记 $\max(\boldsymbol{y}_k) = y_k^{(j_0)}$。将 $\boldsymbol{y}_k$ 规范化，使 $\boldsymbol{z}_k = \boldsymbol{y}_k/\max(\boldsymbol{y}_k)$，这样就把 $\boldsymbol{z}_k$ 的分量全部控制在 $[-1, 1]$ 中。

例如，设 $\boldsymbol{y}_k = (-2, 3, 0, -5, 1)^{\mathrm{T}}$，因为 $\boldsymbol{y}_k$ 的所有分量中，绝对值最大的是 -5，所以 $\max(\boldsymbol{y}_k) = -5$，故 $\boldsymbol{z}_k = \boldsymbol{y}_k/\max(\boldsymbol{y}_k) = (0.4, -0.6, 0, 1, -0.2)^{\mathrm{T}}$

综上所述，得到下列算法：

算法 9.1（幂法）　设 $\boldsymbol{A}$ 是 n 阶实矩阵，取初始向量 $\boldsymbol{z}_0 \in \mathbf{R}^n$，通常取 $\boldsymbol{z}_0 = (1, 1, \cdots, 1)^{\mathrm{T}}$，其迭代过程是：对 $k = 1, 2, \cdots$，有

$$\begin{cases} \boldsymbol{y}_k = \boldsymbol{A}\boldsymbol{z}_{k-1} \\ m_k = \max(\boldsymbol{y}_k) \\ \boldsymbol{z}_k = \boldsymbol{y}_k/m_k \end{cases} \tag{9.2.9}$$

定理 9.9 对式（9.2.9）中的序列 $\{\boldsymbol{z}_k\}$ 和 $\{m_k\}$ 有

$$\lim_{k\to\infty}\boldsymbol{z}_k=\frac{\boldsymbol{x}_1}{\max(\boldsymbol{x}_1)},\quad \lim_{k\to\infty}m_k=\lambda_1 \tag{9.2.10}$$

其收敛速度由 $\gamma=|\lambda_2/\lambda_1|$ 确定。

视频 46：幂法的另外一种表达方式

证明：由式（9.2.9）知

$$\begin{aligned}\boldsymbol{z}_k&=\boldsymbol{y}_k/m_k=\boldsymbol{A}\boldsymbol{z}_{k-1}/m_k=\boldsymbol{A}\boldsymbol{y}_{k-1}/m_km_{k-1}=\boldsymbol{A}^2\boldsymbol{z}_{k-1}/m_km_{k-1}=\cdots=\\&\boldsymbol{A}^k\boldsymbol{z}_0/\prod_{i=1}^{k}m_i=\boldsymbol{A}^k\boldsymbol{z}_0/\max(\boldsymbol{A}^k\boldsymbol{z}_0)\end{aligned} \tag{9.2.11}$$

其中，$\boldsymbol{z}_0=\sum_{i=1}^{n}\alpha_i\boldsymbol{x}_i$。若 $\alpha_1\neq 0$，则由式（9.2.3）知：$\boldsymbol{A}^k\boldsymbol{z}_0=\lambda_1^k\left[\alpha_1\boldsymbol{x}_1+\sum_{i=2}^{n}\alpha_i\left(\frac{\lambda_i}{\lambda_1}\right)^k\boldsymbol{x}_i\right]$，代入式（9.2.11）得

$$\boldsymbol{z}_k=\frac{\alpha_1\boldsymbol{x}_1+\sum_{i=2}^{n}\alpha_i\left(\frac{\lambda_i}{\lambda_1}\right)^k\boldsymbol{x}_i}{\max\left(\alpha_1\boldsymbol{x}_1+\sum_{i=2}^{n}\alpha_i\left(\frac{\lambda_i}{\lambda_1}\right)^k\boldsymbol{x}_i\right)} \tag{9.2.12}$$

故

$$\lim_{k\to\infty}\boldsymbol{z}_k=\frac{\boldsymbol{x}_1}{\max(\boldsymbol{x}_1)} \tag{9.2.13}$$

而

$$\begin{aligned}\boldsymbol{y}_k&=\boldsymbol{A}\boldsymbol{z}_{k-1}=\frac{\boldsymbol{A}\boldsymbol{y}_{k-1}}{\max(\boldsymbol{y}_{k-1})}=\frac{\boldsymbol{A}^2\boldsymbol{z}_{k-2}}{\max(\boldsymbol{A}\boldsymbol{z}_{k-2})}=\cdots=\frac{\boldsymbol{A}^k\boldsymbol{z}_0}{\max(\boldsymbol{A}^{k-1}\boldsymbol{z}_0)}=\\&\frac{\lambda_1^k\left[a_1\boldsymbol{x}_1+\sum_{i=2}^{n}a_i\left(\frac{\lambda_i}{\lambda_1}\right)^k\boldsymbol{x}_i\right]}{\lambda_1^{k-1}\max\left(a_1\boldsymbol{x}_1+\sum_{i=2}^{n}a_i\left(\frac{\lambda_i}{\lambda_1}\right)^{k-1}\boldsymbol{x}_i\right)}\end{aligned} \tag{9.2.14}$$

于是

$$m_k=\max(\boldsymbol{y}_k)=\lambda_1\frac{\max\left(a_1\boldsymbol{x}_1+\sum_{i=2}^{n}a_i\left(\frac{\lambda_i}{\lambda_1}\right)^k\boldsymbol{x}_i\right)}{\max\left(a_1\boldsymbol{x}_1+\sum_{i=2}^{n}a_i\left(\frac{\lambda_i}{\lambda_1}\right)^{k-1}\boldsymbol{x}_i\right)} \tag{9.2.15}$$

故

$$\lim_{k\to\infty}m_k=\lambda_1 \tag{9.2.16}$$

由式（9.2.6）和式（9.2.7）可知，上述序列的收敛速度由 $\gamma=|\lambda_2/\lambda_1|$ 确定。证毕！

例 9.1：用幂法求方阵的主特征值及相应的特征向量，要求 $|m_k-m_{k-1}|<10^{-3}$。

$$\boldsymbol{A}=\begin{pmatrix}1&2&3\\2&1&3\\3&3&5\end{pmatrix}$$

解　选取初始向量 $z_0=(1,1,1)^T$，按式（9.2.9）迭代，结果如下表所示。

k	z_k	m_k	$\lvert m_k - m_{k-1}\rvert$
1	$(0.545\,455, 0.545\,455, 1)^T$	11	
2	$(0.560\,441, 0.560\,441, 1)^T$	8.272 7	2.727 3
3	$(0.559\,787, 0.559\,787, 1)^T$	8.362 7	9×10^{-2}
4	$(0.559\,818, 0.559\,818, 1)^T$	8.358 7	4×10^{-3}
5	$(0.559\,817, 0.559\,817, 1)^T$	8.358 9	0.2×10^{-3}

因此，所求主特征值 $\lambda_1\approx8.358\,9$，相应的特征向量 $x_1\approx(0.559\,817, 0.559\,817, 1)^T$。

事实上，A 的主特征值 $\lambda_1=4+\sqrt{19}\approx8.358\,898\,9\cdots$，相应特征向量 $x_1=(0.559\,816\,49\cdots, 0.559\,816\,49\cdots, 1)^T$，由此可知所得结果具有较高的精度。

从上面的讨论可知，由幂法求主特征值，可归结为求序列 $\{m_k\}$ 的极限值，其收敛速度由 $\gamma=|\lambda_2/\lambda_1|$ 确定。当 $\gamma=|\lambda_2/\lambda_1|$ 接近 1 时，收敛速度相当缓慢。为了提高收敛速度，可以利用外推法进行加速。

因为序列 $\{m_k\}$ 的收敛速度由 $\gamma=|\lambda_2/\lambda_1|$ 确定，所以若 $\{m_k\}$ 收敛，当 k 充分大时，则有 $m_k-\lambda_1=O\left[\left(\dfrac{\lambda_2}{\lambda_1}\right)^k\right]$，或改写为

$$m_k-\lambda_1\approx c\left(\frac{\lambda_2}{\lambda_1}\right)^k$$

其中，c 是与 k 无关的常数。由此可得

$$\frac{m_{k+1}-\lambda_1}{m_k-\lambda_1}\approx\frac{\lambda_2}{\lambda_1} \tag{9.2.17}$$

这表明幂法是线性收敛的。由式（9.2.17）可知

$$\frac{m_{k+1}-\lambda_1}{m_k-\lambda_1}\approx\frac{m_{k+2}-\lambda_1}{m_{k+1}-\lambda_1}$$

由上式解出 λ_1，并记为 $\widetilde{m}_{k+2}$，即

$$\widetilde{m}_{k+2}=\frac{m_{k+2}m_k-m_{k+1}^2}{m_{k+2}-2m_{k+1}+m_k}=m_k+\frac{(m_{k+1}-m_k)^2}{m_{k+2}-2m_{k+1}+m_k} \tag{9.2.18}$$

这就是计算主特征值的加速公式。

现将上面的分析归结为如下算法。

算法 9.2（幂法的加速）　设 A 是 n 阶实矩阵，给定非零初始向量 $z_0\in\mathbf{R}^n$，通常取 $z_0=(1,1,\cdots,1)^T$。对于 $k=1,2$，迭代公式为

$$\begin{cases}\boldsymbol{y}_k=\boldsymbol{A}\boldsymbol{z}_{k-1}\\ m_k=\max(\boldsymbol{y}_k)\\ \boldsymbol{z}_k=\boldsymbol{y}_k/m_k\end{cases}$$

求出 m_1，m_2 及 z_1，z_2。对于 $k=3$，4，…， 迭代公式为

$$\begin{cases} \boldsymbol{y}_k = \boldsymbol{A}\boldsymbol{z}_{k-1} \\ m_k = \max(\boldsymbol{y}_k) \\ \widetilde{m}_k = m_{k-2} - \dfrac{(m_{k-1} - m_{k-2})^2}{m_k - 2m_{k-1} + m_{k-2}} \\ \boldsymbol{z}_k = \boldsymbol{y}_k / \widetilde{m}_k \end{cases} \tag{9.2.19}$$

当 $|\widetilde{m}_k - \widetilde{m}_{k-1}| < \varepsilon$（$\varepsilon > 0$ 是预先给定的精度）时，迭代结束，并计算 $\boldsymbol{z}_k$；否则继续迭代，直至满足迭代停止条件 $|\widetilde{m}_k - \widetilde{m}_{k-1}| < \varepsilon$ 。

9.2.2 反幂法及其加速

反幂法是计算矩阵按模最小特征值及相应特征向量的迭代法，其基本思想是：设矩阵 $\boldsymbol{A} \in \mathbf{R}^{n\times n}$ 为非奇异矩阵，用其逆矩阵 $\boldsymbol{A}^{-1}$ 代替 $\boldsymbol{A}$，矩阵 $\boldsymbol{A}$ 的按模最小特征值就是矩阵 $\boldsymbol{A}^{-1}$ 的主特征值。这样以 $\boldsymbol{A}^{-1}$ 代替 $\boldsymbol{A}$ 应用幂法，即可求出 $\boldsymbol{A}^{-1}$ 的主特征值，也就是矩阵 $\boldsymbol{A}$ 的按模最小特征值；这种方法称为反幂法。

因为矩阵 $\boldsymbol{A}$ 为非奇异矩阵，所以由 $\boldsymbol{A}\boldsymbol{x}_i = \lambda_i \boldsymbol{x}_i$ 可知 $\boldsymbol{A}^{-1}\boldsymbol{x}_i = \dfrac{1}{\lambda_i}\boldsymbol{x}_i$ 。这说明：如果 $\boldsymbol{A}$ 的特征值满足

$$|\lambda_1| \geqslant |\lambda_2| \geqslant \cdots \geqslant |\lambda_{n-1}| > |\lambda_n| > 0 \tag{9.2.20}$$

那么 $\boldsymbol{A}^{-1}$ 的特征值满足

$$\frac{1}{|\lambda_n|} > \frac{1}{|\lambda_{n-1}|} \geqslant \cdots \geqslant \frac{1}{|\lambda_2|} \geqslant \frac{1}{|\lambda_1|} \tag{9.2.21}$$

且 $\boldsymbol{A}$ 的对应于特征值 λ_i 的特征向量 $\boldsymbol{x}_i$ 也是 $\boldsymbol{A}^{-1}$ 的对应于特征值 $1/\lambda_i$ 的特征向量。

由上述分析知：对 $\boldsymbol{A}^{-1}$ 应用幂法求主特征值 $1/\lambda_n$ 及相应的特征向量 $\boldsymbol{x}_n$， 就是求 $\boldsymbol{A}$ 的按模最小的特征值 λ_n 及相应的特征向量 $\boldsymbol{x}_n$ 。

算法 9.3（反幂法） 任取初始非零向量 $\boldsymbol{z}_0 \in \mathbf{R}^n$， 通常取 $\boldsymbol{z}_0 = (1, 1, \cdots, 1)^{\mathrm{T}}$ 。为了避免求 $\boldsymbol{A}^{-1}$， 对于 $k=1$，2，…， 将式（9.2.9）改写为

$$\begin{cases} \boldsymbol{A}\boldsymbol{y}_k = \boldsymbol{z}_{k-1} \\ m_k = \max(\boldsymbol{y}_k) \\ \boldsymbol{z}_k = \boldsymbol{y}_k / m_k \end{cases} \tag{9.2.22}$$

仿照定理 9.9 的证明，可得如下定理。

定理 9.10 对式（9.2.22）中的序列 $\{\boldsymbol{z}_k\}$ 和 $\{m_k\}$ 有

$$\lim_{k\to\infty} \boldsymbol{z}_k = \frac{\boldsymbol{x}_n}{\max(\boldsymbol{x}_n)}, \quad \lim_{k\to\infty} m_k = \frac{1}{\lambda_n} \tag{9.2.23}$$

其收敛速度由 $\widetilde{\gamma} = |\lambda_n / \lambda_{n-1}|$ 确定。

按式（9.2.22）进行计算，每次迭代都需要求解一个方程组 $\boldsymbol{A}\boldsymbol{y}_k = \boldsymbol{z}_{k-1}$。若利用三角分解法求解方程组，即 $\boldsymbol{A} = \boldsymbol{L}\boldsymbol{U}$，其中 $\boldsymbol{L}$ 是下三角矩阵，$\boldsymbol{U}$ 是上三角矩阵，则每次迭代只需解两个三角方程组，即

$$\begin{cases} \boldsymbol{L}\boldsymbol{\nu} = \boldsymbol{z}_{k-1} \\ \boldsymbol{U}\boldsymbol{y}_{k-1} = \boldsymbol{\nu} \end{cases}$$

9.2.3　原点平移法

为了提高收敛速度，下面介绍加速收敛的原点平移法。

设矩阵 $\boldsymbol{B} = \boldsymbol{A} - p\boldsymbol{I}$，其中 p 是一个待定的常数，$\boldsymbol{A}$ 与 $\boldsymbol{B}$ 除主对角线上的元素外，其他元素相同。设 $\boldsymbol{A}$ 的特征值为 λ_1，λ_2，…，λ_n，则 $\boldsymbol{B}$ 的特征值为 $\lambda_1 - p$，$\lambda_2 - p$，…，$\lambda_n - p$，且 $\boldsymbol{A}$ 与 $\boldsymbol{B}$ 具有相同的特征向量。

原点平移下的幂法介绍如下。

设 λ_1 是 $\boldsymbol{A}$ 的主特征值，选择 p，使

$$|\lambda_1 - p| > |\lambda_2 - p| \geqslant |\lambda_i - p| \qquad (i = 3, 4, \cdots, n)$$

及

$$\left|\frac{\lambda_2 - p}{\lambda_1 - p}\right| < \left|\frac{\lambda_2}{\lambda_1}\right| \tag{9.2.24}$$

对 $\boldsymbol{B}$ 应用幂法，可得如下算法。

算法 9.4　对 $k = 1, 2, \cdots$，有

$$\begin{cases} \boldsymbol{y}_k = (\boldsymbol{A} - p\boldsymbol{I})\boldsymbol{z}_{k-1} \\ m_k = \max(\boldsymbol{y}_k) \\ \boldsymbol{z}_k = \boldsymbol{y}_k / m_k \end{cases} \tag{9.2.25}$$

且

$$\lim_{k\to\infty} m_k = \lambda_1 - p, \quad \lim_{k\to\infty} \boldsymbol{z}_k = \frac{\boldsymbol{x}_1}{\max(\boldsymbol{x}_1)} \tag{9.2.26}$$

其收敛速度由 $|(\lambda_2 - p)/(\lambda_1 - p)|$ 确定。

由式（9.2.24）知：在应用式（9.2.25）计算 $\boldsymbol{B}$ 的主特征值（$\lambda_1 - p$）的过程中，收敛速度得到加速；因此算法 9.4 又称为原点平移下的幂法。

原点平移下的反幂法介绍如下。

设 λ_n 是 $\boldsymbol{A}$ 的按模最小的特征值，选择 p，使

$$|\lambda_n - p| < |\lambda_{n-1} - p| \leqslant |\lambda_i - p| \qquad (i = 1, 2, \cdots, n-2) \tag{9.2.27}$$

及

$$\left|\frac{\lambda_n - p}{\lambda_{n-1} - p}\right| < \left|\frac{\lambda_n}{\lambda_{n-1}}\right| \tag{9.2.28}$$

若矩阵 $\boldsymbol{B}=\boldsymbol{A}-p\boldsymbol{I}$ 可逆，则 $\boldsymbol{B}^{-1}$ 的特征值为 $\dfrac{1}{\lambda_1-p}$，$\dfrac{1}{\lambda_2-p}$，…，$\dfrac{1}{\lambda_n-p}$，且有

$$\left|\frac{1}{\lambda_n-p}\right|>\left|\frac{1}{\lambda_{n-1}-p}\right|\geqslant\left|\frac{1}{\lambda_i-p}\right| \quad (i=1,2,\cdots,n-2) \tag{9.2.29}$$

对 $\boldsymbol{B}$ 应用反幂法，可得如下算法。

算法 9.5 对于 $k=1,2,\cdots$，有

$$\begin{cases}(\boldsymbol{A}-p\boldsymbol{I})\boldsymbol{y}_k=\boldsymbol{z}_{k-1}\\ m_k=\max(\boldsymbol{y}_k)\\ \boldsymbol{z}_k=\boldsymbol{y}_k/m_k\end{cases} \tag{9.2.30}$$

且

$$\lim_{k\to\infty}m_k=\frac{1}{\lambda_n-p},\ \lim_{k\to\infty}\boldsymbol{z}_k=\frac{\boldsymbol{x}_1}{\max(\boldsymbol{x}_1)} \tag{9.2.31}$$

其收敛速度由 $|(\lambda_n-p)/(\lambda_{n-1}-p)|$ 确定。

根据式（9.2.28）可知：在应用式（9.2.30）计算 $\boldsymbol{B}^{-1}$ 的主特征值 $\dfrac{1}{\lambda_n-p}$ 的过程中，收敛速度得到加速。因此算法 9.5 又称为原点平移下的反幂法。

定义 9.4 原点平移下的幂法与原点平移下的反幂法统称为原点平移法。

有些资料将原点平移法专指为原点平移下的反幂法，而有些资料中的反幂法指的就是原点平移下的反幂法。因此实际应用时需要根据具体定义进行区分。

例 9.2：已知特征值 λ 的近似值 $\tilde{\lambda}=-0.3589$，用原点平移下的反幂法求方阵

$$\boldsymbol{A}=\begin{pmatrix}1&2&3\\2&1&3\\3&3&5\end{pmatrix}$$

的对应特征值 λ 的特征向量。

解 取 $p=\tilde{\lambda}=-0.3589$，有

$$\boldsymbol{A}-p\boldsymbol{I}=\boldsymbol{A}+0.3589\boldsymbol{I}=\begin{pmatrix}1.3589&2&3\\2&1.3589&3\\3&3&5.3589\end{pmatrix}$$

迭代公式（9.2.30）中的 $\boldsymbol{y}_k$ 是通过解方程组

$$(\boldsymbol{A}-p\boldsymbol{I})\boldsymbol{y}_k=\boldsymbol{z}_{k-1}$$

求得的。为了节省工作量，可先将 $(\boldsymbol{A}-p\boldsymbol{I})$ 进行 $\boldsymbol{LU}$ 分解。

在 $\boldsymbol{LU}$ 分解中尽量避免较小的 u_{rr} 当除数，通常可以先对矩阵 $(\boldsymbol{A}-p\boldsymbol{I})$ 的行进行调换后再分解。为此，可用 $\boldsymbol{P}=\begin{pmatrix}0&0&1\\0&1&0\\1&0&0\end{pmatrix}$ 乘 $(\boldsymbol{A}-p\boldsymbol{I})$ 后再进行 $\boldsymbol{LU}$ 分解，即

$$P(A-pI)=\begin{pmatrix}0&0&1\\0&1&0\\1&0&0\end{pmatrix}\begin{pmatrix}1.3589&2&3\\2&1.3589&3\\3&3&5.3589\end{pmatrix}=\begin{pmatrix}3&3&5.3589\\2&1.3589&3\\1.3589&2&3\end{pmatrix}=$$

$$\begin{pmatrix}1&0&0\\0.6667&1&0\\0.4530&-1&1\end{pmatrix}\begin{pmatrix}3&3&5.3589\\0&-0.6411&-0.5726\\0&0&-3.07\times10^{-6}\end{pmatrix}$$

则有 $P(A-1.2679I)y_k=Pz_{k-1}$，即 $LUy_k=Pz_{k-1}$。令 $L\nu_k=Pz_{k-1}$，$Uy_k=\nu_{k-1}$。选取 z_0，使 $Uy_1=L^{-1}Pz_0=(1,\ 1,\ 1)^{\mathrm{T}}$，得

$$y_1=(290\,929.45,\ 290\,927.56,\ -325\,732.90)^{\mathrm{T}}$$

$$m_1=\max(y_1)=-325\,732.90$$

$$z_1=y_1/m_1=(-0.8932,\ -0.8931,\ 1)^{\mathrm{T}}$$

由 $Uy_2=L^{-1}Pz_1$ 得

$$y_2=(-845\,418.49,\ -845\,418.49,\ 946\,558.42)^{\mathrm{T}}$$

$$m_2=\max(y_2)=946\,558.42$$

$$z_2=y_2/m_2=(-0.8932,\ -0.8932,\ 1)^{\mathrm{T}}$$

由于 z_1 与 z_2 的对应分量几乎相等，故 A 的特征值为

$$\lambda\approx\tilde{\lambda}+\frac{1}{m_2}=-0.3589+\frac{1}{946\,558.42}=-0.358\,898\,943\,541\,17$$

相应的特征向量为 $x=z_2=(-0.8932,\ -0.8932,\ 1)^{\mathrm{T}}$，而矩阵 A 的一个特征值为 $\lambda=4-\sqrt{19}=0.358\,898\,943\,540\,674\cdots$，相应的特征向量为（$-0.89315$，$-0.89315$，1$)^{\mathrm{T}}$，由此可见此方法得到的结果具有较高的精度。

9.3　*QR* 算法

上一节介绍了求矩阵特征值的幂法和反幂法。其中，幂法主要用来求矩阵的主特征值，而反幂法主要用于求特征值的特征向量。本节将介绍幂法的推广和变形——*QR* 算法，它是求一般中小型矩阵全部特征值最有效的方法之一，其基本思想就是利用矩阵的 *QR* 分解。矩阵 $A\in\mathbf{R}^{n\times n}$ 的 *QR* 分解是指用豪斯霍尔德变换将矩阵 A 分解成正交矩阵 Q 与上三角矩阵 R 的乘积，即 $A=QR$。下面首先介绍豪斯霍尔德变换。

9.3.1　豪斯霍尔德变换

定义 9.5　设 $B=(b_{ij})_{n\times n}$ 是 n 阶方阵，若当 $i>(j+1)$ 时，$b_{ij}=0$，则称矩阵 B 为上海森伯格（Hessenberg）矩阵，又称为准上三角矩阵，它的一般形式为

$$
\boldsymbol{B}=\begin{pmatrix}
b_{11} & b_{12} & \cdots & b_{1n} \\
b_{21} & b_{22} & \cdots & b_{2n} \\
 & b_{32} & \cdots & b_{3n} \\
 & & \ddots & \vdots \\
 & & b_{n,\ n-1} & b_{nn}
\end{pmatrix} \tag{9.3.1}
$$

下面讨论如何将矩阵 $\boldsymbol{A}$ 用正交相似变换化成式（9. 3. 1）的形式。为此先介绍一个对称正交矩阵——豪斯霍尔德矩阵。

定义 9. 6　设向量 $\boldsymbol{u}\in\mathbf{R}^n$ 的欧氏长度 $\|\boldsymbol{u}\|_2=1$，$\boldsymbol{I}$ 为 n 阶单位矩阵，则称 n 阶矩阵

$$
\boldsymbol{H}=\boldsymbol{H}(\boldsymbol{u})=\boldsymbol{I}-2\boldsymbol{u}\boldsymbol{u}^{\mathrm{T}} \tag{9.3.2}
$$

为豪斯霍尔德矩阵，又称镜面反射矩阵。对任何 $\boldsymbol{x}\in\mathbf{R}^n$，称由 $\boldsymbol{H}=\boldsymbol{H}(\boldsymbol{u})$ 确定的变换

$$
\boldsymbol{y}=\boldsymbol{H}\boldsymbol{x} \tag{9.3.3}
$$

为豪斯霍尔德变换或镜面反射变换。

豪斯霍尔德变换即将一个向量变换为由一个超平面反射的镜像，是一种线性变换。

运用线性代数的知识，容易得到如下定理。

定理 9. 11　式（9. 3. 2）定义的矩阵 $\boldsymbol{H}$ 是对称正交矩阵；对任何 $\boldsymbol{x}\in\mathbf{R}^n$，由线性变换 $\boldsymbol{y}=\boldsymbol{H}\boldsymbol{x}$ 得到 $\boldsymbol{y}$ 的欧氏长度满足 $\|\boldsymbol{y}\|_2=\|\boldsymbol{x}\|_2$。

反之，有下列结论。

定理 9. 12　设 $\boldsymbol{x}$，$\boldsymbol{y}\in\mathbf{R}^n$，$\boldsymbol{x}\neq\boldsymbol{y}$。若 $\|\boldsymbol{x}\|_2=\|\boldsymbol{y}\|_2$，则一定存在由单位向量确定的镜面反射矩阵 $\boldsymbol{H}(\boldsymbol{u})$，使得 $\boldsymbol{H}\boldsymbol{x}=\boldsymbol{y}$。

证明：令 $\boldsymbol{u}=\dfrac{\boldsymbol{x}-\boldsymbol{y}}{\|\boldsymbol{x}-\boldsymbol{y}\|_2}$，显然 $\|\boldsymbol{u}\|_2=1$。构造单位向量 $\boldsymbol{u}$ 确定的镜面反射矩阵为

$$
\boldsymbol{H}=\boldsymbol{H}(\boldsymbol{u})=\boldsymbol{I}-2\boldsymbol{u}\boldsymbol{u}^{\mathrm{T}}
$$

$$
\boldsymbol{H}\boldsymbol{x}=(\boldsymbol{I}-2\boldsymbol{u}\boldsymbol{u}^{\mathrm{T}})\boldsymbol{x}=\left[\boldsymbol{I}-2\frac{(\boldsymbol{x}-\boldsymbol{y})(\boldsymbol{x}-\boldsymbol{y})^{\mathrm{T}}}{\|\boldsymbol{x}-\boldsymbol{y}\|_2^2}\right]\boldsymbol{x}=\boldsymbol{x}-\frac{2(\boldsymbol{x}-\boldsymbol{y})(\boldsymbol{x}^{\mathrm{T}}\boldsymbol{x}-\boldsymbol{y}^{\mathrm{T}}\boldsymbol{x})}{\|\boldsymbol{x}-\boldsymbol{y}\|_2^2}.
$$

又因为 $\|\boldsymbol{x}\|_2=\|\boldsymbol{y}\|_2$，即 $\boldsymbol{x}^{\mathrm{T}}\boldsymbol{x}=\boldsymbol{y}^{\mathrm{T}}\boldsymbol{y}$，所以

$$
\begin{aligned}
\|\boldsymbol{x}-\boldsymbol{y}\|_2^2&=(\boldsymbol{x}-\boldsymbol{y})^{\mathrm{T}}(\boldsymbol{x}-\boldsymbol{y})=(\boldsymbol{x}^{\mathrm{T}}-\boldsymbol{y}^{T})(\boldsymbol{x}-\boldsymbol{y})\\
&=\boldsymbol{x}^{\mathrm{T}}\boldsymbol{x}-\boldsymbol{x}^{\mathrm{T}}\boldsymbol{y}-\boldsymbol{y}^{\mathrm{T}}\boldsymbol{x}+\boldsymbol{y}^{\mathrm{T}}\boldsymbol{y}=\boldsymbol{x}^{\mathrm{T}}\boldsymbol{x}-\boldsymbol{x}^{\mathrm{T}}\boldsymbol{y}-\boldsymbol{x}^{\mathrm{T}}\boldsymbol{y}+\boldsymbol{x}^{\mathrm{T}}\boldsymbol{x}\\
&=2(\boldsymbol{x}^{\mathrm{T}}\boldsymbol{x}-\boldsymbol{y}^{\mathrm{T}}\boldsymbol{x})
\end{aligned}
$$

于是

$$
\boldsymbol{H}\boldsymbol{x}=\boldsymbol{x}-\frac{2(\boldsymbol{x}-\boldsymbol{y})(\boldsymbol{x}^{\mathrm{T}}\boldsymbol{x}-\boldsymbol{y}^{\mathrm{T}}\boldsymbol{x})}{\|\boldsymbol{x}-\boldsymbol{y}\|_2^2}=\boldsymbol{x}-(\boldsymbol{x}-\boldsymbol{y})=\boldsymbol{y}
$$

证毕!

由定理 9. 12 得如下算法。

算法 9. 6　若 $\boldsymbol{x}=(x_1,\ x_2,\ \cdots,\ x_n)^{\mathrm{T}}$，其中，$x_2$，$\cdots$，$x_n$ 不全为 0，则由

$$\begin{cases}\sigma = \operatorname{sgn}(x_1)\,\|\boldsymbol{x}\|_2 \\ \boldsymbol{u} = \boldsymbol{x} + \sigma\boldsymbol{e}_1(\boldsymbol{e}_1 = (1,\ 0,\ \cdots,\ 0)^{\mathrm{T}} \in \mathbf{R}^n) \\ \rho = \dfrac{1}{2}\|\boldsymbol{u}\|_2^2 = \sigma(\sigma + x_1) \\ \boldsymbol{H} = \boldsymbol{H}(\boldsymbol{u}) = I - 2\dfrac{\boldsymbol{u}\boldsymbol{u}^{\mathrm{T}}}{\|\boldsymbol{u}\|_2^2} = \boldsymbol{I} - \rho^{-1}\boldsymbol{u}\boldsymbol{u}^{\mathrm{T}}\end{cases} \tag{9.3.4}$$

确定的镜面反射矩阵 $\boldsymbol{H}$，使得 $\boldsymbol{Hx} = \sigma\boldsymbol{e}_1$，其中，$\operatorname{sgn}(a) = \begin{cases}1, & a > 0 \\ 0, & a = 0 \\ -1, & a < 0\end{cases}$。

例 9.3：设 $\boldsymbol{x} = (-1,\ 2,\ -2)^{\mathrm{T}}$，按式（9.3.4）的方法构造镜面反射矩阵 $\boldsymbol{H}$，使得 $\boldsymbol{Hx} = (*,\ 0,\ 0)^{\mathrm{T}}$（$*$ 表示某非零元素）。

解　由式（9.3.4）可得

$$\sigma = \operatorname{sgn}(x_1)\,\|\boldsymbol{x}\|_2 = (-1)\sqrt{(-1)^2 + 2^2 + (-2)^2} = -3$$

$$\boldsymbol{u} = \boldsymbol{x} - \sigma\boldsymbol{e}_1 = (-1,\ 2,\ -2)^{\mathrm{T}} - (3,\ 0,\ 0)^{\mathrm{T}} = (-4,\ 2,\ -2)^{\mathrm{T}}$$

$$\rho = \frac{1}{2}\|\boldsymbol{u}\|_2^2 = \sigma(\sigma + x_1) = -3[-3 + (-1)] = 12$$

其中，$\boldsymbol{e}_1 = (1,\ 0,\ 0)^{\mathrm{T}}$。则所求镜面反射矩阵为

$$\boldsymbol{H} = \boldsymbol{I} - \rho^{-1}\boldsymbol{u}\boldsymbol{u}^{\mathrm{T}} = \begin{pmatrix}1 & 0 & 0 \\ 0 & 1 & 0 \\ 0 & 0 & 1\end{pmatrix} - \frac{1}{12}\begin{pmatrix}-4 \\ 2 \\ -2\end{pmatrix}(-4,\ 2,\ -2) = \begin{pmatrix}-1/3 & 2/3 & -2/3 \\ 2/3 & 2/3 & 1/3 \\ -2/3 & 1/3 & 2/3\end{pmatrix}$$

且

$$\boldsymbol{Hx} = \begin{pmatrix}-1/3 & 2/3 & -2/3 \\ 2/3 & 2/3 & 1/3 \\ -2/3 & 1/3 & 2/3\end{pmatrix}\begin{pmatrix}-1 \\ 2 \\ -2\end{pmatrix} = \begin{pmatrix}3 \\ 0 \\ 0\end{pmatrix}$$

定理 9.13　对任意 n 阶矩阵 $\boldsymbol{A} = (a_{ij})_{n\times n}$，存在正交矩阵 $\boldsymbol{Q}$，使得

$$\boldsymbol{B} = \boldsymbol{Q}^{\mathrm{T}}\boldsymbol{A}\boldsymbol{Q}$$

为形如式（9.3.1）的上海森伯格矩阵。

证明：记

$$\boldsymbol{A} = \begin{pmatrix}a_{11} & a_{12} & \cdots & a_{1n} \\ a_{21} & a_{22} & \cdots & a_{2n} \\ \vdots & \vdots & & \vdots \\ a_{n1} & a_{n2} & \cdots & a_{nn}\end{pmatrix} = \begin{pmatrix}a_{11}^{(1)} & a_{12}^{(1)} & \cdots & a_{1n}^{(1)} \\ a_{21}^{(1)} & a_{22}^{(1)} & \cdots & a_{2n}^{(1)} \\ \vdots & \vdots & & \vdots \\ a_{n1}^{(1)} & a_{n2}^{(1)} & \cdots & a_{nn}^{(1)}\end{pmatrix} = \boldsymbol{A}_1,\ \boldsymbol{x}_1 = \begin{pmatrix}a_{21}^{(1)} \\ a_{31}^{(1)} \\ \vdots \\ a_{n1}^{(1)}\end{pmatrix}$$

由式（9.3.4）可构造 $(n-1)$ 阶对称正交矩阵 $\boldsymbol{H}_1$，即

$$
\begin{cases}
\sigma_1 = \operatorname{sgn}(a_{21}) \| \boldsymbol{x}_1 \|_2 = - \operatorname{sgn}(a_{21}) \left(\sum_{i=2}^{n} a_{i1}^2 \right)^{1/2} \\
\boldsymbol{u}_1 = \boldsymbol{x}_1 + \sigma_1 \boldsymbol{e}_1 (\boldsymbol{e}_1 = (1, 0, \cdots, 0)^{\mathrm{T}} \in \mathbf{R}^{n-1}) \\
\rho_1 = \frac{1}{2} \| \boldsymbol{u}_1 \|_2^2 = \sigma_1 (\sigma_1 + a_{21}) \\
\boldsymbol{H}_1 = \boldsymbol{I} - \rho_1^{-1} \boldsymbol{u}_1 \boldsymbol{u}_1^{\mathrm{T}}
\end{cases}
\tag{9.3.5}
$$

使得 $\boldsymbol{H}_1 \boldsymbol{x}_1 = \sigma_1 \boldsymbol{e}_1$

记 $\boldsymbol{Q}_1 = \begin{pmatrix} \boldsymbol{I}_1 & \\ & \boldsymbol{H}_1 \end{pmatrix}$，且 $\boldsymbol{Q}_1 \in \mathbf{R}^{n \times n}$，$\boldsymbol{I}_1$ 表示 1 阶单位矩阵。显然 $\boldsymbol{Q}_1$ 是对称正交矩阵。用 $\boldsymbol{Q}_1$ 对 $\boldsymbol{A}$ 作相似变换，可得

$$
\boldsymbol{Q}_1 \boldsymbol{A} \boldsymbol{Q}_1^{-1} = \boldsymbol{Q}_1 \boldsymbol{A}_1 \boldsymbol{Q}_1 = \begin{pmatrix}
a_{11}^{(1)} & a_{12}^{(2)} & \cdots & a_{1n}^{(2)} \\
\sigma_1 & a_{22}^{(2)} & \cdots & a_{2n}^{(2)} \\
0 & a_{32}^{(2)} & \cdots & a_{3n}^{(2)} \\
\vdots & \vdots & & \vdots \\
0 & a_{n2}^{(2)} & \cdots & a_{nn}^{(2)}
\end{pmatrix} \xlongequal{\text{记}} \boldsymbol{A}_2 \tag{9.3.6}
$$

记 $\boldsymbol{x}_2 = (a_{32}^{(2)}, a_{42}^{(2)}, \cdots, a_{n2}^{(2)})^{\mathrm{T}} \in \mathbf{R}^{n-2}$，同理可构造 $(n-2)$ 阶对称正交矩阵 $\boldsymbol{H}_2$，使得 $\boldsymbol{H}_2 \boldsymbol{x}_2 = \sigma_2 \boldsymbol{e}_1$，其中，$\boldsymbol{e}_1 = (1, 0, \cdots, 0)^{\mathrm{T}} \in \mathbf{R}^{n-2}$。

记 $\boldsymbol{Q}_2 = \begin{pmatrix} \boldsymbol{I}_2 & \\ & \boldsymbol{H}_2 \end{pmatrix}$，其中，$\boldsymbol{I}_2$ 为 2 阶单位矩阵，则 $\boldsymbol{Q}_2$ 仍是对称正交矩阵，用 $\boldsymbol{Q}_2$ 对 $\boldsymbol{A}_2$ 作相似变换，得

$$
\boldsymbol{Q}_2 \boldsymbol{A}_2 \boldsymbol{Q}_2^{-1} = \boldsymbol{Q}_2 \boldsymbol{A}_2 \boldsymbol{Q}_2 = \begin{pmatrix}
a_{11}^{(1)} & a_{12}^{(2)} & a_{13}^{(3)} & \cdots & a_{1n}^{(3)} \\
\sigma_1 & a_{22}^{(2)} & a_{23}^{(3)} & \cdots & a_{2n}^{(3)} \\
0 & \sigma_2 & a_{33}^{(3)} & \cdots & a_{3n}^{(3)} \\
0 & 0 & a_{43}^{(3)} & \cdots & a_{4n}^{(3)} \\
\vdots & \vdots & \vdots & & \vdots \\
0 & 0 & a_{n3}^{(3)} & \cdots & a_{nn}^{(3)}
\end{pmatrix} \xlongequal{\text{记}} \boldsymbol{A}_3 \tag{9.3.7}
$$

依此类推，经过 k 步对称正交相似变换，得

$$\boldsymbol{Q}_{k-1}\boldsymbol{A}_{k-1}\boldsymbol{Q}_{k-1}^{-1} = \boldsymbol{Q}_{k-1}\boldsymbol{A}_{k-1}\boldsymbol{Q}_{k-1}$$

$$= \begin{pmatrix} a_{11}^{(1)} & a_{12}^{(2)} & a_{13}^{(3)} & \cdots & a_{1,k-1}^{(k-1)} & a_{1k}^{(k)} & a_{1,k+1}^{(k)} & \cdots & a_{1n}^{(k)} \\ \sigma_1 & a_{22}^{(2)} & a_{23}^{(3)} & \cdots & a_{2,k-1}^{(k-1)} & a_{2k}^{(k)} & a_{2,k+1}^{(k)} & \cdots & a_{2n}^{(k)} \\ 0 & \sigma_2 & a_{33}^{(3)} & \cdots & a_{3,k-1}^{(k-1)} & a_{3k}^{(k)} & a_{3,k+1}^{(k)} & \cdots & a_{3n}^{(k)} \\ 0 & 0 & \sigma_3 & \ddots & \vdots & \vdots & \vdots & & \vdots \\ 0 & 0 & 0 & \ddots & a_{k-1,k-1}^{(k-1)} & a_{k-1,k}^{(k)} & a_{k-1,k+1}^{(k)} & \cdots & a_{k-1,n}^{(k)} \\ 0 & 0 & 0 & \ddots & \sigma_{k-1} & a_{kk}^{(k)} & a_{k,k+1}^{(k)} & \cdots & a_{kn}^{(k)} \\ 0 & 0 & 0 & \cdots & 0 & a_{k+1,k}^{(k)} & a_{k+1,k+1}^{(k)} & \cdots & a_{k+1,n}^{(k)} \\ \vdots & \vdots & \vdots & & \vdots & \vdots & \vdots & & \vdots \\ 0 & 0 & 0 & \cdots & 0 & a_{nk}^{(k)} & a_{n,k+1}^{(k)} & \cdots & a_{nn}^{(k)} \end{pmatrix} \xlongequal{\text{记}} \boldsymbol{A}_k \tag{9.3.8}$$

重复上述过程，则有

$$\boldsymbol{Q}_{n-2}\boldsymbol{A}_{n-2}\boldsymbol{Q}_{n-2}^{-1} = \boldsymbol{Q}_{n-2}\boldsymbol{A}_{n-2}\boldsymbol{Q}_{n-2}$$

$$= \begin{pmatrix} a_{11}^{(1)} & a_{12}^{(2)} & a_{13}^{(3)} & \cdots & a_{1,n-1}^{(n-1)} & a_{1n}^{(n)} \\ \sigma_1 & a_{22}^{(2)} & a_{23}^{(3)} & \cdots & a_{2,n-1}^{(n-1)} & a_{2n}^{(n)} \\ & \sigma_2 & a_{33}^{(3)} & \cdots & a_{3,n-1}^{(n-1)} & a_{3n}^{(n)} \\ & & \sigma_3 & \ddots & \vdots & \vdots \\ & & & \ddots & a_{n-1,n-1}^{(n-1)} & a_{n-1,n}^{(n)} \\ & & & & \sigma_{n-1} & a_{nn}^{(n)} \end{pmatrix} \xlongequal{\text{记}} \boldsymbol{A}_{n-1} \tag{9.3.9}$$

由式（9.3.6）到式（9.3.9），可得

$$\boldsymbol{A}_{n-1} = \boldsymbol{Q}_{n-2}\boldsymbol{A}_{n-2}\boldsymbol{Q}_{n-2} = \boldsymbol{Q}_{n-2}\boldsymbol{Q}_{n-3}\boldsymbol{A}_{n-3}\boldsymbol{Q}_{n-3}\boldsymbol{Q}_{n-2} = \boldsymbol{Q}_{n-2}\boldsymbol{Q}_{n-3}\cdots\boldsymbol{Q}_1\boldsymbol{A}\boldsymbol{Q}_1\cdots\boldsymbol{Q}_{n-3}\boldsymbol{Q}_{n-2}$$

若记 $\boldsymbol{B} = \boldsymbol{A}_{n-1}$，$\boldsymbol{Q} = \boldsymbol{Q}_1\boldsymbol{Q}_2\cdots\boldsymbol{Q}_{n-2}$，则 $\boldsymbol{Q}$ 为正交矩阵，且有 $\boldsymbol{B} = \boldsymbol{Q}^{\mathrm{T}}\boldsymbol{A}\boldsymbol{Q}$。证毕！

由定理 9.13 知，因为任意 n 阶矩阵 $\boldsymbol{A}$ 与 n 阶上海森伯格矩阵 $\boldsymbol{B}$ 相似，所以求矩阵 $\boldsymbol{A}$ 特征值的问题，就可转化为求上海森伯格矩阵 $\boldsymbol{B}$ 特征值的问题。

若 $\boldsymbol{A}$ 是对称矩阵，则 $\boldsymbol{B}$ 也是对称矩阵。再由 $\boldsymbol{B}$ 的一般形式（9.3.1）可知，此时 $\boldsymbol{B}$ 一定是对称三对角矩阵。于是，求对称矩阵 $\boldsymbol{A}$ 特征值的问题，便可转化为求对称三对角矩阵 $\boldsymbol{B}$ 的特征值问题。

例 9.4：设矩阵

$$\boldsymbol{A} = \begin{pmatrix} 1 & 2 & 1 & 2 \\ 2 & 2 & -1 & 1 \\ 1 & -1 & 1 & 1 \\ 2 & 1 & 1 & 1 \end{pmatrix}$$

试用镜面反射变换求正交矩阵 $\boldsymbol{Q}$，使 $\boldsymbol{Q}^{\mathrm{T}}\boldsymbol{A}\boldsymbol{Q}$ 为上海森伯格矩阵。

解 首先，记 $\boldsymbol{A}_1=\boldsymbol{A}$，$\boldsymbol{x}_1=(a_{21}^{(1)},\ a_{31}^{(1)},\ a_{41}^{(1)})^{\mathrm{T}}=(2,\ 1,\ 2)^{\mathrm{T}}$，利用式（9.3.4）构造3阶镜面反射矩阵 $\boldsymbol{H}_1$，即

$$\begin{cases}\sigma_1=\mathrm{sgn}(2)\,\|\boldsymbol{x}_1\|_2=\sqrt{2^2+1^2+2^2}=3\\ \boldsymbol{u}_1=\boldsymbol{x}_1+\sigma_1\boldsymbol{e}_1=(2,\ 1,\ 2)^{\mathrm{T}}+(3,\ 0,\ 0)^{\mathrm{T}}=(5,\ 1,\ 2)^{\mathrm{T}}\text{，其中 }\boldsymbol{e}_1=(1,\ 0,\ 0)^{\mathrm{T}}\\ \rho_1=\dfrac{1}{2}\|\boldsymbol{u}_1\|_2^2=\sigma_1(\sigma_1+a_{21}^{(1)})=3(3+2)=15\end{cases}$$

则所求镜面反射矩阵为

$$\boldsymbol{H}_1=\boldsymbol{I}-\rho_1^{-1}\boldsymbol{u}_1\boldsymbol{u}_1^{\mathrm{T}}=\begin{pmatrix}1&0&0\\0&1&0\\0&0&1\end{pmatrix}-\frac{1}{15}\begin{pmatrix}5\\1\\2\end{pmatrix}(5,\ 1,\ 2)=\begin{pmatrix}-0.6667&-0.3333&-0.6667\\-0.3333&0.9333&-0.1333\\-0.6667&-0.1333&0.7333\end{pmatrix}$$

$$\boldsymbol{Q}_1=\begin{pmatrix}\boldsymbol{I}_1&\\&\boldsymbol{H}_1\end{pmatrix}=\begin{pmatrix}1&0&0&0\\0&-0.6667&-0.3333&-0.6667\\0&-0.3333&0.9333&-0.1333\\0&-0.6667&-0.1333&0.7333\end{pmatrix}$$

$$\boldsymbol{A}_2=\boldsymbol{Q}_1^{\mathrm{T}}\boldsymbol{A}_1\boldsymbol{Q}_1=\boldsymbol{Q}_1\boldsymbol{A}\boldsymbol{Q}_1=\begin{pmatrix}1&-3&0&0\\-3&2.3333&0.4667&-0.0667\\0&0.4667&1.5733&1.3467\\0&-0.0667&1.3467&0.0933\end{pmatrix}$$

记 $\boldsymbol{x}_2=(a_{32}^{(2)},\ a_{42}^{(2)})^{\mathrm{T}}=(0.4667,\ -0.0667)^{\mathrm{T}}$，利用式（9.3.4）构造2阶镜面反射矩阵 $\boldsymbol{H}_2$，即

$$\begin{cases}\sigma_2=\mathrm{sgn}(0.4667)\,\|\boldsymbol{x}_2\|_2=\sqrt{0.4667^2+(-0.0667)^2}=0.4714\\ \boldsymbol{u}_2=\boldsymbol{x}_2+\sigma_2\boldsymbol{e}_1=(0.4667,\ -0.0667)^{\mathrm{T}}+(0.4714,\ 0)^{\mathrm{T}}=(0.9381,\ -0.0667)^{\mathrm{T}},\\ \text{其中},\ \boldsymbol{e}_1=(1,\ 0)^{\mathrm{T}}\\ \rho_2=\dfrac{1}{2}\|\boldsymbol{u}_2\|_2^2=\sigma_2(\sigma_2+a_{32}^{(2)})=0.4714(0.4714+0.4667)=0.4422\end{cases}$$

则所求镜面反射矩阵为

$$\boldsymbol{H}_2=\boldsymbol{I}-\rho_2^{-1}\boldsymbol{u}_2\boldsymbol{u}_2^{\mathrm{T}}=\begin{pmatrix}1&0\\0&1\end{pmatrix}-\frac{1}{0.4422}\begin{pmatrix}0.9381\\-0.0667\end{pmatrix}(0.9381,\ -0.0667)=\begin{pmatrix}-0.9901&0.1415\\0.1415&0.9899\end{pmatrix}$$

$$\boldsymbol{Q}_2=\begin{pmatrix}\boldsymbol{I}_2&\\&\boldsymbol{H}_2\end{pmatrix}=\begin{pmatrix}1&0&0&0\\0&1&0&0\\0&0&-0.9901&0.1415\\0&0&0.1415&0.9899\end{pmatrix}$$

$$A_3 = Q_2^{\mathrm{T}} A_2 Q_2 = Q_2 A_2 Q_2 = \begin{pmatrix} 1 & -3 & 0 & 0 \\ -3 & 2.3333 & -0.4714 & 0 \\ 0 & -0.4714 & 1.5733 & -1.5000 \\ 0 & 0 & -1.5000 & 0.5000 \end{pmatrix}$$

得到的正交矩阵为

$$Q = Q_1 Q_2 = \begin{pmatrix} 1 & 0 & 0 & 0 \\ 0 & -0.6667 & 0.2357 & -0.7071 \\ 0 & -0.3333 & -0.9429 & 0.0001 \\ 0 & -0.6667 & 0.2357 & 0.7070 \end{pmatrix}$$

使得

$$Q^{\mathrm{T}} A Q = A_3 = \begin{pmatrix} 1 & -3 & 0 & 0 \\ -3 & 2.3333 & -0.4714 & 0 \\ 0 & -0.4714 & 1.1667 & -1.5000 \\ 0 & 0 & -1.5000 & 0.5000 \end{pmatrix}$$

为上海森伯格矩阵。

9.3.2 *QR* 算法

QR 算法的基本思想是：利用 ***QR*** 分解得到一系列与 $\boldsymbol{A}$ 相似的矩阵 $\{\boldsymbol{A}_k\}$，在一定的条件下，当 $k \to \infty$ 时，$\{\boldsymbol{A}_k\}$ 收敛到一个以 $\boldsymbol{A}$ 的特征值 $\lambda_i (i = 1, 2, \cdots, n)$ 为主对角线元素的上三角矩阵。首先介绍 ***QR*** 分解：用豪斯霍尔德变换将矩阵 $\boldsymbol{A}$ 分解成正交矩阵 $\boldsymbol{Q}$ 与上三角矩阵 $\boldsymbol{R}$ 的乘积，即 $\boldsymbol{A} = \boldsymbol{QR}$。

算法 9.7（*QR* 分解）　首先，记 $\boldsymbol{A}$ 的第 1 列为 $\boldsymbol{x}_1 = (a_{11}^{(1)}, a_{21}^{(1)}, \cdots, a_{n1}^{(1)})^{\mathrm{T}}$，$\boldsymbol{A} = \boldsymbol{A}_1 = (a_{ij}^{(1)})_{n \times n}$。利用式（9.3.4）得

$$\begin{cases} \sigma_1 = \mathrm{sgn}(a_{11}^{(1)}) \left(\sum_{i=1}^{n} (a_{i1}^{(1)})^2 \right)^{1/2} \\ \boldsymbol{u}_1 = \boldsymbol{x}_1 + \sigma_1 \boldsymbol{e}_1, \text{ 其中，} \boldsymbol{e}_1 = (1, 0, \cdots, 0)^{\mathrm{T}} \in \mathbf{R}^n \\ \rho_1 = \sigma_1 (\sigma_1 + a_{11}^{(1)}) \\ \boldsymbol{H}_1 = \boldsymbol{I} - \rho_1^{-1} \boldsymbol{u}_1 \boldsymbol{u}_1^{\mathrm{T}} \end{cases}$$

构造出的 $\boldsymbol{H}_1$ 是 n 阶对称正交矩阵，使得 $\boldsymbol{H}_1 \boldsymbol{x}_1 = \sigma_1 \boldsymbol{e}_1$，从而有

$$\boldsymbol{A}_2 = \boldsymbol{H}_1 \boldsymbol{A}_1 = \begin{pmatrix} \sigma_1 & a_{12}^{(2)} & \cdots & a_{1n}^{(2)} \\ 0 & a_{22}^{(2)} & \cdots & a_{2n}^{(2)} \\ \vdots & \vdots & & \vdots \\ 0 & a_{n2}^{(2)} & \cdots & a_{nn}^{(2)} \end{pmatrix}$$

接着，记 $\boldsymbol{x}_2 = (a_{22}^{(2)}, a_{32}^{(2)}, \cdots, a_{n2}^{(2)})^{\mathrm{T}}$，同理可构造出 $(n-1)$ 阶对称正交矩阵 $\widetilde{\boldsymbol{H}}_2$，使得 $\widetilde{\boldsymbol{H}}_2 x_2 = \sigma_2 \boldsymbol{e}_2$，其中，$\sigma_2 = \mathrm{sgn}(a_{22}^{(2)})\left(\sum_{i=2}^{n} a_{i2}^2\right)^{1/2}$，$\boldsymbol{e}_2 = (1, 0, \cdots, 0)^{\mathrm{T}} \in \mathbf{R}^{n-1}$。

若记 $\boldsymbol{H}_2 = \begin{pmatrix} 1 & \\ & \widetilde{\boldsymbol{H}}_2 \end{pmatrix}$，它仍是对称正交矩阵，于是有

$$\boldsymbol{A}_3 = \boldsymbol{H}_2 \boldsymbol{A}_2 = \begin{pmatrix} \sigma_1 & a_{12}^{(2)} & a_{13}^{(2)} & \cdots & a_{1n}^{(2)} \\ 0 & \sigma_2 & a_{23}^{(3)} & \cdots & a_{2n}^{(3)} \\ 0 & 0 & a_{33}^{(3)} & \cdots & a_{3n}^{(3)} \\ \vdots & \vdots & \vdots & & \vdots \\ 0 & 0 & a_{n3}^{(3)} & \cdots & a_{nn}^{(3)} \end{pmatrix}$$

如此继续下去，直到完成第 $(n-1)$ 步后，得到上三角矩阵为

$$\boldsymbol{A}_n = \boldsymbol{H}_{n-1} \boldsymbol{A}_{n-1} = \begin{pmatrix} \sigma_1 & a_{12}^{(2)} & a_{13}^{(2)} & \cdots & a_{1n}^{(2)} \\ & \sigma_2 & a_{23}^{(3)} & \cdots & a_{2n}^{(3)} \\ & & \ddots & \ddots & \vdots \\ & & & \ddots & a_{n-1,n}^{(n)} \\ & & & & \sigma_n \end{pmatrix}$$

于是有

$$\boldsymbol{A}_n = \boldsymbol{H}_{n-1}\boldsymbol{A}_{n-1} = \boldsymbol{H}_{n-1}\boldsymbol{H}_{n-2}\boldsymbol{A}_{n-2} = \cdots = \boldsymbol{H}_{n-1}\boldsymbol{H}_{n-2}\cdots\boldsymbol{H}_1\boldsymbol{A}_1 = \boldsymbol{H}_{n-1}\boldsymbol{H}_{n-2}\cdots\boldsymbol{H}_1\boldsymbol{A}$$

令 $\boldsymbol{R} = \boldsymbol{A}_n$，$\boldsymbol{Q} = \boldsymbol{H}_1\boldsymbol{H}_2\cdots\boldsymbol{H}_{n-1}$，其中，$\boldsymbol{Q}$ 是对称正交矩阵，则 $\boldsymbol{R} = \boldsymbol{Q}\boldsymbol{A}$。因为 $\boldsymbol{Q}$ 是对称正交矩阵，所以有

$$\boldsymbol{A} = \boldsymbol{Q}\boldsymbol{R}$$

若 $\boldsymbol{A}$ 为非奇异矩阵，则上三角矩阵 $\boldsymbol{R}$ 也为非奇异矩阵，从而使 $\boldsymbol{R}$ 的主对角线元素不为零。

若要求 $\boldsymbol{R}$ 的主对角线元素取正数，则 $\boldsymbol{A}$ 的 $\boldsymbol{QR}$ 分解是唯一的。

例 9.5：求以下矩阵的 $\boldsymbol{QR}$ 分解 $\boldsymbol{A} = \boldsymbol{QR}$，并使矩阵 $\boldsymbol{R}$ 的主对角线上的元素都是正数。

$$\boldsymbol{A} = \begin{pmatrix} 1 & 0 & -1 \\ 2 & 1 & 4 \\ -2 & 3 & 0 \end{pmatrix}$$

解 对 $\boldsymbol{A}$ 运用算法 9.7。首先，记 $\boldsymbol{A}_1 = \boldsymbol{A}$，$\boldsymbol{x}_1 = (1, 2, -2)^{\mathrm{T}}$，则

$$\sigma_1 = \mathrm{sgn}(1)\sqrt{1^2 + 2^2 + (-2)^2} = 3,\ \rho_1 = \sigma_1(\sigma_1 + a_{11}) = 3(3+1) = 12$$

$$\boldsymbol{u}_1 = \boldsymbol{x}_1 + \sigma_1 \boldsymbol{e}_1 = (1, 2, -2)^{\mathrm{T}} + (3, 0, 0)^{\mathrm{T}} = (4, 2, -2)^{\mathrm{T}},\ \boldsymbol{e}_1 = (1, 0, 0)^{\mathrm{T}}$$

$$\boldsymbol{H}_1 = \boldsymbol{I} - \rho_1^{-1}\boldsymbol{u}_1\boldsymbol{u}_1^{\mathrm{T}} = \begin{pmatrix} 1 & 0 & 0 \\ 0 & 1 & 0 \\ 0 & 0 & 1 \end{pmatrix} - \frac{1}{12}\begin{pmatrix} 4 \\ 2 \\ -2 \end{pmatrix}(4, 2, -2) = \frac{1}{3}\begin{pmatrix} -1 & -2 & 2 \\ -2 & 2 & 1 \\ 2 & 1 & 2 \end{pmatrix}$$

$$A_2 = H_1A_1 = \begin{pmatrix} -3 & 4/3 & -7/3 \\ 0 & 5/3 & 10/3 \\ 0 & 7/3 & 2/3 \end{pmatrix}$$

接着，记 $x_2 = (5/3,\ 7/3)^{\mathrm{T}}$，则

$$\sigma_2 = \operatorname{sgn}(5/3)\sqrt{(5/3)^2 + (7/3)^2} = 2.867\ 44$$

$$\rho_2 = \sigma_2(\sigma_2 + a_{22}^{(2)}) = 2.867\ 44(2.867\ 44 + 5/3) = 13.001\ 3$$

$$u_2 = x_2 + \sigma_2 e_1 = (5/3,\ 7/3)^{\mathrm{T}} + (2.867\ 44,\ 0)^{\mathrm{T}} = (4.534\ 11,\ 2.333\ 33)^{\mathrm{T}}$$

$$\widetilde{H}_2 = I - \rho_2^{-1}u_2u_2^{\mathrm{T}} = \begin{pmatrix} 1 & 0 \\ 0 & 1 \end{pmatrix} - \frac{1}{13.001\ 3}\begin{pmatrix} 4.534\ 11 \\ 2.333\ 33 \end{pmatrix}(4.534\ 11,\ 2.333\ 33)$$

$$= \begin{pmatrix} -0.581\ 24 & -0.813\ 73 \\ -0.813\ 73 & 0.581\ 24 \end{pmatrix}$$

记

$$H_2 = \begin{pmatrix} 1 & 0 \\ 0 & \widetilde{H}_2 \end{pmatrix} = \begin{pmatrix} 1 & 0 & 0 \\ 0 & -0.581\ 24 & -0.813\ 73 \\ 0 & -0.813\ 73 & 0.581\ 24 \end{pmatrix}$$

则

$$A_3 = H_2A_2 = \begin{pmatrix} -3 & 1.333\ 33 & -2.333\ 33 \\ 0 & -2.867\ 44 & -2.479\ 95 \\ 0 & 0 & -2.324\ 94 \end{pmatrix}$$

为了使 R 的主对角线上的元素都是正数，取 $H_3 = \begin{pmatrix} -1 & 0 & 0 \\ 0 & -1 & 0 \\ 0 & 0 & -1 \end{pmatrix}$，显然 H_3 是正交矩阵，且

$$A_4 = H_3A_3 = \begin{pmatrix} 3 & -1.333\ 33 & 2.333\ 33 \\ 0 & 2.867\ 44 & 2.479\ 95 \\ 0 & 0 & 2.324\ 94 \end{pmatrix}$$

令

$$R = A_4 = \begin{pmatrix} 3 & -1.333\ 33 & 2.333\ 33 \\ 0 & 2.867\ 44 & 2.479\ 95 \\ 0 & 0 & 2.324\ 94 \end{pmatrix}$$

$$Q = H_1H_2H_3 = \begin{pmatrix} 0.333\ 33 & 0.154\ 99 & -0.929\ 98 \\ 0.666\ 67 & 0.658\ 74 & 0.348\ 74 \\ -0.666\ 67 & 0.736\ 23 & -0.116\ 25 \end{pmatrix}$$

且 $A = QR$。

了解了 QR 分解后，下面介绍 QR 算法。

算法 9.8（QR 算法） 首先，令 $\boldsymbol{A}_1=\boldsymbol{A}$，利用算法 9.7 将 $\boldsymbol{A}_1$ 进行 QR 分解，得 $\boldsymbol{A}_1=\boldsymbol{Q}_1\boldsymbol{R}_1$，其中 $\boldsymbol{Q}_1$ 为正交矩阵，$\boldsymbol{R}_1$ 为上三角矩阵；然后将 $\boldsymbol{Q}_1$ 与 $\boldsymbol{R}_1$ 逆序相乘，得

$$\boldsymbol{A}_2=\boldsymbol{R}_1\boldsymbol{Q}_1$$

因为 $\boldsymbol{R}_1=\boldsymbol{Q}_1^{-1}\boldsymbol{A}_1$，所以有 $\boldsymbol{A}_2=\boldsymbol{R}_1\boldsymbol{Q}_1=\boldsymbol{Q}_1^{-1}\boldsymbol{A}_1\boldsymbol{Q}_1$，即 $\boldsymbol{A}_2$ 与 $\boldsymbol{A}_1$ 相似。

接着，以 $\boldsymbol{A}_2$ 代替 $\boldsymbol{A}_1$，再作 QR 分解，得 $\boldsymbol{A}_2=\boldsymbol{Q}_2\boldsymbol{R}_2$，其中 $\boldsymbol{Q}_2$ 为正交矩阵，$\boldsymbol{R}_2$ 为上三角矩阵；再将 $\boldsymbol{Q}_2$ 与 $\boldsymbol{R}_2$ 逆序相乘，并记

$$\boldsymbol{A}_3=\boldsymbol{R}_2\boldsymbol{Q}_2$$

因为 $\boldsymbol{R}_2=\boldsymbol{Q}_2^{-1}\boldsymbol{A}_2$，所以 $\boldsymbol{A}_3=\boldsymbol{R}_2\boldsymbol{Q}_2=\boldsymbol{Q}_2^{-1}\boldsymbol{A}_2\boldsymbol{Q}_2$，即 $\boldsymbol{A}_3$ 与 $\boldsymbol{A}_2$ 相似。

以此类推，可得 QR 算法公式为：对 $k=1,\ 2,\ \cdots,$

$$\begin{cases}\boldsymbol{A}_k=\boldsymbol{Q}_k\boldsymbol{R}_k\\ \boldsymbol{A}_{k+1}=\boldsymbol{R}_k\boldsymbol{Q}_k=\boldsymbol{Q}_{k+1}\boldsymbol{R}_{k+1}\end{cases}\tag{9.3.10}$$

因为 $\boldsymbol{R}_{k-1}=\boldsymbol{Q}_{k-1}^{-1}\boldsymbol{A}_{k-1}$，所以 $\boldsymbol{A}_k=\boldsymbol{R}_{k-1}\boldsymbol{Q}_{k-1}=\boldsymbol{Q}_{k-1}^{-1}\boldsymbol{A}_{k-1}\boldsymbol{Q}_{k-1}$，即 $\boldsymbol{A}_k$ 与 $\boldsymbol{A}_{k-1}$ 相似。故序列 $\{\boldsymbol{A}_k\}$ 相似于 $\boldsymbol{A}_1=\boldsymbol{A}$。

这里，我们不加证明地给出 QR 算法收敛的充分条件，具体内容如下。

定理 9.1.4（QR 算法的收敛性） 设 $\boldsymbol{A}=(a_{ij})\in\mathbf{R}^{n\times n}$，$\{\boldsymbol{A}_k\}$ 是由 QR 算法产生的矩阵序列，其中，$\boldsymbol{A}_k=(a_{ij}^{(k)})$。若满足以下条件：

（1）$\boldsymbol{A}_1=\boldsymbol{A}$ 的特征值 $\lambda_i(i=1,\ 2,\ \cdots,\ n)$ 满足

$$|\lambda_1|>|\lambda_2|>\cdots>|\lambda_n|>0$$

（2）$\boldsymbol{A}=\boldsymbol{P}^{-1}\boldsymbol{D}\boldsymbol{P}$，其中，$\boldsymbol{D}=\mathrm{diag}(\lambda_1,\ \lambda_2,\ \cdots,\ \lambda_n)$，且 $\boldsymbol{P}$ 有三角分解 $\boldsymbol{P}=\boldsymbol{L}\boldsymbol{U}$（$\boldsymbol{L}$ 是单位下三角矩阵，$\boldsymbol{U}$ 是上三角矩阵），则

$$\lim_{k\to\infty}a_{ij}^{(k)}=\begin{cases}0, & i>j\\ \lambda_i, & i=j\end{cases}\tag{9.3.11}$$

即 $\{\boldsymbol{A}_k\}$ 收敛到一个以 $\boldsymbol{A}$ 的特征值 $\lambda_i(i=1,\ 2,\ \cdots,\ n)$ 为主对角线元素的上三角矩阵。

推论：若矩阵 $\boldsymbol{A}\in\mathbf{R}^{n\times n}$ 是对称矩阵，且满足定理 9.14 中的条件，则由 QR 算法产生的矩阵序列 $\{\boldsymbol{A}_k\}$ 收敛到对角矩阵 $\boldsymbol{D}=\mathrm{diag}(\lambda_1,\ \lambda_2,\ \cdots,\ \lambda_n)$。

9.4 雅可比方法

上一节介绍了豪斯霍尔德变换将矩阵化为上海森伯格矩阵的方法。如果矩阵是实对称矩阵，用平面旋转变换将矩阵化为上海森伯格矩阵比用豪斯霍尔德变换更好。本节所介绍的雅可比方法就是这种方法，它主要用于求实对称矩阵的全部特征值和特征向量。

雅可比方法的基本思想是：对实对称矩阵 $\boldsymbol{A}=(a_{ij})_{n\times n}$ 一定存在正交矩阵 $\boldsymbol{Q}$，使

$$\boldsymbol{Q}^{-1}\boldsymbol{A}\boldsymbol{Q}=\boldsymbol{Q}^{\mathrm{T}}\boldsymbol{A}\boldsymbol{Q}=\boldsymbol{D}\tag{9.4.1}$$

其中，$\boldsymbol{D}=\mathrm{diag}(\lambda_1,\ \lambda_2,\ \cdots,\ \lambda_n)$，$\lambda_j(j=1,\ 2,\ \cdots,\ n)$ 就是矩阵 $\boldsymbol{A}$ 的特征值，而正交矩阵

Q 的第 j 列就是对应于 λ_j 的特征向量。

由此可见，雅可比方法的实质和关键就是找一个正交矩阵 Q，将 A 化为对角矩阵。

9.4.1 雅可比方法

定义 9.6 设 $A = (a_{ij})_{n \times n}$ 是 n 阶实对称矩阵，称 n 阶矩阵

$$\begin{array}{cc} (i) & (j) \end{array}$$

$$G(i,\ j,\ \theta) = \begin{pmatrix} 1 & & & & & & & \\ & \ddots & & & & & & \\ & & \cos\theta & \cdots & \sin\theta & & & \\ & & & 1 & & & & \\ & & \vdots & \ddots & \vdots & & & \\ & & & & 1 & & & \\ & & -\sin\theta & \cdots & \cos\theta & & & \\ & & & & & & \ddots & \\ & & & & & & & 1 \end{pmatrix} \begin{array}{l} (i) \\ \\ \\ \\ (j) \end{array} \qquad (9.4.2)$$

为旋转矩阵，或吉文斯（Givens）矩阵，简记为 G_{ij}。对 A 进行的 $G_{ij} A G_{ij}^{\mathrm{T}}$ 变换称为吉文斯旋转变换。其中，吉文斯矩阵是在 n 阶单位矩阵 I 的第 i 行第 i 列、第 i 行第 j 列、第 j 行第 i 列、第 j 行第 j 列的交叉的位置上分别换上 $r_{ii} = \cos\theta$、$r_{ij} = \sin\theta$、$r_{ji} = -\sin\theta$、$r_{jj} = \cos\theta$ 而成的。

吉文斯矩阵是正交矩阵，吉文斯旋转变换是正交相似变换。雅可比方法就是通过一系列吉文斯旋转变换，把 A 化为对角矩阵，从而求得特征值及相应特征向量的方法。因此，雅可比方法也称为平面旋转法。

下面具体介绍将 n 阶实对称矩阵化为对角矩阵的雅可比方法。

设 $A = (a_{ij})_{n \times n}$ 是 n 阶实对称矩阵，记

$$A_1 = (a_{ij}^{(1)})_{n \times n} = G_{ij} A G_{ij}^{\mathrm{T}} \qquad (9.4.3)$$

因为

$$A_1^{\mathrm{T}} = (G_{ij} A G_{ij}^{\mathrm{T}})^{T} = G_{ij} A G_{ij}^{\mathrm{T}} = A_1$$

所以 A_1 仍是对称矩阵。通过直接计算可得

$$\begin{cases} a_{ii}^{(1)} = a_{ii}\cos^2\theta + a_{jj}\sin^2\theta + 2a_{ij}\cos\theta\sin\theta \\ a_{jj}^{(1)} = a_{ii}\sin^2\theta + a_{jj}\cos^2\theta - 2a_{ij}\cos\theta\sin\theta \\ a_{il}^{(1)} = a_{li}^{(1)} = a_{il}\cos\theta + a_{jl}\sin\theta & (l \neq i,\ j) \\ a_{jl}^{(1)} = a_{lj}^{(1)} = -a_{il}\sin\theta + a_{jl}\cos\theta & (l \neq i,\ j) \\ a_{lm}^{(1)} = a_{ml}^{(1)} = a_{ml} & (m,\ l \neq i,\ j) \\ a_{ij}^{(1)} = a_{ji}^{(1)} = \dfrac{1}{2}(a_{jj} - a_{ii})\sin 2\theta + a_{ij}(\cos^2\theta - \sin^2\theta) \end{cases} \qquad (9.4.4)$$

不难看出，A_1 经过 G_{ij} 作用后，与 A 相比，只有第 i 行、第 i 列、第 j 行、第 j 列的元素不同，而其他元素与 A 的相同。

特别地，若 $a_{ij} \neq 0$，由式（9.4.4）中最后一个式子可知：若取 θ 满足关系式

$$\cot 2\theta = \frac{a_{ii} - a_{jj}}{2a_{ij}} = \frac{1 - \tan^2\theta}{2\tan\theta} \qquad \left(-\frac{\pi}{4} < \theta \leqslant \frac{\pi}{4}\right) \tag{9.4.5}$$

可使 $a_{ij}^{(1)} = a_{ji}^{(1)} = 0$，也就是说，用 G_{ij} 对 A 进行变换，可将 A 的 2 个非主对角线元素 a_{ij} 和 a_{ji} 化为 0。

雅可比方法的一般过程是：记 $A_0 = A$，选择 A 的一对最大的非零非主对角线元素 a_{ij} 和 a_{ji}，使用吉文斯矩阵 G_{ij} 对 A 作正交相似变换得 A_1，可使 A_1 的这对非零非主对角线元素 $a_{ij}^{(1)} = a_{ji}^{(1)} = 0$。

再选择 A_1 的一对最大的非零非主对角线元素作上述正交相似变换得 A_2，可使 A_2 的这对非零非主对角线元素化为 0。

如此不断地进行下去，可产生一个矩阵序列 $A = A_0, A_1, \cdots, A_k, \cdots$。

虽然 A 至多只有 $n(n-1)/2$ 对非零非主对角线元素，但是不能期望通过 $n(n-1)/2$ 次变换使 A 对角化。因为每次变换能使一对非零非主对角线元素化为 0，例如，a_{ij} 和 a_{ji} 化为 0。但在下一次变换时，它们又可能由 0 变为非 0。

不过可以证明，如此产生的矩阵序列 $A = A_0, A_1, \cdots, A_k, \cdots$ 将趋向于对角矩阵，即雅可比方法是收敛的。而这个对角矩阵的主对角线元素就是矩阵 A 的特征值。

用雅可比方法求矩阵 A 的特征值的步骤为：

（1）记 $A_0 = A$，在矩阵 A 中找出按模最大的非主对角线元素 a_{ij}，取相应的吉文斯矩阵 G_{ij}，记为 $G_1 = G_{ij}$；

（2）由条件 $(a_{jj} - a_{ii})\sin 2\theta + 2a_{ij}(\cos^2\theta - \sin^2\theta) = 0$，定出 $\sin\theta$、$\cos\theta$，为避免使用三角函数，令

$$\begin{cases} d = \dfrac{a_{ii} - a_{jj}}{2a_{ij}} \\ t = \tan\theta = \operatorname{sgn}(d) / \left(|d| + \sqrt{1 + d^2}\right) \\ \cos\theta = (1 + t^2)^{-1/2} \\ \sin\theta = t\cos\theta \end{cases} \tag{9.4.6}$$

（3）按式（9.4.4）计算 $A_1 = G_{ij} A G_{ij}^{\mathrm{T}} = G_1 A G_1^{\mathrm{T}}$ 的元素；

（4）以 A_1 代替 A_0，重复步骤（1）、（2）、（3），求出 $A_2 = G_2 A_1 G_2^{\mathrm{T}}$，依此类推，得

$$A_k = G_k A_{k-1} G_k^{\mathrm{T}} \qquad (k = 1, 2, 3, \cdots) \tag{9.4.7}$$

令 $Q_0 = I$，记 $Q_k = Q_{k-1} G_k^{\mathrm{T}}$，则 Q_k 是正交矩阵，且

$$A_k = Q_k^{\mathrm{T}} A Q_k \qquad (k = 1, 2, 3, \cdots) \tag{9.4.8}$$

若经过 n 步旋转变换，A_n 的所有非主对角线元素都小于允许误差 ε 时，停止计算。此时

$\boldsymbol{A}_n$ 的主对角线元素就是 $\boldsymbol{A}$ 特征值的近似值。$\boldsymbol{Q}_n$ 的列元素就是 $\boldsymbol{A}$ 的对应于上述特征值的全部特征向量。

9.4.2　雅可比方法的收敛性

由矩阵理论可得以下定理。

定理 9.15　设 $\boldsymbol{A}=(a_{ij})_{n\times n}$，$\boldsymbol{P}$ 是正交矩阵，$\boldsymbol{B}=(b_{ij})_{n\times n}=\boldsymbol{P}^{\mathrm{T}}\boldsymbol{A}\boldsymbol{P}$，则

$$\sum_{i=1}^{n}\sum_{j=1}^{n}b_{ij}^{2}=\sum_{i=1}^{n}\sum_{j=1}^{n}a_{ij}^{2} \tag{9.4.9}$$

定理 9.16（收敛性）　设 $\{\boldsymbol{A}_k\}$ 是由雅可比方法产生的矩阵序列，其中 $\boldsymbol{A}_k=\boldsymbol{Q}_k^{\mathrm{T}}\boldsymbol{A}\boldsymbol{Q}_k$ 由式（9.4.8）定义，则

$$\lim_{x\to\infty}\boldsymbol{A}_k=\boldsymbol{D}=\mathrm{diag}(\lambda_1,\ \lambda_2,\ \cdots,\ \lambda_n),\ \lim_{x\to\infty}\boldsymbol{Q}_k=\boldsymbol{Q} \tag{9.4.10}$$

其中 $\lambda_j(j=1,\ 2,\ \cdots,\ n)$ 就是矩阵 $\boldsymbol{A}$ 的特征值，而正交矩阵 $\boldsymbol{Q}$ 的第 j 列就是对应于 λ_j 的特征向量，$j=1,\ 2,\ \cdots,\ n$ 。

例 9.6： 利用雅可比方法求以下矩阵的全部特征值和特征向量，要求 $\boldsymbol{A}_k$ 的所有非主对角线元素的绝对值 小于 $\varepsilon(\varepsilon=0.1)$。

$$\boldsymbol{A}=\begin{pmatrix}1 & -2 & 0\\ -2 & -1 & 1\\ 0 & 1 & 3\end{pmatrix}$$

解　记 $\boldsymbol{A}=\boldsymbol{A}_0=(a_{ij}^{(0)})_{3\times 3}$，因为 $a_{12}^{(0)}=-2$ 是 $\boldsymbol{A}$ 中所有非主对角线元素中绝对值最大的元素，取相应的吉文斯矩阵 $\boldsymbol{G}_{12}$。因为 $a_{11}^{(0)}=1$，$a_{22}^{(0)}=-1$，所以

$$d=(a_{11}^{(0)}-a_{22}^{(0)})/2a_{12}^{(0)}=-0.5,\ t=\tan\theta=\mathrm{sgn}(d)/\left(|d|+\sqrt{1+d^2}\right)=-0.618\ 034$$

$$\cos\theta=(1+t^2)^{-1/2}=0.850\ 651,\ \sin\theta=t\cos\theta=-0.525\ 731$$

于是

$$\boldsymbol{G}_{12}=\begin{pmatrix}\cos\theta & \sin\theta & 0\\ -\sin\theta & \cos\theta & 0\\ 0 & 0 & 1\end{pmatrix}=\begin{pmatrix}0.850\ 651 & -0.525\ 731 & 0\\ 0.525\ 731 & 0.850\ 651 & 0\\ 0 & 0 & 1\end{pmatrix}\xlongequal{\text{记}}\boldsymbol{G}_1$$

$$\boldsymbol{G}_1\boldsymbol{A}_0\boldsymbol{G}_1^{\mathrm{T}}=\begin{pmatrix}2.236\ 068 & 0 & -0.525\ 731\\ 0 & -2.236\ 068 & 0.850\ 651\\ -0.525\ 731 & 0.850\ 651 & 3\end{pmatrix}\xlongequal{\text{记}}\boldsymbol{A}_1=(a_{ij}^{(1)})_{3\times 3}$$

记

$$\boldsymbol{Q}_1=\boldsymbol{Q}_0\boldsymbol{G}_1^{\mathrm{T}}=\boldsymbol{I}\boldsymbol{G}_1^{\mathrm{T}}=\begin{pmatrix}0.850\ 651 & 0.525\ 731 & 0\\ -0.525\ 731 & 0.850\ 651 & 0\\ 0 & 0 & 1\end{pmatrix}$$

则 $\boldsymbol{A}_1=\boldsymbol{Q}_1^{\mathrm{T}}\boldsymbol{A}\boldsymbol{Q}_1$。

用 $\boldsymbol{A}_1$ 代替 $\boldsymbol{A}_0$，重复上述过程。因为 $a_{23}^{(1)}=0.850\ 651$ 是 $\boldsymbol{A}_1$ 中所有非主对角线元素中绝

对值最大的元素，取相应的吉文斯矩阵 $\boldsymbol{G}_{23}$。又因 $a_{22}^{(1)}=-2.236\,068$，$a_{33}^{(1)}=3$，所以

$$d=(a_{22}^{(1)}-a_{33}^{(1)})/2a_{23}^{(1)}=-3.077\,683\ ,\ t=\tan\theta=\operatorname{sgn}(d)/\left(|d|+\sqrt{1+d^2}\right)=-0.158\,384$$

$$\cos\theta=(1+t^2)^{-1/2}=0.987\,688,\ \sin\theta=t\cos\theta=-0.156\,434$$

于是

$$\boldsymbol{G}_{23}=\begin{pmatrix}1 & 0 & 0\\ 0 & \cos\theta & \sin\theta\\ 0 & -\sin\theta & \cos\theta\end{pmatrix}=\begin{pmatrix}1 & 0 & 0\\ 0 & 0.987\,688 & -0.156\,434\\ 0 & 0.156\,434 & 0.987\,688\end{pmatrix}\xlongequal{记}\boldsymbol{G}_2$$

$$\boldsymbol{G}_2\boldsymbol{A}_1\boldsymbol{G}_2^{\mathrm{T}}=\begin{pmatrix}2.236\,068 & 0.082\,241 & -0.519\,258\\ 0.082\,241 & -2.370\,798 & 0\\ -0.519\,258 & 0 & 3.134\,730\end{pmatrix}\xlongequal{记}\boldsymbol{A}_2=(a_{ij}^{(2)})_{3\times3}$$

记

$$\boldsymbol{Q}_2=\boldsymbol{Q}_1\boldsymbol{G}_2^{\mathrm{T}}=\begin{pmatrix}0.850\,651 & 0.519\,258 & 0.082\,242\\ -0.525\,731 & 0.840\,178 & 0.133\,071\\ 0 & -0.156\,434 & 0.987\,688\end{pmatrix}$$

则 $\boldsymbol{A}_2=\boldsymbol{Q}_2^{\mathrm{T}}\boldsymbol{A}\boldsymbol{Q}_2$。

用 $\boldsymbol{A}_2$ 代替 $\boldsymbol{A}_1$，重复上述过程。因为 $a_{13}^{(2)}=-0.519\,258$ 是 $\boldsymbol{A}_2$ 中所有非主对角线元素中绝对值最大的元素，取相应的吉文斯矩阵 $\boldsymbol{G}_{13}$。又因 $a_{11}^{(2)}=2.236\,068$，$a_{33}^{(2)}=3.134\,730$，所以

$$d=(a_{11}^{(2)}-a_{33}^{(2)})/2a_{13}^{(2)}=0.865\,333,\ t=\tan\theta=\operatorname{sgn}(d)/\left(|d|+\sqrt{1+d^2}\right)=0.457\,089$$

$$\cos\theta=(1+t^2)^{-1/2}=0.909\,493,\ \sin\theta=t\cos\theta=0.415\,720$$

于是

$$\boldsymbol{G}_{13}=\begin{pmatrix}\cos\theta & 0 & \sin\theta\\ 0 & 1 & 0\\ -\sin\theta & 0 & \cos\theta\end{pmatrix}=\begin{pmatrix}0.909\,493 & 0 & 0.415\,720\\ 0 & 1 & 0\\ -0.415\,720 & 0 & 0.909\,493\end{pmatrix}\xlongequal{记}\boldsymbol{G}_3$$

$$\boldsymbol{G}_3\boldsymbol{A}_2\boldsymbol{G}_3^{\mathrm{T}}=\begin{pmatrix}1.998\,721 & 0.074\,799 & 0\\ 0.074\,799 & -2.370\,788 & -0.034\,190\\ 0 & -0.034\,190 & 3.372\,078\end{pmatrix}\xlongequal{记}\boldsymbol{A}_3=(a_{ij}^{(3)})_{3\times3}$$

记

$$\boldsymbol{Q}_3=\boldsymbol{Q}_2\boldsymbol{G}_3^{\mathrm{T}}=\begin{pmatrix}0.807\,851 & 0.519\,258 & -0.278\,834\\ -0.422\,828 & 0.840\,178 & 0.339\,584\\ 0.410\,602 & -0.156\,434 & 0.898\,295\end{pmatrix}$$

则 $\boldsymbol{A}_3=\boldsymbol{Q}_3^{\mathrm{T}}\boldsymbol{A}\boldsymbol{Q}_3$。

因为 $\boldsymbol{A}_3$ 的所有非主对角线元素的绝对值小于 $\varepsilon(\varepsilon=0.1)$，所以迭代停止。此时特征值的近似值分别为 $\boldsymbol{A}_3$ 的对角元素，即

$$\lambda_1\approx1.998\,721,\ \lambda_2\approx-2.370\,788,\ \lambda_3\approx3.372\,08$$

相应的特征向量的近似值分别为

$$x_1 \approx (0.807\ 851,\ -0.422\ 828,\ 0.410\ 602)^T = k_1(1.967\ 479,\ -1.029\ 776,\ 1)^T$$

$$x_2 \approx (0.519\ 258,\ 0.840\ 178,\ -0.156\ 434)^T = k_2(-3.319\ 342,\ -5.370\ 814,\ 1)^T$$

$$x_3 \approx (-0.278\ 834,\ 0.339\ 584,\ 0.898\ 295)^T = k_3(-0.310\ 404,\ -0.378\ 032,\ 1)^T$$

其中，$k_1 = 0.410\ 602$，$k_2 = -0.156\ 434$，$k_3 = 0.898\ 295$。

$\boldsymbol{A}$ 特征值的精确值为

$$\lambda_1 = 2,\ \lambda_2 = \frac{1}{2} - \frac{\sqrt{33}}{2} = -2.372\ 281\ 32\cdots,\ \lambda_3 = \frac{1}{2} + \frac{\sqrt{33}}{2} = 3.372\ 281\ 32\cdots$$

相应的特征向量为

$$x_1 = (2,\ -1,\ 1)^T$$

$$x_2 = (-3.186\ 140\cdots,\ -5.372\ 281\cdots,\ 1)^T$$

$$x_3 = (-0.313\ 859\cdots,\ 0.372\ 281\cdots,\ 1)^T$$

从上例可以看出，当迭代矩阵 $\boldsymbol{A}_k$ 的所有非对角元素的绝对值并不是很小时，即使迭代的次数不是很多，用雅可比方法求得的结果精度也比较高，因此它是求实对称矩阵的全部特征值和特征向量的一个较好的方法。

9.4.3　改进的雅可比方法

由于每次旋转变换前选非零非主对角线元素的最大值很费时间，为此介绍改进的雅可比方法。

第一种方法：把非主对角线元素按照行的次序 a_{12}，a_{13}，…，a_{1n}，a_{23}，a_{24}，…，a_{2n}，…，$a_{n-1,n}$ 依次化为 0，称为一次扫描；一次扫描后，前面已化为 0 的元素可能成为非零元素，需要再次扫描。这一方法称为循环雅可比方法，这种方法的缺点是：一些已经足够小的元素也作化零处理，浪费了时间。

第二种方法：首先对实对称矩阵 $\boldsymbol{A}$ 计算

$$\nu_0 = \left(2\sum_{i=1}^{n-1}\sum_{j=i+1}^{n} a_{ij}^2\right)^{1/2} \tag{9.4.11}$$

设置阈值 $\nu_1 = \nu_0/n$，按 a_{12}，a_{13}，…，a_{1n}，a_{23}，a_{24}，…，a_{2n}，…，$a_{n-1,n}$ 的顺序进行扫描。

若 $|a_{ij}| \geqslant \nu_1$，则选取旋转矩阵 $\boldsymbol{G}_{ij}$ 作旋转相似变换将 a_{ij} 和 a_{ji} 化为 0；否则让 a_{ij} 过关，即不进行旋转相似变换将其化为 0。

因为某些绝对值小于 ν_1 的元素的绝对值可能在后面的旋转变换中增大，所以应进行多次扫描，直到 $\boldsymbol{A}_1$ 的所有非零非主对角线元素的绝对值都小于 ν_1。

再设置阈值 $\nu_2 = \nu_1/n$，重复上述过程，直到达到精度要求，即 $|\nu_k| < \varepsilon$ 为止（$\varepsilon > 0$ 是指定的精度）。这种方法称为限值雅可比方法。

9.5 MATLAB 程序设计

程序一 幂法

```
% 幂法
% A是方阵, e是精度, 输出向量V是A的最大特征值MaxEig对应的特征向量
function PowerMethod (A, e)
V=ones (size (A, 1), 1);
for i=1: 2
Y=A * V;
M (i) =norm (Y, Inf);
V=Y /M (i);
end
while abs (M (i) -M (i-1) ) >e
i=i +1;
    Y=A * V;
    M (i) =norm (Y, Inf);
    V=Y /M (i);
end
MaxEig=M (i);
disp (sprintf ('最大特征值MaxEig  %.6f \n相应的特征向量', MaxEig) )
V=V',
end
```

用幂法求以下方阵的按模最大特征值及相应特征向量，要求 $|m_k - m_{k-1}| < 10^{-3}$。

$$\boldsymbol{A} = \begin{pmatrix} 1 & 2 & 3 \\ 2 & 1 & 3 \\ 3 & 3 & 5 \end{pmatrix}$$

在 MATLAB 命令窗口中输入：

```
A= [1 2 3; 2 1 3; 3 3 5]; e=10^-3; PowerMethod (A, e)
```

输出结果为：

```
最大特征值MaxEig=8.358906
相应的特征向量为
V=0.5598    0.5598    1.0000
```

程序二　反幂法

```
% 反幂法
% A是方阵，e是精度，输出向量V是A的最大特征值MaxEig对应的特征向量
function InversePower (A, e)
V=ones (size (A, 1), 1);
[L U] =lu (A);
for i=1: 2
Y=U \ (L \V);
M (i) =norm (Y, Inf);
Vector=Y /M (i);
end
while abs (M (i) -M (i-1) ) > e
    i=i + 1;
    Y=U \ (L \V);
    M (i) =norm (Y, Inf);
    V=Y /M (i);
end
MinEig=1 /M (i);
disp (sprintf ('该矩阵按模最小的特征值是:% .6f \n 相应的特征向量是:', Mi-
nEig) )
V,
end
```

在 MATLAB 命令窗口中输入：

```
A= [1 2 3; 2 1 3; 3 3 5]; e=10^-3; InversePower (A, e)
```

输出结果为：

```
该矩阵按模最小的特征值是: 1.000000
相应的特征向量是:
V=
    1
    1
    1
```

程序三　豪斯霍尔德变换

```
function householder
clc
disp ('请注意，在输入等式右边向量 b 时，请输入列向量或者行向量转置')
A=input ('请输入系数矩阵 A=:');
b=input ('请输入向量 b=:');
[m, n] =size (A);
C=zeros (m, n+1);
C (1: m, 1: n) =A;
C (1: m, n+1) =b;
r=rank (A);
Hk=eye (m);
for j=1: r
fprintf ('第% d 次求得 H', j);
    x=C (j: m, j);
    u=x-x;
  l=length (x);
s=max (abs (x) );
x=x/s;
t=x (2: l)'*x (2: l);
u (1) =1;
u (2: l) =x (2: l);
if t==0
    p=0;
else
    a=sqrt (x (1) ^2+t);
if x (1) <=0
    u (1) =x (1) -a;
else
    u (1) =-t/(x (1) +a);
end
p=2*u (1) ^2/(t+u (1) ^2);
u=u/u (1);
end
```

```
    I1=eye (m-j+1);
    H1=I1-p*u*u';
    H=eye (m);
    H (j: m, j: m) =H1
    Hk=H*Hk;
C=H*C;
end
disp ('最终利用豪斯霍尔德正交化方法分解的 Q 为')
Q=Hk (1: r, 1: m)'
disp ('最终利用豪斯霍尔德正交化方法分解的 U 为')
U=C (1: r, 1: n)
disp ('利用豪斯霍尔德正交化方法求解为')
x=U'*inv (U*U') *Q'*b
```

运行后在 MATLAB 命令窗口输入:

```
请注意, 在输入等式右边向量 b 时, 请输入列向量或者行向量转置
请输入系数矩阵 A=: [1 1 3; 1 2 4; 1 3 5; 1 4 6]
请输入向量 b=: [3 5 7 11]'
```

输出结果为:

```
第 1 次求得 H
H =
    0.5000    0.5000    0.5000    0.5000
    0.5000    0.5000   -0.5000   -0.5000
    0.5000   -0.5000    0.5000   -0.5000
    0.5000   -0.5000   -0.5000    0.5000
第 2 次求得 H
H =
    1.0000         0         0         0
         0   -0.8944   -0.4472         0
         0   -0.4472    0.8944         0
         0         0         0    1.0000
最终利用豪斯霍尔德正交化方法分解的 Q 为
Q =
    0.5000   -0.6708
    0.5000   -0.2236
    0.5000    0.2236
    0.5000    0.6708
```

```
最终利用豪斯霍尔德正交化方法分解的 U 为
U =
   2.0000    5.0000    9.0000
        0    2.2361    2.2361
利用豪斯霍尔德正交化方法求解为
x =
  -0.8667
   2.1667
   0.4333
```

程序四　*QR* 分解

对矩阵 ***A*** 进行 ***QR*** 分解的程序为：

```
[Q R] =qr (A)
```

在 MATLAB 命令窗口输入：

```
A= [1 2 3 4; 5 6 7 8; 9 10 11 12; 13 14 15 16];
[q, r] =qr (A)
```

运行结果为：

```
ans =
  -3.0000    1.3333   -2.3333
   0.5000   -2.8674   -2.4799
  -0.5000    0.5146   -2.3250
```

程序五　雅可比方法

```
% Jacobi 方法
% A 为方阵, Precision 为误差
function Jacobi (A, e)
V=eye ( size (A) );
B=abs ( A - diag ( diag (A) ) );
Sum=sum ( sum ( B < e ~ =ones ( size (A) ) ) );
while Sum ~ =0
    [m i] =max ( B );
    [m j] =max ( m );
G=eye ( size (A) );
```

```
i=i (j);
d= ( A (i, i) -A (j, j) ) /( 2*A (i, j) );
t=sign (d) /( abs (d) + sqrt (1+d^2) );
cost= (1+t^2) ^(-1/2);
sint=t * cost;
G (i, i) =cost;
G (i, j) =sint;
G (j, i) =-1 * sint;
G (j, j) =cost;
V=V * G';
A=G * A * G';
B=abs (A-diag (diag (A) ) );
    Sum=sum (sum (B<e ~=ones (size (A) ) ) );
end
E=diag (A);
disp (sprintf ('A的所有特征值') )
Eig=E',
disp (sprintf ('对应的特征向量') )
V,
end
```

利用雅可比方法求以下矩阵的全部特征值和特征向量，要求迭代矩阵 $\boldsymbol{A}$ 的所有非对角元素的绝对值小于 $\varepsilon(\varepsilon = 0.1)$。

$$\boldsymbol{A} = \begin{bmatrix} 1 & -2 & 0 \\ -2 & -1 & 1 \\ 0 & 1 & 3 \end{bmatrix}$$

在 MATLAB 命令窗口输入：

```
A= [1 -2 0; -2 -1 1; 0 1 3]; Jacobi (A, 0.1)
```

输出结果为：

```
A的所有特征值
Eig=
    1.9987   -2.3708    3.3721
对应的特征向量
V=
    0.8079    0.5193   -0.2788
   -0.4228    0.8402    0.3396
    0.4106   -0.1564    0.8983
```

习题9

1. 用幂法求方阵

$$A=\begin{pmatrix}7 & 3 & -2\\ 3 & 4 & -1\\ -2 & -1 & 3\end{pmatrix}$$

的按模最大特征值及相应特征向量，要求 $|m_k-m_{k-1}|<10^{-2}$。

2. 用反幂法求方阵

$$A=\begin{pmatrix}-12 & 3 & 3\\ 3 & 1 & -2\\ 3 & -2 & 7\end{pmatrix}$$

的与 $p=-13$ 最接近的那个特征值及相应的特征向量，要求计算结果小数点后至少保留5位，特征值的迭代误差不超过 10^{-5}。

3. 设矩阵为

$$A=\begin{pmatrix}2 & -1 & -1\\ -1 & 2 & -1\\ -1 & -1 & 2\end{pmatrix}$$

试用镜面反射变换将其转换成上海森伯格矩阵。

4. 用 $\boldsymbol{QR}$ 算法对矩阵

$$A=\begin{pmatrix}2 & -1 & 0\\ -1 & 2 & -1\\ 0 & -1 & 2\end{pmatrix}$$

进行两次迭代。

5. 用 $\boldsymbol{QR}$ 算法求矩阵

$$A=\begin{pmatrix}4 & -1 & 0\\ -1 & 3 & -1\\ 0 & -1 & 2\end{pmatrix}$$

的所有特征值。

6. 利用雅可比方法求矩阵

$$A=\begin{pmatrix}2 & -1 & 0\\ -1 & 2 & -1\\ 0 & -1 & 2\end{pmatrix}$$

的全部特征值和特征向量，要求迭代矩阵 A_k 的所有非对角元素的绝对值小于 ε（$\varepsilon=0.1$）。

习题答案

习题 1

1. (1) $e(x^*) \approx -0.001\ 6$; $e_r(x^*) \approx -0.51 \times 10^{-3}$；有效数字为：3。

(2) $e(x^*) \approx 0.008\ 5$; $e_r(x^*) \approx 0.27 \times 10^{-2}$；有效数字为：2。

(3) $e(x^*) \approx 0.001\ 3$; $e_r(x^*) \approx 0.41 \times 10^{-3}$；有效数字为：3。

(4) $e(x^*) \approx 0.000\ 000\ 271$; $e_r(x^*) \approx 0.863 \times 10^{-7}$；有效数字为：7。

2. 绝对误差限分别是

$\varepsilon(x_1) = 0.000\ 05$，$\varepsilon(x_2) = 0.000\ 05$，$\varepsilon(x_3) = 0.005$，$\varepsilon(x_4) = 0.5$

相对误差限分别是

$$\varepsilon r(x_1) = \frac{\varepsilon(x_1)}{x_1} = \frac{0.000\ 05}{0.031\ 5} \approx 0.16\%$$

$$\varepsilon r(x_2) = \frac{\varepsilon(x_2)}{x_2} = \frac{0.000\ 05}{0.301\ 5} \approx 0.02\%$$

$$\varepsilon r(x_3) = \frac{\varepsilon(x_3)}{x_3} = \frac{0.005}{31.5} \approx 0.002\%$$

$$\varepsilon r(x_4) = \frac{\varepsilon(x_4)}{x_4} = \frac{0.5}{5\ 000} \approx 0.01\%$$

有效数字分别为 3 位、4 位、4 位、4 位。

3. $\tilde{u}$ 能有 3 位有效数字。

4. 依题意有 $f = (\sqrt{2} - 1)^6 \approx 0.005\ 051$，如果令 $\sqrt{2} = 1.4$，则 $f_1 = (\sqrt{2} - 1)^6 \approx 0.004\ 096$，$f_2 = \dfrac{1}{(\sqrt{2} + 1)^6} \approx 0.005\ 233$，$f_3 = (3 - 2\sqrt{2})^3 \approx 0.008$，$f_4 = \dfrac{1}{(3 + 2\sqrt{2})^3} \approx 0.005\ 125$，$f_5 = 99 - 70\sqrt{2} \approx 1$，所以 f_4 的结果最好。

5. 如果直接根据求根公式计算第二个根误差很大。因此根据韦达定理 $x_1 x_2 = 1$，在求出 $x_1 \approx 55.982$ 后这样计算 x_2，即

$$x_2 = \frac{1}{x_1} \approx \frac{1}{55.982} = 0.017\ 86 = 0.178\ 6 \times 10^1$$

6. 依题意有$\begin{cases} I_0 = 1 - e^{-1} \\ I_n = 1 - nI_{n-1} \quad (n=1, 2, 3, \cdots) \end{cases}$。由递推公式$I_n = 1 - nI_{n-1}$，解得$I_{n-1} = \frac{1}{n}(1 - I_n)$，这是逆向的递推公式。

7. 经计算可得$\varepsilon(y_{10}) = 10^{10}$，$\varepsilon(y_0) = \frac{1}{2} \times 10^8$，所以计算过程不稳定。

8. 依题意有$f(30) = -4.094\ 622$，开平方时用6位函数表计算所得的误差为$\varepsilon = \frac{1}{2} \times 10^{-4}$，分别计算可得$f_1(x) = \ln(x - \sqrt{x^2 - 1})$，$f_2(x) = -\ln(x - \sqrt{x^2 + 1})$，再由此得出

$\varepsilon(f_1) = \left| \ln(1 + \frac{\varepsilon}{x - \sqrt{x^2 - 1}}) \right| \approx \frac{\varepsilon}{x - \sqrt{x^2 - 1}} = (x + \sqrt{x^2 - 1})\varepsilon = 60 \times \frac{1}{2} \times 10^{-4} = 3 \times 10^{-3}$

$\varepsilon(f_2) = \left| \ln(1 + \frac{\varepsilon}{x + \sqrt{x^2 + 1}}) \right| \approx \frac{\varepsilon}{x + \sqrt{x^2 - 1}} = \frac{1}{60} \times \frac{1}{2} \times 10^{-4} = 8.33 \times 10^{-7}$。

9. （略）

习题2

1. $f(x) = \frac{1}{6}(x^2 - 3x + 8)$

2. $f(x) = \frac{5}{6}x^2 + \frac{3}{2}x - \frac{7}{3}$

3. 考虑辅助函数$F(x) = \sum_{j=0}^{n} x_j^k l_j(x) - x^k$，其中$0 \leqslant k \leqslant n$，$x \in (-\infty, \infty)$。$f(x)$是次数不超过$n$的多项式，在节点$x = x_i (0 \leqslant i \leqslant n)$处，有

$$f(x_i) = \sum_{j=0}^{n} x_j^k l_j(x_i) - x_i^k = x_j^k l_i(x_i) - x_i^k = x_i^k - x_i^k = 0$$

这表明，$f(x)$有$(n+1)$个互异实根。故$F(x) \equiv 0$，从而$\sum_{j=0}^{n} x_j^k l_j(x_i) \equiv x^k$对于任意的$0 \leqslant k \leqslant n$均成立。

4. $L(0.336\ 7) \approx 0.330\ 4$。误差的上界为

$|r(0.336\ 7)| \leqslant \frac{1}{6} |(0.336\ 7 - 0.32)(0.336\ 7 - 0.34)(0.336\ 7 - 0.36)| \leqslant 2.14 \times 10^{-7}$

5. $N_2(x) = 1 + 1 \times (x - 0) + 3(x - 0)(x - 1) = 3x^2 - 2x + 1$。

6. $P(x) = \frac{1}{4}x^2(x - 3)^2$。

7. $I_h(x)=I_h^i(x)=f(x_i)\dfrac{x-x_{i+1}}{x_i-x_{i+1}}+f(x_{i+1})\dfrac{x-x_i}{x_{i+1}-x_i}=\dfrac{x_i^2}{h_1}(x_{i+1}-x)\dfrac{x_{i+1}^2}{h_i}(x-x_i)$,

其中，$x\in[x_i,\ x_{i+1}]$。

8. 在 $[x_i,\ x_{i+1}]$ 小区间上，有

$$I_h^i(x)=x_i^4\left(1-2\frac{x-x_i}{x_i-x_{i+1}}\right)\left(\frac{x-x_{i+1}}{x_i-x_{i+1}}\right)^2+4x_i^3(x-x_i)\left(\frac{x-x_{i+1}}{x_i-x_{i+1}}\right)^2+$$
$$x_{i+1}^4\left(1-2\frac{x-x_{i+1}}{x_{i+1}-x_i}\right)\left(\frac{x-x_i}{x_{i+1}-x_i}\right)^2+4x_{i+1}^3(x-x_{i+1})\left(\frac{x-x_i}{x_{i+1}-x_i}\right)^2$$

其中，$x\in[x_i,\ x_{i+1}]$。

9. （略）

10. （略）

11. （略）

习题3

1. 最佳一次逼近项式为 $P_1(x)=0.636\,620x+0.105\,257$。误差限为 $\max\limits_{0\leqslant x\leqslant\frac{\pi}{2}}|\sin x-P_1(x)|\leqslant P_1(0)=0.105\,257$。

2. 最佳一次逼近项式为 $P_1(x)=1.229+1.483x$。

3. 线性最佳平方逼近多项式为 $\varphi^*=\dfrac{2}{\pi}$。

4. 依题意有法方程组为

$$\begin{pmatrix}2 & 0\\ 0 & \dfrac{2}{3}\end{pmatrix}\begin{pmatrix}a_1\\ a_2\end{pmatrix}=\begin{pmatrix}e-e^{-1}\\ 2e^{-1}\end{pmatrix}$$

因此线性最佳平方逼近多项式为：$P(x)=\dfrac{e-e^{-1}}{2}+3e^{-1}x$。

5. 可得直线拟合函数 $y=1.228\,8+1.488\,1x$。

6. 矛盾方程组解为 $\begin{cases}x_1=2.571\,4\\ x_2=0.642\,9\end{cases}$。

7. （略）

8. （略）

习题4

1. 只要取 k 满足 $\dfrac{1}{2^{k+1}}(b-a)<\varepsilon$ 即可，即 $k\geqslant\dfrac{\lg(b-a)-\lg\varepsilon}{\lg 2}-1=\dfrac{-\lg 0.5+3\lg 10}{\lg 2}-1=$

9.966 78。只要取 $n=10$，即过程要二分 10 次。

2. 令 $f(x)=1-x-\sin x$，因为 $f(0)=1-0-\sin 0=1>0$, $f(1)=1-1-\sin 1=-\sin 1<0$，由零点定理，函数 $f(x)$ 在 $[0,1]$ 区间有一个根。

由 $|x^*-x_n|\leqslant\dfrac{b-a}{2^n}=\dfrac{1}{2^n}<\dfrac{1}{2}\times 10^{-4}$ 可得 $n=14$，即需要二分 14 次。

3. 解答内容具体如下。

(1) $x_{k+1}=1+\dfrac{1}{x_k^2}$ 具有局部收敛性。

(2) $x_{k+1}=(1+x_k^2)^{\frac{1}{3}}$ 具有收敛性。

(3) $x_{k+1}=\dfrac{1}{(x_k-1)^{\frac{1}{2}}}$ 不具有收敛性。

用迭代公式 $x_{k+1}=1+\dfrac{1}{x_k^2}$ 列表计算，如下表所示。

k	x_k
0	1.5
1	1.444
2	1.480
3	1.457
4	1.471
5	1.462
6	1.468
7	1.464
8	1.467
9	1.465
10	1.466
11	1.465

由上表可得方程的近似根为 $x^*\approx 1.465$。

4. 解答过程如下。

(1) 迭代公式 $x_{k+1}=\varphi_1(x_k)=\dfrac{1}{4}(\sin x_k+\cos x_k)$ 收敛，可以用其来求解方程。

(2) 当 $x\in[1,2]$ 时，$|\varphi'_2(x)|=|-2^x\ln 2|>1$，故不能用迭代公式 $x_{k+1}=4-2^{x_k}$ 来求解方程。可将方程变形为 $2^x=4-x$，$x=\dfrac{\ln(4-x)}{\ln 2}$，令 $\varphi_3(x)=\dfrac{\ln(4-x)}{\ln 2}$，此时迭代公式 $x_{k+1}=\dfrac{\ln(4-x_k)}{\ln 2}$ 收敛，可以用其来求解方程。

5. 迭代函数 $\varphi(x)=x-\lambda f(x)$，$\varphi'(x)=1-\lambda f'(x)$，由已知 $0<f'(x)\leqslant M<\dfrac{2}{\lambda}$，有

$0 < \lambda f'(x) < 2$，所以 $|\varphi'(x)| < 1$，即迭代过程收敛。

6. 经计算可得：

(1) $-\frac{1}{\sqrt{2}} < C < 0$ 时，迭代收敛；

(2) $\varphi'(\sqrt{2}) = 1 + 2C\sqrt{2} = 0$，所以 $C = -\frac{1}{2\sqrt{2}}$ 时收敛最快。

7. 计算结果如下：

(1) $f(x) = 0$ 的牛顿迭代公式为 $x_{n+1} = \frac{5x_n}{6} + \frac{a}{6x_n^2}$；

(2) $\varphi'(\sqrt[3]{a}) = \frac{1}{2} \neq 0$，故此迭代公式是线性收敛的。

8. 牛顿迭代公式为 $x_{k+1} = x_k - \frac{x_k^3 + 2x_k^2 + 10x_k - 20}{3x_k^2 + 4x_k + 10}$。取 $x_0 = 1$ 时，$|x_4 - x_3| = |1.368\ 808\ 11 - 1.368\ 808\ 19| = 8 \times 10^{-8} < 10^{-6}$；根为 $x^* \approx 1.368\ 808\ 11$。

9. （略）

10. （略）

习题5

1. $x_1 = -13$，$x_2 = 8$，$x_3 = 2$。

2. $x_3 = 1$，$x_2 = -1$，$x_1 = 0$。

3. 按高斯消元法，***A*** 无法进行第二次消元，换行后可以分解，***B*** 第二次消元时可乘任意系数，分解不唯一，***C*** 可唯一分解。

4. 依题意有

$$\boldsymbol{L} = \begin{pmatrix} 1 & 0 & 0 & 0 \\ 0 & 1 & 0 & 0 \\ 1 & 2 & 1 & 0 \\ 0 & 1 & 0 & 1 \end{pmatrix},\ \boldsymbol{U} = \begin{pmatrix} 1 & 0 & 2 & 0 \\ 0 & 1 & 0 & 1 \\ 0 & 0 & 2 & 1 \\ 0 & 0 & 0 & 2 \end{pmatrix}$$

由 $\boldsymbol{Ly} = (5, 3, 17, 7)^{\mathrm{T}}$，解得 $\boldsymbol{y} = (5, 3, 6, 4)^{\mathrm{T}}$；由 $\boldsymbol{Ux} = \boldsymbol{y}$，解得 $\boldsymbol{x} = (1, 1, 2, 2)^{\mathrm{T}}$。

5. （略）

6. 依题意有

$$L = \begin{pmatrix} 1 & 0 & 0 & \cdots & 0 \\ 1 & 1 & 0 & \cdots & 0 \\ 1 & 1 & 1 & \cdots & 0 \\ \vdots & \vdots & \vdots & & \vdots \\ 1 & 1 & 1 & \cdots & 1 \end{pmatrix}$$

由 $\boldsymbol{Ly}=\boldsymbol{b}$ 得 $\boldsymbol{y}=(n,\ -1,\ -1,\ \cdots,\ -1)^{\mathrm{T}}$；由 $\boldsymbol{L}^{\mathrm{T}}\boldsymbol{x}=\boldsymbol{y}$ 解得 $\boldsymbol{x}=(n+1,\ 0,\ 0,\ \cdots,\ -1)^{\mathrm{T}}$。

7. $\boldsymbol{x}=(10/9,\ 7/9,\ 23/9)^{\mathrm{T}}$。

8. $\boldsymbol{x}=(5/6,\ 2/3,\ 1/2,\ 1/3,\ 1/6)^{\mathrm{T}}$。

9. （略）

10. 存在常数 a_1，$a_2>0$，使得 $a_1\|\boldsymbol{x}\|_s\leqslant\|x\|_t\leqslant a_2\|\boldsymbol{x}\|_s$，于是令 $c_1=\dfrac{a_1}{a_2}>0$，$c_2=\dfrac{a_2}{a_1}>0$，则对任意 $\boldsymbol{A}\in\mathbf{R}^{n\times n}$，均有不等式 $c_1\|\boldsymbol{A}\|_s=\max\limits_{\|\boldsymbol{x}\|_s=0}\dfrac{a_1\|\boldsymbol{Ax}\|_s}{a_2\|\boldsymbol{x}\|_s}\leqslant\max\limits_{\|\boldsymbol{x}\|_s=0}\dfrac{\|\boldsymbol{Ax}\|_t}{\|\boldsymbol{x}\|_t}=\|\boldsymbol{A}\|_t\leqslant\max\limits_{\|\boldsymbol{x}\|_s=0}\dfrac{a_2\|\boldsymbol{Ax}\|_s}{a_1\|\boldsymbol{x}\|_s}=c_2\|\boldsymbol{A}\|_s$。

11. 计算结果如下：

$$\|\boldsymbol{A}\|_1=\max_{1\leqslant j\leqslant n}\sum_{i=1}^{n}|a_{ij}|=0.8$$

$$\|\boldsymbol{A}\|_2=\sqrt{\lambda_{\max}(\boldsymbol{A}^{\mathrm{T}}\boldsymbol{A})}=0.8279$$

$$\|\boldsymbol{A}\|_\infty=\max_{1\leqslant i\leqslant n}\sum_{j=1}^{n}|a_{ij}|=1.1$$

12. 计算结果如下：

$$\mathrm{cond}(\boldsymbol{A})_2=\|\boldsymbol{A}\|_2\times\|\boldsymbol{A}^{-1}\|_2=198.00505035/0.00505035=39206$$

$$\mathrm{cond}(\boldsymbol{A})_\infty=\|\boldsymbol{A}\|_\infty\times\|\boldsymbol{A}^{-1}\|_\infty=199\times199=39601$$

13.

$\mathrm{cond}(\boldsymbol{AB})=\|\boldsymbol{AB}\|\ \|\boldsymbol{B}^{-1}\boldsymbol{A}^{-1}\|\leqslant\|\boldsymbol{A}\|\ \|\boldsymbol{B}\|\ \|\boldsymbol{B}^{-1}\|\ \|\boldsymbol{A}^{-1}\|=\mathrm{cond}(\boldsymbol{A})\mathrm{cond}(\boldsymbol{B})$。

14. （略）

15. （略）

16. （略）

习题6

1. $\boldsymbol{x}^*\approx(0.9986,\ 1.9986,\ 2.9977)^{\mathrm{T}}$

2. 解答过程如下：

（1）雅可比迭代法收敛；高斯-赛德尔迭代法收敛。

（2）雅可比迭代格式迭代 18 次得 $\boldsymbol{X}=(-3.9999964,\ 2.9999739,\ 1.9999999)^{\mathrm{T}}$，高斯-赛德尔迭代格式迭代 8 次得 $\boldsymbol{X}=(-4.000036,\ 2.999985,\ 2.000003)^{\mathrm{T}}$。

3. 依题意有 $\lambda=\pm\sqrt{\dfrac{a_{12}a_{21}}{a_{11}a_{22}}}$，$\lambda<1$，即 $r=\left|\dfrac{a_{12}a_{21}}{a_{11}a_{22}}\right|<1$。

4. $|a|>2$。

5. 解答过程为：

（1）雅可比迭代矩阵的谱半径 $\rho(\boldsymbol{B})=\frac{1}{2}$；

（2）高斯-赛德尔迭代矩阵的谱半径 $\rho(\boldsymbol{B})=\frac{1}{4}$；

（3）两种方法的谱半径均小于 1，所以两种方法均收敛。

事实上，对于方程组 $\boldsymbol{Ax}=\boldsymbol{b}$，矩阵 $\boldsymbol{A}$ 为严格对角占优矩阵，则雅可比和高斯-赛德尔迭代法均收敛。

6. 取 $\boldsymbol{x}^{(0)}=0$，则有

$$\begin{cases}\boldsymbol{x}_1^{(k+1)}=\boldsymbol{x}_1^{(k)}+\frac{\omega}{4}(1-4\boldsymbol{x}_1^{(k)}+\boldsymbol{x}_2^{(k)})\\ \boldsymbol{x}_2^{(k+1)}=\boldsymbol{x}_2^{(k)}+\frac{\omega}{4}(4+\boldsymbol{x}_1^{(k+1)}-4\boldsymbol{x}_2^{(k)}+\boldsymbol{x}_3^{(k)})\\ \boldsymbol{x}_3^{(k+1)}=\boldsymbol{x}_3^{(k)}+\frac{\omega}{4}(-3+\boldsymbol{x}_2^{(k+1)}-4\boldsymbol{x}_3^{(k)})\end{cases}$$

因此取 $\omega=1.03$ 时，迭代 5 次达到 $\boldsymbol{x}^{(5)}=(0.500\,004\,3,1.000\,000\,1,-0.499\,999\,5)^{\mathrm{T}}$；取 $\omega=1$ 时，迭代 6 次达到 $\boldsymbol{x}^{(6)}=(0.500\,003\,8,1.000\,000\,2,-0.499\,999\,5)^{\mathrm{T}}$；取 $\omega=1.1$ 时，迭代 6 次达到 $\boldsymbol{x}^{(6)}=(0.500\,003\,5,0.999\,998\,9,-0.500\,000\,3)^{\mathrm{T}}$。

7. 迭代矩阵的 n 个特征值分别为 $1-\omega\lambda_1$，$1-\omega\lambda_2$，…，$1-\omega\lambda_n(0<\lambda_i\leqslant\beta,i=1,\cdots,n)$，当 $0<\omega<\frac{2}{\beta}$ 时，有 $-1<1-\omega\lambda_i<1(i=1,2,\cdots,n)$，而 $\rho(\boldsymbol{B})<1$，迭代法收敛。

8. 由于1>0，当 $-\frac{1}{2}<a<1$ 时，$\begin{pmatrix}1 & a\\ a & 1\end{pmatrix}=1-a^2>0$，$|\boldsymbol{A}|=(1-2a)(1-a)>0$，所以 $\boldsymbol{A}$ 为正定矩阵。雅可比迭代矩阵谱半径为 $\rho(\boldsymbol{B})=2|a|$，所以只对 $-\frac{1}{2}<a<\frac{1}{2}$ 收敛。

9. （略）

10. （略）

11. （略）

习题 7

1. 依题意有 $a=\frac{h}{3}$，$b=\frac{4h}{3}$，$c=\frac{h}{3}$，则求积公式为 $\int_{-h}^{h}f(x)\mathrm{d}x\approx\frac{h}{3}f(-h)+\frac{4h}{3}f(0)+\frac{h}{3}f(h)$。由此可知，求积公式的最高代数精度为 3。

2. 依题意有 $A_0=\frac{2}{3}$，$A_1=\frac{1}{3}$，$B_0=\frac{1}{6}$，该求积公式的最高代数精度为 2。

3. 该公式的代数精度为 1。由于求积节点个数为 2，代数精度达到 1，故它是插值型求

积公式。

4. $T_8=\frac{1}{2\times8}\left[f(0)\ +2\times\left(f\left(\frac{1}{8}\right)+f\left(\frac{2}{8}\right)+f\left(\frac{3}{8}\right)+f\left(\frac{4}{8}\right)+f\left(\frac{5}{8}\right)+f\left(\frac{6}{8}\right)+f\left(\frac{7}{8}\right)\right)+f\ (1)\right]$

$=0.1114$。

5. $S_2=17.3222$。

6. 依题意有 $|R_n(f)|=\frac{1}{12}h^2|f'(\eta)|\leqslant\frac{\mathrm{e}}{12}h^2$，于是若 $|R_n(f)|\leqslant10^{-6}$，则当对区间［0，1］进行等分时，$h=\frac{1}{n}$，故有 $n\geqslant\sqrt{\frac{\mathrm{e}\times10^5}{12}}$。因此，将区间等分成476份时可以满足误差要求。

7. $\int_1^2\frac{1}{x}\mathrm{d}x=\sum_{i=0}^{3}\int_{x_i}^{x_{i+1}}\frac{1}{x}\mathrm{d}x\approx\sum_{i=0}^{3}\frac{h}{2}[f(x_i)+f(x_{i+1})]$

$$=h\left[\frac{1}{2}f(x_0)+f(x_1)+f(x_2)+f(x_3)+\frac{1}{2}f(x_4)\right]$$

$$=\frac{1}{4}\left(\frac{1}{2}\cdot\frac{4}{4}+\frac{4}{5}+\frac{4}{6}+\frac{4}{7}+\frac{1}{2}\cdot\frac{4}{8}\right)=\frac{1171}{1680}=0.6970$$

因 $\int_1^2\frac{1}{x}\mathrm{d}x=\ln2$，则误差大约为 $|\ln2-0.6970|=0.0039$。

8. 依题意有 $\int_0^1\sqrt{x}\,\mathrm{d}x=\int_0^{1/2}\sqrt{x}\,\mathrm{d}x+\int_{1/2}^1\sqrt{x}\,\mathrm{d}x$，因此存在以下两种情况。

对于 $\int_0^{1/2}\sqrt{x}\,\mathrm{d}x$ 作变换 $x=\frac{1}{4}+\frac{1}{4}t$，有

$$\int_0^{1/2}\sqrt{x}\,\mathrm{d}x=\frac{1}{8}\int_{-1}^1\sqrt{1-t}\,\mathrm{d}t\approx\frac{1}{8}\left(\sqrt{1+0.57735}+\sqrt{1-0.57735}\right)$$

对于 $\int_{1/2}^1\sqrt{x}\,\mathrm{d}x$ 作变换 $x=\frac{3}{4}+\frac{1}{4}t$，有

$$\int_{1/2}^1\sqrt{x}\,\mathrm{d}x=\frac{1}{8}\int_{-1}^1\sqrt{3+t}\,\mathrm{d}t\approx\frac{1}{8}\left(\sqrt{3+0.57735}+\sqrt{3-0.57735}\right)$$

$$\int_0^1\sqrt{x}\,\mathrm{d}x\approx\frac{1}{8}\left(\sqrt{1+0.57735}+\sqrt{1-0.57735}+\sqrt{3-0.57735}+\sqrt{3-0.57735}\right)=0.6692$$

9. 计算结果如下表所示。

k	T_{2^k}	S_{2^k}	C_{2^k}	R_{2^k}
0	0.683 94	0.632 34	0.632 13	0.632 12
1	0.645 24	0.632 13	0.632 12	
2	0.635 41	0.632 12		
3	0.632 94			

由上表可得，积分 $I=\frac{2}{\sqrt{\pi}}\times0.63212=0.71327$。

10. 依题意有 $h=0.1$，两点公式可以有两种计算方法。

取 $x_0=2.6$，$x_1=2.7$，$f'(2.7)\approx\frac{1}{0.1}[f(2.7)-f(2.6)]=14.160$。

取 $x_0=2.7$，$x_1=2.8$，$f'(2.7)\approx\frac{1}{0.1}[f(2.8)-f(2.7)]=15.6490$。

两点公式只能求一阶导数。

使用三点公式，取 $x_0=2.6$，$x_1=2.7$，$x_2=2.8$，则有

$$f''(2.7)\approx\frac{1}{0.1}[f(2.8)-2f(2.7)+f(2.6)]=14.8900$$

11. （略）

12. （略）

习题8

1. 依题意可得 $x_1=0.1$，$y_1=0.0000$；$x_2=0.2$，$y_2=0.0010$；$x_3=0.3$，$y_3=0.0050$，即 $y(0.3)\approx0.0050$。

2. 依题意可得 $y(1.2)\approx y_1=2.30769$；$y(1.4)\approx y_2=2.47337$；$y(1.6)\approx y_3=2.56258$；$y(1.8)\approx y_4=2.61062$；$y(2.0)\approx y_5=2.63649$。

3. 依题意可得如下方程：

$$y(0.25)\approx y_1=y_0+0.125(\mathrm{e}^{-0}+\mathrm{e}^{-0.25^2})\approx0.242427$$

$$y(0.50)\approx y_2=y_1+0.125(\mathrm{e}^{-0.25^2}+\mathrm{e}^{-0.50^2})\approx0.457203$$

$$y(0.75)\approx y_3=y_2+0.125(\mathrm{e}^{-0.50^2}+\mathrm{e}^{-0.75^2})\approx0.625776$$

$$y(1.00)\approx y_4=y_3+0.125(\mathrm{e}^{-0.75^2}+\mathrm{e}^{-1.00^2})\approx0.742984$$

4. 具体解答过程如下。

（1）计算的结果如下表所示。

n	x_n	y_n	K_1	K_2	K_3	K_4	$y(x_n)$
0	0	1	1	1.2	1.22	1.44	1
1	0.2	1.242 800	1.442 800	1.687 080	1.711 508	1.985 102	1.242 806
2	0.4	1.583 636	1.983 636	2.282 000	2.311 836	2.646 003	1.583 649
3	0.6	2.044 213	2.644 213	3.008 634	3.045 076	3.453 228	2.044 238
4	0.8	2.651 042	3.451 042	3.896 146	3.940 657	4.439 173	2.651 082
5	1.0	3.436 503					3.436 564

（2）计算的结果如下表所示。

n	x_n	y_n	K_1	K_2	K_3	K_4	$y(x_n)$
0	0	1	3.000 0	3.545 5	3.694 2	3.347 1	1
1	0.2	1.694 2	4.235 5	4.887 1	5.037 9	5.789 4	1.728 0
2	0.4	2.690 0	5.764 4	6.532 9	6.686 6	7.551 2	2.744 0
3	0.6	4.015 2	7.528 4	8.414 2	8.570 5	9.548 8	4.096 0
4	0.8	5.716 8	9.527 9	10.530 9	10.689 3	11.782 0	5.832 0
5	1.0	7.841 8					8.000 0

5. 计算的结果如下表所示。

n	x_n	2 阶显式亚当斯方法 y_n	2 阶隐式亚当斯方法 y_n	精确解 $y(x_n)$
0	0	0	0	0
1	0.2	0.181	0.181 818 182	0.181 269 200
2	0.4	0.326 7	0.330 578 513	0.329 689 954
3	0.6	0.446 79	0.452 291 511	0.451 188 364
4	0.8	0.545 423	0.551 874 872	0.550 671 036
5	1.0	0.626 475 1	0.633 352 168	0.632 120 559

6. （略）

7. 局部截断误差的主项系数为$-\frac{1}{2}$。

8. 局部截断误差的主项为 $-\frac{5h^3}{8}y'''(x_n)$，其主项系数为$-\frac{15}{4}$。

9. （略）

10. （略）

习题 9

1. 按模最大特征值为 9.005，相应的特征向量为（1.000，0.605 6，-0.394 5）

2. 特征值为-13.220 18，相应的特征向量为（1，-0.235 10，-0.171 62）

3. 上海森伯格矩阵为

$$Q=\begin{pmatrix} 2.000\ 0 & 1.414\ 2 & 0 \\ 1.414\ 2 & 1.000\ 0 & 0 \\ 0 & 0 & 3.000\ 0 \end{pmatrix}$$

4. 迭代后的矩阵为

$$A=\begin{pmatrix}0.694\,0 & -0.376\,0 & 0.0\\ -0.376\,0 & 1.892\,4 & -0.030\,4\\ 0.0 & -0.030\,4 & 3.413\,6\end{pmatrix}$$

5. $\boldsymbol{A}$ 的所有特征值为 1. 267 9，4. 732 0，3. 000 0。

6. $\boldsymbol{A}$ 的所有特征值为 3. 414 2，1. 999 8，0. 595 9。对应的特征向量为

$$V=\begin{pmatrix}0.9926 & -0.1207 & 0\\ 0.1207 & 0.9926 & 0\\ 0 & 0 & 1\end{pmatrix}$$

参考文献

[1] 李庆扬，王能超，易大义．数值分析［M］．4 版．武汉：华中科技大学出版社，2014.
[2] 韩旭里．数值分析［M］．长沙：中南大学出版社，2003.
[3] 魏毅强，张建国，张洪斌，等．数值计算方法［M］．北京：科学出版社，2006.
[4] 王仁宏．数值逼近［M］．北京：高等教育出版社，2001.
[5] 李信真，车刚明，欧阳洁，等．计算方法［M］．西安：西北工业大学出版社，2000.
[6] RICHARD L，BURDER J，DOUGLAS F．数值分析［M］．7 版．北京：高等教育出版社，2001.
[7] 任玉杰．数值分析及其 MATLAB 实现［M］．北京：高等教育出版社，2001.
[8] 杨志明．计算方法及其 MATLAB 实现［M］．西安：西安电子科技大学出版社，2009.